高 等 院 校 力 学 教 材
Textbook in Mechanics for Higher Education

弹塑性力学引论（第2版）

Introduction to Elasticity and Plasticity (Second Edition)

杨桂通　编著

Yang Guitong

清华大学出版社
北 京

内 容 简 介

本书是为工程类各有关专业编写的弹塑性力学简明教程,可供研究生和高年级本科生作为教材,约在 30 学时内可以讲完。全书共有 11 章,包括弹性力学和塑性力学的基本理论、基本概念和基本方法;简单的弹性和塑性平面问题;弹塑性弯曲和扭转;弹性薄板的弯曲及其塑性极限分析;变分原理和极值原理;弹塑性动力学问题等。本书的特点是把弹性和塑性这一连续变形过程统一起来讲授,概念清晰,容易理解和掌握。

图书在版编目(CIP)数据

弹塑性力学引论 / 杨桂通编著. --2 版. --北京:清华大学出版社,2013(2024.6重印)
高等院校力学教材
ISBN 978-7-302-33267-1

Ⅰ. ①弹… Ⅱ. ①杨… Ⅲ. ①弹性力学－高等学校－教材②塑性力学－高等学校－教材 Ⅳ. ①O34

中国版本图书馆 CIP 数据核字(2013)第 166037 号

责任编辑:佟丽霞
封面设计:傅瑞学
责任校对:赵丽敏
责任印制:沈 露

出版发行:清华大学出版社
  网   址:https://www.tup.com.cn,https://www.wqxuetang.com
  地   址:北京清华大学学研大厦 A 座   邮   编:100084
  社 总 机:010-83470000   邮   购:010-62786544
  投稿与读者服务:010-62776969,c-service@tup.tsinghua.edu.cn
  质 量 反 馈:010-62772015,zhiliang@tup.tsinghua.edu.cn
印 装 者:三河市龙大印装有限公司
经   销:全国新华书店
开   本:185mm×230mm   印   张:19   字   数:409 千字
版   次:2004 年 2 月第 1 版 2013 年 10 月第 2 版   印   次:2024 年 6 月第 10 次印刷
定   价:54.00 元

产品编号:051545-04

前　言

　　本书主要研究弹塑性力学问题的基础理论和方法。本次修订基本保持了原版的风格，即去粗取精，通俗易懂，概念清晰，结构严谨。故基础理论部分基本未加改动，为了扩展读者的知识领域，特别增加了弹塑性动力学问题的基础知识和重要概念，为进一步研究弹塑性动力学问题，特别是塑性动力学问题打下基础。为此，书中介绍了塑性动态本构理论、弹塑性波和简单结构的塑性动力响应等。本书将原版的 10 章增为 11 章。

　　本书可作为弹塑性力学的基础教材，适用于高等学校相关专业的高年级本科生和研究生以及科研和工程技术人员学习参考。

　　在本次修订过程中，太原理工大学应用力学与生物医学工程研究所的同事们和笔者的学生们给予了热情支持和帮助，特此致以衷心的感谢。

　　笔者对清华大学出版社的领导和老师们为这次修订版所给予的热情支持与帮助，表示诚挚的谢意。

杨桂通

2013 年 5 月于太原理工大学

第1版前言

这本书是在笔者 20 多年前写的那本《弹塑性力学》(人民教育出版社,1979)基础上经过增删改写而成的。由于改动较大,故更名为《弹塑性力学引论》,目的是为工程类各有关专业的研究生和高年级大学生,提供一本简明易懂而又包含必要基础理论的教科书,希望能在30 学时之内讲完。这就要求在取材和讲授方法上做到:去粗取精,通俗易懂,概念清晰,系统不乱。开始动笔以来,我便朝这个方向努力去做。

所有的工程技术人员都会碰到各式各样的力学问题,其中最多的可能就是当各种材料的物体或结构受各式各样的外界作用时,要我们判断其工作状态,或是做出有安全、经济要求的设计。对于重要的工程要求给出科学的判断或精确的设计,这就需要固体力学特别是弹塑性力学的基础理论和分析方法。固体材料受外力作用后,随着外力的逐渐增加,材料将经历弹性状态到塑性状态,一直到损坏而失效。从弹性到塑性是一个连贯的过程,在塑性状态下的物体或结构并不等于丧失承载能力,而可以安全工作。有时,有必要让物体的一部分进入塑性状态,以求得预定的有效工作期限。所以,掌握弹塑性力学的基础理论、基本概念和分析方法是非常重要的。

本书共分 10 章,都是弹性和塑性理论的最基本和最有实用价值的重要概念和分析方法,包括:应力和应变的概念和表达方法,即第 2、3 章;应力和应变之间的联系,即第 4 章本构关系;第 5 章讲弹塑性力学问题的正确提法。之后便讨论弹性和塑性力学中的简单问题和弹性到塑性这一连续过程中应力和应变的变化,这部分内容,即第 6、7 两章,笔者认为是最重要的,因为在这里所讨论的问题都可以得到完善的解答。此外,第 8 和第 10 章是柱体的弹塑性扭转和薄板的弹塑性弯曲;第 9 章是弹塑性力学的变分原理、极值原理及其应用。这部分内容是近似计算和数值计算的理论基础,现在计算机和计算技术非常发达,计算速度很快,一般问题已不需手工计算,但没有理论基础,仍然会困难重重。第 9 章是为做数值计算准备理论基础,并对进一步做研究工作建立重要概念。书中每章附有复习要点、思考题和习题。为了使读者对力学的发展历程和著名科学家对力学发展的贡献有些了解,我们给出了部分著名力学家简介和插图。

本书在完成过程中得到了太原理工大学树学锋教授在文字和插图等方面的良好建议与帮助。陈维毅教授、马宏伟教授审读了部分内容,提出了一些宝贵的修改意见。应用力学研究所的一些博士生和硕士生都给了我许多帮助。此外,笔者在编写过程中,参考并吸收了许多国内外弹塑性力学名著的思想和内容,这些都列在参考文献中。特向他们致以诚挚的谢意。

杨桂通

于太原理工大学

2003 年 4 月

目 录

第 1 章
绪　　论

1.1　弹塑性力学的研究对象和任务

弹塑性力学是固体力学的一个分支学科,是研究可变形固体受到外载荷、温度变化及边界约束变动等作用时弹塑性变形和应力状态的科学。弹塑性力学这个名词是根据固体材料在受外部作用时所呈现出来的弹性与塑性性质命名的。**弹性力学**讨论固体材料中的理想弹性体及固体材料弹性变形阶段的力学问题。**塑性力学**讨论固体材料塑性变形阶段的力学问题。可变形固体的弹性阶段与塑性阶段是整个变形过程中不同的两个阶段,弹塑性力学是研究这两个密切相连阶段的力学问题的科学。

弹塑性力学是人们在长期生产斗争与科学实验的丰富成果的基础上发展起来的。它的发展与社会生产发展有着特别密切的关系,它来源于生产实践,又反过来为生产实践服务。弹塑性力学作为固体力学的一个独立分支学科已有一百多年的历史。它有一套较完善的经典理论和方法,在工程技术的许多领域得到了广泛的应用。目前,由于现代科学技术的进一步发展,生产向弹塑性力学提出了一系列新课题、新任务。因而,研究弹塑性力学的新理论、新方法及其在工程上的应用是非常必要的。在目前,弹塑性力学仍然是一门富有生命力的学科。

材料力学和结构力学的研究对象及问题,往往也是弹塑性力学所要研究的问题。不过,在材料力学和结构力学中主要采用简化的用初等理论可以描述的数学模型。在弹塑性力学中,则将采用较精确的数学模型。有些工程问题(例如非圆形断面柱体的扭转,孔边应力集中,深梁应力分析等问题)用材料力学和结构力学的理论无法求解,而在弹塑性力学中是可以解决的。有些问题虽然用材料力学和结构力学的方法可以求解,但无法给出精确可靠的结论,而弹塑性力学则可以给出用初等理论所得结果可靠性与精确度的评价。因而,弹塑性力学的任务有二:一是建立并给出用材料力学和结构力学方法无法求解的问题的理论和方法;二是给出初等理论可靠性与精确度的度量。

学习本课程的目的大致可归结为:

(1)确定一般工程结构在外力作用下的弹塑性变形与内力的分布规律。

(2)确定一般工程结构的承载能力。

(3)为进一步研究工程结构的强度、振动、稳定性等力学问题打下必要的理论基础。

1.2   基 本 假 定

固体材料通常分为晶体和非晶体两种。晶体是由许多离子、原子或分子按一定规则排列起来的空间格子(称为晶格)构成的。它们一般均处于稳定的平衡状态。普通固体(例如低碳钢、黄铜、铝、铅等)是由许多晶粒方位混乱地组合起来的。它们中间常有一些缺陷存在。非晶体一般是由许多分子集合组成的高分子化合物。由此可见,固体材料的微观结构是多样的、复杂的。如果我们在研究工程结构的力学性态时,考虑固体材料的这些特征,必将带来数学上的极大困难。为了把本书所研究的问题限制在一个简便可行的范围内,必须引入下列假定。

(1)假定固体材料是连续介质。就是说,这种介质无空隙地分布于物体所占的整个空间。这一假定显然与上述介质是由不连续的粒子所组成的观点相矛盾。但我们采用连续性假定,不仅是为了避免数学上的困难,更重要的是根据这一假定所得出的力学分析,被广泛的实验与工程实践证实是正确的。事实上,连续性假定与现代物质理论的分歧可用统计平均的观点统一起来。从统计学的观点来看,只要所论物体的尺寸足够大时,物体的性质就与体积的大小无关。通常工程上的结构构件的尺寸,与晶粒或分子团的大小相比其数量级是非常悬殊的。在力学分析中,从物体中取出任一微小单元,在数学上是一个无穷小量,但它却含有大量的晶粒,晶体缺陷与微小单元进而与物体尺寸相比更是小得很多,因而连续性假定实际上是合理的。对于一些多相物体,通常也作为连续性介质看待。

根据**连续性假定**,用以表征物体变形和内力分布的量,就可以用坐标的连续函数来表示。这样,我们在进行弹塑性力学分析时,就可以应用数学分析这个强有力的工具。

弹塑性力学的理论基础仍然是牛顿力学。连续性假定和理论力学中讨论过的牛顿力学定律相结合就必然会产生连续介质力学。当进一步给出了固体材料的弹塑性本构关系之后,也就必然会得到弹塑性力学的基本方程。

(2)物体为均匀的各向同性的。即认为物体内各点介质的力学特性相同,且各点的各方向的性质也相同。也就是说,表征这些特性的物理参数在整个物体内是不变的。

（3）物体的变形属于小变形。即认为物体在外力作用下所产生的变形,与其本身几何尺寸相比很小,可以不考虑因变形而引起的尺寸的变化。这样,就可以用变形以前的几何尺寸来代替变形以后的尺寸。此外,物体的变形和各点的位移公式中二阶微量可以略去不计,从而使得几何变形线性化。

（4）物体原来是处于一种无应力的自然状态。即在外力作用以前,物体内各点应力均为零。我们的分析计算就是从这种状态出发的。

以上基本假定是本书讨论问题的基础,还有一些针对具体问题所作的假定,将在以后各章分别给出。

1.3　弹性与塑性

固体材料在受力以后就会产生变形,从变形开始到破坏一般可能要经历两个阶段,即弹性变形阶段和塑性变形阶段。根据材料特性的不同,有的弹性阶段较明显,而塑性阶段很不明显,像一般的脆性材料那样,往往弹性阶段以后紧跟着就破坏;有的则弹性阶段很不明显,变形一开始就伴随着塑性变形,弹塑性变形总是耦联产生,像混凝土材料就是这样。不过大部分固体材料都呈现出明显的弹性变形阶段和塑性变形阶段。今后我们主要讨论这种有弹性与塑性变形阶段的固体,并统称为弹塑性材料。

由材料力学知道,弹性变形是物体卸载以后,能完全消失的那种变形,而塑性变形则是指卸载后不能消失而残留下来的那部分变形。

产生以上两种变形的机理,应从材料内部原子间力的作用来分析。实际上,固体材料之所以能保持其内部结构的稳定性是由于组成该固体材料(如金属)的原子间存在着相互平衡的力。吸力使各原子彼此密合在一起,而短程排斥力则使各原子间保持一定的距离。在正常情况下,这两种力保持平衡,原子间的相对位置处于一种规则排列的稳定状态。受外力作用时,这种平衡被打破,为了恢复平衡,原子便需产生移动和调整,使得吸力、斥力和外力之间取得平衡。因此,如果知道了原子间的力相互作用的定律,原则上就能算出晶体在一定外力作用下的弹性反应。

塑性变形的机理要考虑晶体结构细节。例如夹杂、微孔、晶界、位错群等,都是影响塑性变形发展的因素。20 世纪 30 年代提出的位错理论说明塑性变形是一种微观晶体缺陷(称为位错运动)的结果,而简单的原子说尚不能解释全部固体材料的微观性态,主要就是由于所有的工程材料都不可避免地有缺陷存在。对于工程问题来说不必具体分析每一个缺陷对于材料性态的影响,而只需研究其宏观的统计特性,即可解决工程设计中的力学分析问题。

固体材料的上述弹性与塑性性质可用简单拉伸试验来说明。图 1-1 是低碳钢试件简单拉伸试验代表性的应力-应变曲线。其中 A 点所对应的应力 σ_A 称为**比例极限**,A 点以

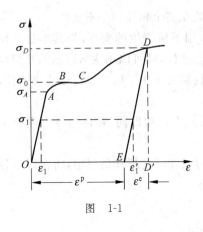

图　1-1

下 OA 段为**直线**。B 点所对应的应力 σ_0 为**弹性极限**，标志着弹性变形阶段终止及塑性变形阶段开始，亦称为**屈服极限（或屈服应力）**①。当应力超过 σ_A 时，应力应变关系不再是直线关系，但仍属弹性阶段，在 B 点之前，即 $\sigma < \sigma_0$，如卸载，则应力应变关系按原路径恢复到原始状态。可见，应力在达到屈服应力以前经历了线弹性阶段（OA 段）和非线性弹性阶段（AB 段）。应力超过屈服应力以后，如卸载，则应力与应变关系就不再按原路径回到原始状态，而有残余应变，即有塑性应变保留下来。BC 段称为塑性平台。在 BC 段上，在应力不变的情况下可继续发生变形，通常称为塑性流动。

当应力达到 σ_D 时，如卸载，则应力应变关系自 D 点沿 DE 到达 E 点，OE 为塑性应变部分，ED' 为弹性应变部分。就是说，总应变可分为两部分：弹性部分 ε^e 和塑性部分 ε^p，即总应变为

$$\varepsilon = \varepsilon^e + \varepsilon^p$$

若在 D 点卸载后重新加载，则在 $\sigma < \sigma_D$ 以前，材料呈弹性性质，当 $\sigma > \sigma_D$ 以后才重新进入塑性阶段。这就相当于提高了屈服应力，也相当于增加了材料内部对变形的抵抗能力，材料的这种性质，叫做**强化**。

综上所述，弹性变形是可逆的，物体在变形过程中所储存起来的能量在卸载过程中将全部释放出来，物体的变形可完全恢复到原始状态。这就是说，如已知应力值，则相应的应变可唯一地确定。

材料在弹塑性阶段时，就不是这样，除了应变不可恢复性之外，应力和应变不再有一一对应的关系，即应变的大小和加载的历史有关（如图 1-1 中与 σ_1 相对应的应变可以是 ε_1，ε_1' 等）。

线性弹性力学只讨论应力应变关系服从 OA 直线变化规律的问题（对于非线性弹性力学问题，即 OB 为曲线的情况，本书不加讨论）。塑性力学则讨论材料在破坏前的弹塑性阶段的力学问题。

容易理解，塑性力学问题要比弹性力学问题复杂得多，但为更好地了解固体材料在外力作用下的性质，塑性理论的研究是十分必要的。对于工程结构的设计来说，如不进行弹塑性分析，则有可能导致浪费或不安全，乃至出现以弹性设计代替塑性设计的错误。鉴于问题的复杂性，通常在塑性理论中要采用简化措施，使在反映了具体问题的主要特征的前提下，将

---

① 在材料力学课程中曾经讨论过，对有些材料，弹性极限与屈服极限并不重合，屈服极限要高于弹性极限。一般来说，二者相差很小。屈服极限又分为上、下屈服极限。上屈服极限应力较持续屈服变形时的屈服应力为高，本书取下屈服极限为屈服极限。

上述应力-应变曲线理想化。图 1-2 是几种简化模型。其中：图(a)为理想弹塑性模型；图(b)为理想刚塑性模型；图(c)为理想弹塑性线性强化模型；图(d)为理想刚塑性线性强化模型。这些模型是根据具体问题的特点对应力应变图形(图 1-1)所进行的简化。对于低碳钢材料来说，当总应变超过弹性应变10～20倍时也不发生强化，故一般地可当作理想塑性材料处理。另一种情况是虽然弹塑性阶段的弹性变形和塑性变形差不多是同量级的，但当研究极限平衡问题时，仍可采用简化模型。例如受内压作用的厚壁筒(见第 6 章)，塑性区由内壁开始向外扩展，形成了一个内层为塑性区、外层为弹性区的弹塑性体，由于外层弹性区的约束，内层塑性区的变形仍与弹性变形为同一量级。一旦全截面均进入塑性状态，无限制的塑性流动才成为可能。在这种情况下取理想弹塑性模型(图 1-2(a))来分析，既简便，又能反映问题的主要特征。如果塑性变形的发展不受约束，像形成塑性铰的梁那样，则弹性变形与塑性变形相比可以忽略不计。这种情况取理想刚塑性模型(图 1-2(b))是合适的。图 1-2(c)和(d)所给出的两种简化模型，是对前两种情况计入线性强化效应而略去塑性流动的结果。

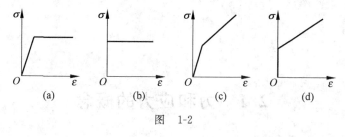

图 1-2

上面介绍的是材料在简单拉伸时的现象。在二维、三维应力状态的条件下，描述方法就复杂得多了，需要进一步讨论屈服条件问题。

思 考 题

1-1 为什么要引进一些基本假定？如果放弃其中的任一条会出现什么情况？

1-2 能否给出几种非金属固体材料的应力-应变曲线的特征？

第 2 章
应　力

2.1　力和应力的概念

作用在物体上的外力可分为表面力和体积力,简称**面力**和**体力**。

面力指的是作用在物体表面上的力,如风力、液体压力、两固体间的接触力等。物体上各点所受的面力一般是不同的。为了表明物体表面上的一点 P 所受面力的大小和方向,我们在 P 点的邻域取一包含 P 点在内的微小面积元素 ΔS(图 2-1),设在 ΔS 上的面力为 $\Delta \boldsymbol{p}$,则面力的平均集度为 $\Delta \boldsymbol{p}/\Delta S$。如将 ΔS 不断地缩小,则 $\Delta \boldsymbol{p}/\Delta S$ 及 $\Delta \boldsymbol{p}$ 都将不断地改变其大小、方向和作用点。如令 ΔS 无限缩小而趋于 P 点,$\Delta \boldsymbol{p}/\Delta S$ 将趋于一定的极限 $\boldsymbol{p}_s$,即有

$$\lim_{\Delta S \to 0} \frac{\Delta \boldsymbol{p}}{\Delta S} = \boldsymbol{p}_s \tag{2-1}$$

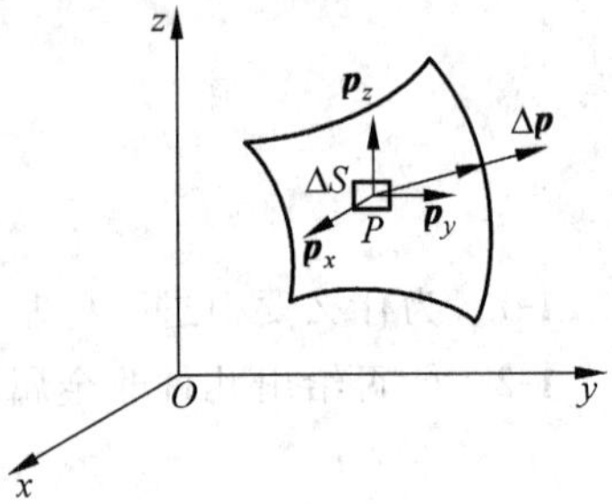

图　2-1

这个极限矢量 $\boldsymbol{p}_s$ 就是 P 点面力的集度。由于 ΔS 是标量,故矢量 $\boldsymbol{p}_s$ 的方向与 $\Delta \boldsymbol{p}$ 的极限方向相同。$\boldsymbol{p}_s$ 在坐标轴 x,y,z 方向的投影 p_x,p_y,p_z 称为 P 点面力的分量,并规定指向坐标轴正方向的分量为正,反之为负。

作用在物体表面上的力都占有一定的面积,但对于作用面很小的面力通常理想化为作用在一点的集中力。

体力,则是满布在物体内部各质点上的力,如重力、惯性力、电磁力等。物体内各点所受的体力一般也是不同的。我们可以仿照对面力的讨论,得出物体内一点 C 所受的体力为按体积计算的平均集度 $\Delta F_{b}/\Delta V$,在微小体积元素 ΔV 无限缩小而趋于 C 点时的极限矢量 F_{b},即

$$\lim_{\Delta V \to 0} \frac{\Delta F_{b}}{\Delta V} = F_{b} \qquad (2\text{-}2)$$

显然,体力矢量 F_{b} 的方向就是 ΔV 内的体力 ΔF_{b} 的极限方向。

固体材料受外力作用后就要产生内力和变形。用以描述物体中任何部位的内力和变形特征的力学量是应力和应变。应力的概念,在材料力学课程中虽已讨论并应用过,但由于这一概念的重要性,我们在这里除了强调应力的确切含义之外,还要进一步给出在受力物体内某一点处的应力状态的描述方法。

柯西(A. L. Cauchy) 1789 年生于法国,1857 年逝世。数学家和力学家。他奠定了应力和应变的理论,首先指出了矩形截面柱体的扭转与圆形截面柱体的扭转有重大区别,最早研究了板的振动问题。在数学和力学的其他领域有很多重要贡献。

Augustin Louis Cauchy

柯西(A. L. Cauchy,1789—1857)首先提出了应力和应变的理论。为了说明应力的概念,我们假想把受一组平衡力系作用的物体用任一平面 C 分为 A、B 两部分(图 2-2)。如将 B 部分移去,则 B 对 A 的作用应代之以 B 部分对 A 部分的作用力。这种力在 B 移去前是物体内 A,B 之间在 C 截面上的内力,且为分布力。如从 C 面上 P 点的邻域取出一包括 P 点在内的微小面积元素 ΔS_{C},而 ΔS_{C} 上的内力矢量为 Δp,则内力的平均集度为 $\Delta p/\Delta S_{C}$。如令 ΔS_{C} 无限缩小而趋于 P 点,则在内力连续分布的条件下 $\Delta p/\Delta S_{C}$ 趋于一定的极限 σ,即

$$\sigma = \lim_{\Delta S_{C} \to 0} \frac{\Delta p}{\Delta S_{C}} \qquad (2\text{-}3)$$

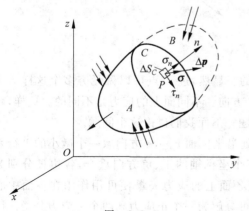

图 2-2

这个极限矢量 σ 就是物体在过 C 面上 P

点处的**应力**。由于 ΔS_C 为标量,故 $\boldsymbol{\sigma}$ 的方向与 $\Delta\boldsymbol{p}$ 的极限方向一致。

　　应力 $\boldsymbol{\sigma}$ 可分解为其所在平面的外法线方向和切线方向这样两个分量。沿应力所在平面的外法线方向(n)的应力分量叫做**正应力**,记做 σ_n。沿切线方向的应力分量叫做**剪应力**,记做 τ_n。此处脚注 n 标明其所在面的外法线方向。因此,$\Delta\boldsymbol{p}$ 的正应力和剪应力分别为

$$\left.\begin{aligned} \sigma_n &= \lim_{\Delta S_C \to 0} \frac{\Delta p_n}{\Delta S_C} \\[2mm] \tau_n &= \lim_{\Delta S_C \to 0} \frac{\Delta p_\mathrm{s}}{\Delta S_C} \end{aligned}\right\} \tag{2-4}$$

其中 $\Delta p_n, \Delta p_\mathrm{s}$ 分别为 ΔS_C 上的内力矢量 $\Delta\boldsymbol{p}$ 在 n 平面的法向和切向分量。

　　如果图 2-2 中的 n 方向与 y 坐标轴的方向一致(图 2-3),则此时有

$$\sigma_n = \sigma_y \ \text{及} \ \tau_n = \tau_y$$

其中 τ_y 是作用在 C 截面内的剪应力,如将 τ_y 分解为沿 x 轴和 z 轴的两个分量,并记作 τ_{yx} 和 τ_{yz},则过 C 面上 P 点的应力分量为 $\sigma_y, \tau_{yx}, \tau_{yz}$。以后,我们对正应力只用一个字母的下标标记,对剪应力则用两个字母标记,其中第一个字母表示应力所在面的外法线方向;第二个字母表示应力分量的指向。应力的正负号规定为:正应力以拉应力为正,压应力为负。

　　剪应力的正负号规定分为两种情况:当其所在面的外法线与坐标轴的正方向一致时,则以沿坐标轴正方向的剪应力为正,反之为负;当所在面的外法线与坐标轴的负方向一致时,则以沿坐标轴负方向的剪应力为正,反之为负。图 2-3 及图 2-4 中的各应力分量均为正。应力及其分量的量纲为[力][长度]$^{-2}$,单位为帕(Pa)。

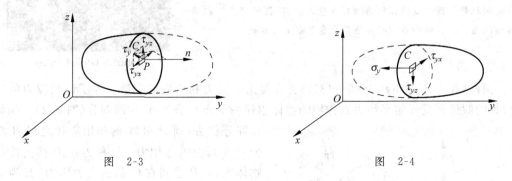

图   2-3   图   2-4

　　在以上的讨论中,过 P 点的 C 平面是任选的。显然,过 P 点可以做无穷多个这样的平面 C。或者说,过 P 点有无穷多个连续变化的 n 方向。不同面上的应力是不同的。这样,就产生了一个到底如何描绘一点处应力状态的问题。下面我们讨论这个问题。

　　为了研究 P 点处的应力状态,我们在 P 点处沿坐标轴 x, y, z 方向取一个微小的平行六面体(图 2-5),其六个面的外法线方向分别与三个坐标轴的正、负方向重合,各边长分别为 $\Delta x, \Delta y, \Delta z$。假定应力在各面上均匀分布,于是各面上的应力矢量便可用作用在各面中心点的一个应力矢量来表示。每个面上的应力又可分解为一个正应力和两个剪应力分量。按

前面约定的表示法,图 2-5 给出的各应力分量均为正方向。

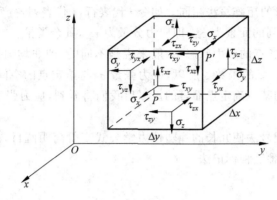

图 2-5

由图 2-5 可知,当微小的平行六面体趋于无穷小时,六面体上的应力就代表 P 点处的应力。因此,P 点处的应力分量共有九个,其中有三个正应力分量、六个剪应力分量(以后将证明**剪应力互等定理**,从而实际上独立的剪应力分量只有三个)。我们把这 9 个应力分量按一定规则排列,令其中每一行为过 P 点的一个面上的三个应力分量,即

$$\begin{matrix} \sigma_x & \tau_{xy} & \tau_{xz} \\ \tau_{yx} & \sigma_y & \tau_{yz} \\ \tau_{zx} & \tau_{zy} & \sigma_z \end{matrix}$$

以上这 9 个应力分量定义一个新的量 Σ,它描绘了一种物理现象,即 P 点处的应力状态。Σ 是对坐标系 $Oxyz$ 而言的,当坐标系变换时,它们按一定的变换式变换成另一坐标系 $Ox'y'z'$ 中的九个量

$$\begin{matrix} \sigma_{x'} & \tau_{x'y'} & \tau_{x'z'} \\ \tau_{y'x'} & \sigma_{y'} & \tau_{y'z'} \\ \tau_{z'x'} & \tau_{z'y'} & \sigma_{z'} \end{matrix}$$

这 9 个分量描绘同一点 P 的同一物理现象,所以它们定义的仍为 Σ。而 $\sigma_x,\sigma_y,\cdots$,这 9 个量就称为 Σ 的元素。数学上,**在坐标变换时,服从一定坐标变换式的九个数所定义的量叫做二阶张量**。根据这一定义,Σ 是一个二阶张量,并称为**应力张量**。以后将证明,应力张量为一对称的二阶张量。各应力分量即为应力张量的元素。在第 2.3 节中我们将给出应力分量在坐标变换时服从的变换公式。

应力张量通常表示为

$$\sigma_{ij} = \begin{bmatrix} \sigma_x & \tau_{xy} & \tau_{xz} \\ \tau_{yx} & \sigma_y & \tau_{yz} \\ \tau_{zx} & \tau_{zy} & \sigma_z \end{bmatrix} \tag{2-5}$$

其中 $i,j = x,y,z$，当 i,j 任取 x,y,z 时，便得到相应的分量[①]。

式(2-5)与 3×3 阶的矩阵写法相同。如令 i 代表行，j 代表列，行列数 $1,2,3$，对应于 x，y,z。例如第二行第三列的元素为 τ_{23}，即应力分量为 τ_{yz}，其余类推。

应当指出，物体内各点的应力状态，一般来说是不同的，即非均匀分布的。亦即各点的应力分量应为坐标 x,y,z 的函数。所以，应力张量 σ_{ij} 与给定点的空间位置有关，谈到应力张量总是针对物体中的某一确定点而言的。以后我们将看到，应力张量 σ_{ij} 完全确定了一点处的应力状态。

张量符号与下标记号法使冗长的弹塑性力学公式变得简明醒目，在文献中已被广泛应用，今后我们将逐渐熟悉这种标记法。

2.2　二维应力状态与平面问题的平衡方程

2.1 节中讨论力和应力概念时，是从三维受力物体出发的，其中 P 点是从一个三维空间中取出来的点。现为简单起见，我们首先讨论平面问题。掌握了平面问题以后，再讨论空间问题就比较容易了。

平面问题的特点是物体所受的面力和体力以及其应力都与某一个坐标轴(例如 x 轴)无关。平面问题又分为平面应力问题与平面应变问题。

在平面应力问题中，所考虑的物体是一个很薄的平板，载荷只作用在板边，且平行于板面(图 2-6)，即 z 方向的体力分量 F_{bz} 及面力分量 p_z 均为零。故取图 2-6 中的坐标系，则板面上($z = \pm t/2$ 处)

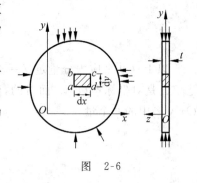

$$(\sigma_z)_{z=\pm \frac{t}{2}} = 0$$

$$(\tau_{zx})_{z=\pm \frac{t}{2}} = (\tau_{zy})_{z=\pm \frac{t}{2}} = 0$$

图　2-6

由于板的厚度很小，外载荷又沿厚度均匀分布，所以可以近似地认为应力沿厚度均匀分布。由此，在垂直于 z 轴的任一微小面积上均有

$$\sigma_z = \tau_{zy} = \tau_{zx} = 0$$

根据我们后面将要证明的剪力互等定理，即应力张量的对称性，还有 $\tau_{yz} = \tau_{xz} = 0$。这就是说，过任一点处不等于零的应力分量只有 $\sigma_x,\sigma_y,\tau_{xy},\tau_{yx}$，且均为 x,y 的函数。此时，应力张量为

---

① σ_{xx}、σ_{yy}、σ_{zz} 已简写为 σ_x、σ_y、σ_z。

$$\sigma_{ij} = \begin{bmatrix} \sigma_x & \tau_{xy} & 0 \\ \tau_{yx} & \sigma_y & 0 \\ 0 & 0 & 0 \end{bmatrix} \tag{2-6}$$

现在讨论平面应变问题。设有等截面柱体,其纵轴方向(Oz 坐标方向)很长。外载荷及体力为作用在垂直于 Oz 方向且沿 z 轴均匀分布的一组力。图 2-7 所示的挡土墙是这类问

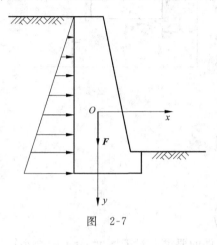

题的典型例子。如略去端部效应,则由于外载荷沿 z 轴方向为一常数,故可以认为,沿纵轴方向各点的位移与其所在 z 方向的位置无关,就是说 z 方向各点的位移均相同。如令 u, v, w 分别为一点在 x, y, z 坐标方向的位移分量,则有 w=常数,等于常数的位移 w 并不伴随产生任一 xy 平面的翘曲变形,故在研究应力、应变问题时,可取 w=0。此外,由于物体的变形只在 Oxy 平面内产生,故 u, v 均与 z 无关。因而,对于平面应变状态有

$$\left. \begin{array}{l} u = u(x,y) \\ v = v(x,y) \\ w = 0 \end{array} \right\} \tag{2-7}$$

图 2-7

由对称条件可知在 Oxy 平面内,过任一点处的应力分量 τ_{zx}, τ_{zy}(从而 τ_{xz}, τ_{yz})均等于零,但由于 z 方向对变形的约束,故 σ_z 一般不等于零。此时,应力张量 σ_{ij} 为

$$\sigma_{ij} = \begin{bmatrix} \sigma_x & \tau_{xy} & 0 \\ \tau_{yx} & \sigma_y & 0 \\ 0 & 0 & \sigma_z \end{bmatrix} \tag{2-8}$$

实际上,以后将证明,σ_z 不是一个独立的量,它可以由 σ_x 和 σ_y 求出。所以不管是平面应力问题还是平面应变问题,独立的应力分量只有三个,即 $\sigma_x, \sigma_y, \tau_{xy}$($=\tau_{yx}$),在求解过程中,$\sigma_z$ 可暂不考虑。

下面讨论物体处于平衡状态时,各点应力及体力的相互关系,并由此导出平衡方程。

假定从处于平面应力状态的物体中取出一个微小矩形单元 $abcd$(图 2-6 中的阴影部分),其两边的长度分别为 $\mathrm{d}x, \mathrm{d}y$,厚度就是原物体的厚度 t(图 2-8)。这里,因 $\mathrm{d}xt, \mathrm{d}yt$ 为微小面元,可以把 $\mathrm{d}xt$ 和 $\mathrm{d}yt$ 上的应力看成是均匀分布的,故面元上任意点的应力分量值,可以用该面元中点的应力分量表示(图 2-8)。在此微小单元体不同的边上,应力分量的值也不同。如 ab 边上[①]的正应力分量为 σ_x,则 cd 边上,由于距 y 轴的距离增加了 $\mathrm{d}x$,正应力分量应随之变化。应力分量的这种变化可用泰勒级数展开来求。实际上,我们有

---

① 即 $\mathrm{d}yt$ 面积上,以下的讨论取 t=1,故 $\mathrm{d}yt$ 上的应力就以 ab 线上的应力来表示。下同。

$$\sigma_x \big|_{cd} = \sigma_x \big|_{ab} + \frac{\partial \sigma_x}{\partial x}\Big|_{ab} \mathrm{d}x + \frac{\partial \sigma_x}{\partial y}\Big|_{ab} \mathrm{d}y + o(\mathrm{d}x^2, \mathrm{d}y^2)$$

注意到，ab 线元与 cd 线元上的应力分量，皆可用相应线元中点处的应力分量来表示。

显然，如 ab 边上的正应力为 σ_x，则当略去二阶以上微量后 cd 边上的正应力应为

$$\sigma_x + \frac{\partial \sigma_x}{\partial x}\mathrm{d}x$$

同理，如 ab 边上的剪应力分量为 τ_{xy}，ad 边上的两个应力分量为 σ_y，τ_{yx}，则得 cd 边上的剪应力分量及 bc 边的两个应力分量分别为（图 2-8）

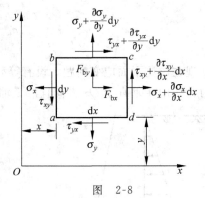

图   2-8

$$\left(\tau_{xy} + \frac{\partial \tau_{xy}}{\partial x}\mathrm{d}x\right)$$

$$\left(\sigma_y + \frac{\partial \sigma_y}{\partial y}\mathrm{d}y\right)$$

$$\left(\tau_{yx} + \frac{\partial \tau_{yx}}{\partial y}\mathrm{d}y\right)$$

在静力平衡条件下，各应力分量必然满足平衡条件的要求。对于厚度 $t=1$ 的微小矩形单元 $abcd$（图 2-8），由平衡条件 $\sum M_a = 0$ 得

$$\left(\frac{\partial \sigma_y}{\partial y}\mathrm{d}y\mathrm{d}x\right)\frac{\mathrm{d}x}{2} - \left(\frac{\partial \sigma_x}{\partial x}\mathrm{d}y\mathrm{d}x\right)\frac{\mathrm{d}y}{2} + \left(\tau_{xy} + \frac{\partial \tau_{xy}}{\partial x}\mathrm{d}x\right)\mathrm{d}y\mathrm{d}x$$

$$- \left(\tau_{yx} + \frac{\partial \tau_{yx}}{\partial y}\mathrm{d}y\right)\mathrm{d}x\mathrm{d}y + F_{by}\mathrm{d}x\mathrm{d}y\frac{\mathrm{d}x}{2} - F_{bx}\mathrm{d}x\mathrm{d}y\frac{\mathrm{d}y}{2} = 0$$

略去 $\mathrm{d}x$，$\mathrm{d}y$ 的三次方的项，得

$$\tau_{xy} = \tau_{yx} \tag{2-9}$$

这就是前面曾经提到的**剪应力互等定理**。以下不再区分 τ_{xy} 和 τ_{yx}。

由平衡条件 $\sum X = 0$ 得

$$\left(\sigma_x + \frac{\partial \sigma_x}{\partial x}\mathrm{d}x\right)\mathrm{d}y - \sigma_x\mathrm{d}y + \left(\tau_{yx} + \frac{\partial \tau_{yx}}{\partial y}\mathrm{d}y\right)\mathrm{d}x - \tau_{yx}\mathrm{d}x + F_{bx}\mathrm{d}x\mathrm{d}y = 0$$

化简后为

$$\left(\frac{\partial \sigma_x}{\partial x} + \frac{\partial \tau_{yx}}{\partial y} + F_{bx}\right)\mathrm{d}x\mathrm{d}y = 0$$

其中 $\mathrm{d}x\mathrm{d}y$ 不等于零，故有

$$\frac{\partial \sigma_x}{\partial x} + \frac{\partial \tau_{yx}}{\partial y} + F_{bx} = 0 \tag{2-10a}$$

同理由 $\sum Y = 0$ 得

$$\frac{\partial \sigma_y}{\partial y} + \frac{\partial \tau_{xy}}{\partial x} + F_{by} = 0 \tag{2-10b}$$

式(2-10)是平面问题的平衡方程。

对于三维应力状态的情况,可从受力物体中取出一微小六面体单元,可类似地导出(具体推导,留作练习)

$$\tau_{xz} = \tau_{zx}, \quad \tau_{yz} = \tau_{zy} \tag{2-11}$$

及

$$\left. \begin{aligned} \frac{\partial \sigma_x}{\partial x} + \frac{\partial \tau_{yx}}{\partial y} + \frac{\partial \tau_{zx}}{\partial z} + F_{bx} = 0 \\ \frac{\partial \tau_{xy}}{\partial x} + \frac{\partial \sigma_y}{\partial y} + \frac{\partial \tau_{zy}}{\partial z} + F_{by} = 0 \\ \frac{\partial \tau_{xz}}{\partial x} + \frac{\partial \tau_{yz}}{\partial y} + \frac{\partial \sigma_z}{\partial z} + F_{bz} = 0 \end{aligned} \right\} \tag{2-12}$$

式(2-12)为三维情况下的平衡方程。

如采用张量符号与下标记号法,则剪应力互等定理可缩写为

$$\sigma_{ij} = \sigma_{ji} \quad (i, j = x, y, z) \tag{2-13}$$

由此可知,应力张量为一对称张量,其中只有 6 个独立元素,即

$$\boldsymbol{\sigma}_{ij} = \begin{bmatrix} \sigma_x & \tau_{xy} & \tau_{xz} \\ & \sigma_y & \tau_{yz} \\ (对称) & & \sigma_z \end{bmatrix}$$

在平面应力状态,有

$$\boldsymbol{\sigma}_{ij} = \begin{bmatrix} \sigma_x & \tau_{xy} & 0 \\ & \sigma_y & 0 \\ (对称) & & 0 \end{bmatrix}$$

平衡方程(2-12)可缩写为

$$\sigma_{ij,j} + F_{bi} = 0 \tag{2-14}$$

其中 $\sigma_{ij,j}$ 表示 $\sigma_{ij}(i, j = x, y, z)$ 对 $j(=x, y, z)$ 取偏导数。下同(下标记号法和求和约定详见附录Ⅰ)。

所以 $\sigma_{ij,j} = 0$,就代表

$$\frac{\partial \sigma_x}{\partial x} + \frac{\partial \tau_{xy}}{\partial y} + \frac{\partial \tau_{xz}}{\partial z} = 0$$

$$\frac{\partial \tau_{xy}}{\partial x} + \frac{\partial \sigma_y}{\partial y} + \frac{\partial \tau_{yz}}{\partial z} = 0$$

$$\frac{\partial \tau_{xz}}{\partial x} + \frac{\partial \tau_{yz}}{\partial y} + \frac{\partial \sigma_z}{\partial z} = 0$$

2.3　一点处应力状态的描述

现以平面问题为例说明一点处应力状态的描述。为此,我们在受力物体中取一个微小三角形单元,如图 2-9 所示,其中 AB,AC 与坐标 y,x 重合,而 BC 的外法线与 x 轴成 θ 角。取 $x'y'$ 坐标,使 BC 的外法线方向与 x' 方向重合(如图 2-9)。在这种情况下,如果 $\sigma_x,\sigma_y,\tau_{xy}$ 已给定,则 BC 面上的正应力 $\sigma_{x'}$ 与剪应力 $\tau_{x'y'}$ 可用已知量表示,由于 θ 角的任意性,则当 BC 面趋于 A 点时,便可以说求得了描绘过 A 点处的应力状态的表达式。实际上,此处所讨论的问题,是一点处不同方向的面上的应力的转换,即 BC 面无限趋于 A 点时,该面上的应力如何用与原坐标相平行的面上的应力来表示。在这种问题的分析中,可不必引入应力增量和体力,因为它们与应力相比属于小量。

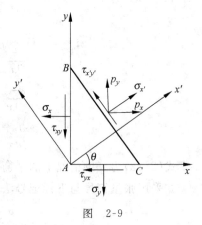

图　2-9

假定 BC 的面积为 1,则 AB 和 AC 的面积分别为 $\cos\theta$ 与 $\sin\theta$。于是,由平衡条件 $\sum X = 0$ 和 $\sum Y = 0$ 可得

$$\left.\begin{array}{l} p_x = \sigma_x\cos\theta + \tau_{xy}\sin\theta \\ p_y = \tau_{xy}\cos\theta + \sigma_y\sin\theta \end{array}\right\} \tag{2-15}$$

其中 p_x, p_y 为 BC 面上单位面积的力 p 在 x,y 方向的投影(图 2-9)。把 p_x, p_y 投影到 x', y' 坐标方向得

$$\left.\begin{array}{l} \sigma_{x'} = p_x\cos\theta + p_y\sin\theta \\ \tau_{x'y'} = p_y\cos\theta - p_x\sin\theta \end{array}\right\} \tag{2-16}$$

把式(2-15)代入式(2-16)得

$$\left.\begin{array}{l} \sigma_{x'} = \sigma_x\cos^2\theta + \sigma_y\sin^2\theta + 2\tau_{xy}\sin\theta\cos\theta \\ \tau_{x'y'} = \tau_{xy}(\cos^2\theta - \sin^2\theta) + (\sigma_y - \sigma_x)\sin\theta\cos\theta \end{array}\right\} \tag{2-17}$$

或改写为

$$\sigma_{x'} = \frac{1}{2}(\sigma_x + \sigma_y) + \frac{1}{2}(\sigma_x - \sigma_y)\cos2\theta + \tau_{xy}\sin2\theta \tag{2-18a}$$

$$\tau_{x'y'} = \frac{1}{2}(\sigma_y - \sigma_x)\sin2\theta + \tau_{xy}\cos2\theta \tag{2-18b}$$

把式(2-18a)中的 θ 换成 $\theta + \frac{\pi}{2}$,则得

$$\sigma_{y'} = \frac{1}{2}(\sigma_x + \sigma_y) - \frac{1}{2}(\sigma_x - \sigma_y)\cos2\theta - \tau_{xy}\sin2\theta \tag{2-18c}$$

　　式(2-18)在材料力学中曾经讨论过,并给出了莫尔圆的作图法。于是当 BC 面趋于 A 点时,若已知 A 点的应力分量 $\sigma_x,\sigma_y,\tau_{xy}$,则由式(2-18)即可求得过该点任意方向平面上的应力分量。换言之,对于平面问题,式(2-18)充分地描述了一点的应力状态。

　　在三维的情况下,我们在任意一点 O 附近取出一微小四面体单元 $OABC$,斜面 ABC 的外法线为 n (图 2-10)。如令斜面 ABC 的面积为 1,则三角形 OBC,OAC,OAB 的面积分别为

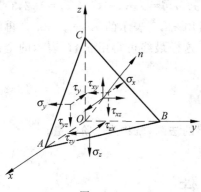

图　2-10

$$1 \times \cos(n,x) = l_1$$
$$1 \times \cos(n,y) = l_2$$
$$1 \times \cos(n,z) = l_3$$

如 ABC 面上单位面积的面力为 p,其沿坐标轴方向的分量用 p_x,p_y,p_z 表示,则不难由微小四面体单元的平衡条件得出

$$\left. \begin{aligned} p_x &= \sigma_x l_1 + \tau_{xy} l_2 + \tau_{xz} l_3 \\ p_y &= \tau_{yx} l_1 + \sigma_y l_2 + \tau_{yz} l_3 \\ p_z &= \tau_{zx} l_1 + \tau_{zy} l_2 + \sigma_z l_3 \end{aligned} \right\} \tag{2-19}$$

式(2-19)按下标记号法与求和约定可缩写为

$$p_i = \sigma_{ij} n_j \quad (i,j = x,y,z) \tag{2-19'}$$

此处 n_j 为斜面 ABC 外法线 n 与 $j(=x,y,z)$ 轴间夹角的方向余弦 $\cos(n,j)$,根据以上定义,有

$$n_x = \cos(n,x) = l_1$$
$$n_y = \cos(n,y) = l_2$$
$$n_z = \cos(n,z) = l_3$$

　　以上讨论的是在空间坐标系 $Oxyz$ 内,与坐标轴呈任意倾斜的面上单位面积的面力 p_x,p_y,p_z 的表达式(2-19)。现在考虑当坐标系 $Oxyz$ 变换到坐标系 $Ox'y'z'$ 时,新旧坐标系内各应力分量间的关系。并由此给定应力张量的各元素在坐标变换时所遵循的法则。

　　为此令新坐标系 $Ox'y'z'$ 的 Ox' 轴与图 2-10 中的 n 方向相合,新旧坐标系间的方向余弦为 $l_{11} = \cos(x',x), l_{12} = \cos(x',y), \cdots$,如表 2-1 所示,则 x' 方向的正应力 $\sigma_{x'}$ 为

$$\sigma_{x'} = p_x l_{11} + p_y l_{12} + p_z l_{13}$$

表　2-1

	x	y	z
x'	l_{11}	l_{12}	l_{13}
y'	l_{21}	l_{22}	l_{23}
z'	l_{31}	l_{32}	l_{33}

将式(2-19)代入上式,并注意到其中之 l_1,l_2,l_3 分别等于 l_{11},l_{12},l_{13},则得

$$\sigma_{x'} = \sigma_x l_{11}^2 + \sigma_y l_{12}^2 + \sigma_z l_{13}^2 + 2(\tau_{xy}l_{11}l_{12} + \tau_{yz}l_{12}l_{13} + \tau_{zx}l_{11}l_{13})$$

类似地,有 p_x,p_y,p_z 在 y',z' 方向的投影,可得用 $\sigma_{ij}(i,j=x,y,z)$,$l_{ij}(i,j=1,2,3)$ 表示的 $\tau_{x'y'},\tau_{x'z'}$。之后将 y' 轴与 n 方向重合,类似地可得用 σ_{ij},l_{ij} 表示的 $\sigma_{y'}$,$\tau_{y'x'}$,$\tau_{y'z'}$。再将 z' 轴与 n 方向重合,可得用 σ_{ij},l_{ij} 表示的 $\sigma_{z'}$,$\tau_{z'x'}$,$\tau_{z'y'}$。这样最终可得用 σ_{ij},l_{ij} 表示的全部 $Ox'y'z'$ 坐标系内的应力分量 $\sigma_{i'j'}$

$$\sigma_{i'j'} = l_{i'i}l_{j'j}\sigma_{ij} \tag{2-20}$$

变换式(2-20)即 σ_{ij} 在坐标变换时所遵守的法则。

凡一组 9 个量 σ_{ij},在坐标变换时服从式(2-20)给出的法则,就称为二阶张量。

2.4 边 界 条 件

当物体处于平衡状态时,其内部各点的应力状态应满足平衡微分方程(2-12),在边界上应满足边界条件。边界条件可能有三种情况:(1)在边界上给定面力称为**应力边界条件**;(2)在边界上给定位移称为**位移边界条件**;(3)在边界上部分给定面力,部分给定位移称为**混合边界条件**。下面分别以平面问题为例给出几种边界条件的表示法。

1. 应力边界条件

当物体的边界上给定面力时(以后称给定面力的边界为 S_σ),则物体边界上的应力应满足与面力相平衡的力的平衡条件。如边界附近有一点 A,物体的坐标系为 Oxy(图 2-9),边界线为 BC,其外法线方向为 n;A 点的应力 $\sigma_x,\sigma_y,\tau_{xy}$ 的值尚为未知,BC 面上单位面积的面力为 $\boldsymbol{p}$,其在 x,y 方向的分量为 p_x,p_y。当 A 点无限趋于 BC 时,由应力分量 $\sigma_x,\sigma_y,\tau_{xy}$ 与面力 p_x,p_y 之间的平衡条件可得应力边界条件。BC 的外法线方向为 n,它的方向余弦为 $\cos(n,x)=l_1,\cos(n,y)=l_2$,则式(2-15)可改写为

$$\left. \begin{array}{l} p_x = \sigma_x l_1 + \tau_{xy} l_2 \\ p_y = \tau_{xy} l_1 + \sigma_y l_2 \end{array} \right\} \tag{2-15'}$$

在三维条件下,则可由边界附近任取一微小四面体 $OABC$,如图 2-10 所示。如面力已知为 $\boldsymbol{p}$,则相应的应力边界条件为式(2-19)

$$\left. \begin{array}{l} p_x = \sigma_x l_1 + \tau_{xy} l_2 + \tau_{zx} l_3 \\ p_y = \tau_{yx} l_1 + \sigma_y l_2 + \tau_{yz} l_3 \\ p_z = \tau_{zx} l_1 + \tau_{zy} l_2 + \sigma_z l_3 \end{array} \right\}$$

或即

$$p_i = \sigma_{ij} n_j$$

此处 $n_j = \cos(x_j, n)$,从应力边界条件的表达式(2-15')或式(2-19)看出应力边界条件

与坐标系 $Oxyz$ 的选取及物体边界的方向余弦有关。

对于平面问题,当边界与某一坐标轴相垂直时,应力边界条件可得到简化。在垂直于 x 轴的边界上 n 与 x 轴方向重合,故有 $l_1 = \cos(n,x) = \pm 1$,$l_2 = \cos(n,y) = 0$,于是式(2-15′)简化成为

$$\sigma_x = \pm p_y, \quad \tau_{xy} = \pm p_x$$

同理在垂直于 y 轴的边界上,由于 n 与 y 轴方向相重合故有

$$l_1 = \cos(n,x) = 0, \quad l_2 = \cos(n,y) = \pm 1$$

应力边界条件可化为

$$\sigma_y = \pm p_x, \quad \tau_{yx} = \pm p_y$$

在这种情况下,边界处应力分量的数值与单位面积上的面力分量相等。且当边界的外法线方向沿坐标轴的正向时,取正号。反之,取负号。

2. 位移边界条件

当边界上已知位移时,应建立物体边界上点的位移与给定位移相等的条件。如令给定位移的边界为 S_u,则有(在 S_u 上)

$$u = \bar{u}, \quad v = \bar{v} \tag{2-21}$$

其中 $\bar{u}$、$\bar{v}$ 分别为边界上 x,y 方向的已知位移分量。

对于三维问题,位移边界条件为(在 S_u 上)

$$u_i = \bar{u}_i \tag{2-22}$$

此处 $i = 1,2,3$(u_1,u_2,u_3 与 u,v,w 相对应)。

3. 混合边界条件

混合边界条件有两种情况:一种情况是在物体的整个边界 S 中,一部分已知应力,即给定应力的边界 S_σ,此部分边界应用应力边界条件(2-19);其余部分给定位移,即给定位移的边界 S_u,在 S_u 上用位移边界条件(2-22)。这时相当于给了两种边界。另一种情况是在同一部分边界上已知部分位移和部分应力,即给定位移与应力混合条件。如图 2-11 给出的由一组连杆支承的深梁就是这种情况,已知 AB 面上 y 方向的位移及 x 方向剪应力均等于零,即(在 S_{AB} 上)

$$v = \bar{v} = 0, \quad \tau_{yx} = - p_x = 0$$

例 2-1 若已给定坐标系 Oxy 如图 2-12 所示,试列出图中各平面问题的自由边界的应力边界条件。

解 (a) (1)题中已给定坐标系 Oxy。

(2)求方向余弦。已知边界 S 与 x 轴相垂直,故有

$$l_1 = \cos(n,x) = \pm 1, \quad l_2 = \cos(n,y) = 0$$

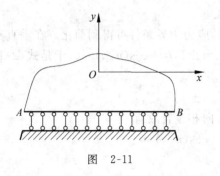

图 2-11

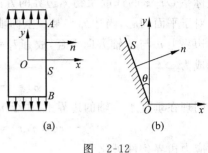

(a)　　(b)

图 2-12

（3）已知 $p_x = p_y = 0$。

（4）代入应力边界条件公式（2-15′）

$$\sigma_x = + p_x = 0, \quad \tau_{xy} = + p_y = 0$$

即应力边界条件为（在 S 上）：

$$\sigma_x = \tau_{xy} = 0$$

（b）　（1）题已给出坐标系 Oxy。

（2）求方向余弦。已知边界 S 与 y 轴成 θ 角，故有

$$l_1 = \cos(n, x) = \cos\theta$$
$$l_2 = \cos(n, y) = \sin\theta$$

（3）S 为自由边界，故有

$$p_x = p_y = 0$$

（4）代入式（2-15′）得

$$0 = \sigma_x \cos\theta + \tau_{xy} \sin\theta$$
$$0 = \tau_{xy} \cos\theta + \sigma_y \sin\theta$$

得边界条件为

$$\sigma_x = -\tau_{xy} \tan\theta$$
$$\sigma_y = -\tau_{xy} \cot\theta$$

例 2-2　设有图 2-13 所示水坝，试列出光滑的 OA 面的应力边界条件。

解　此问题可作为平面应变问题考虑。

（1）选取坐标系 Oxy 如图 2-13 所示，坐标原点在坝顶 O 处。

（2）计算方向余弦。因 OA 与 x 轴垂直，故

$$l_1 = \cos(n, x) = -1$$
$$l_2 = \cos(n, y) = 0$$

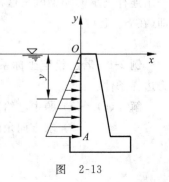

图　2-13

（3）求出面力分量 p_x，p_y（设水的容重为 γ）代入边界条件(2-15′)，整理后得

$$\sigma_x = -\gamma y$$

$$\tau_{xy} = 0$$

2.5 主应力与主方向

在过受力物体内一点任意方向的微小面元上，一般都有正应力与剪应力，不同方向的面元上这些应力有不同的数值。当此微小面元转动时，它的法线方向 n 随之改变，面元上的正应力 σ_n 与剪应力 τ_n 的方向和它们的值也都要发生变化。在 n 方向不断改变的过程中，必然要出现这样的情况，即面元上只有正应力，而剪应力 τ_n 等于零。我们把这时面元的法线方向 n 称为**主方向**，相应的正应力 σ_n 称为**主应力**，σ_n 所在的面称为**主平面**。以下将说明，物体中任一点都有三个主应力和相应的三个主方向。

在图 2-10 中，如令 p_x，p_y，p_z 为 ABC 面上单位面积面力 $\boldsymbol{p}$ 的三个分量，则有

$$p^2 = p_x^2 + p_y^2 + p_z^2 \tag{a}$$

ABC 面上的正应力 σ_n 即为

$$\sigma_n = p_x l_1 + p_y l_2 + p_z l_3 \tag{b}$$

将式(2-19)代入式(b)得

$$\begin{aligned}
\sigma_n &= (\sigma_x l_1 + \tau_{xy} l_2 + \tau_{xz} l_3) l_1 + (\tau_{yx} l_1 + \sigma_y l_2 + \tau_{yz} l_3) l_2 \\
&\quad + (\tau_{zx} l_1 + \tau_{zy} l_2 + \sigma_z l_3) l_3 \\
&= \sigma_x l_1^2 + \sigma_y l_2^2 + \sigma_z l_3^2 + 2(\tau_{xy} l_1 l_2 + \tau_{zx} l_1 l_3 + \tau_{yz} l_2 l_3)
\end{aligned} \tag{2-23}$$

式(2-23)为 n 方向（亦即任意方向）的斜面上正应力的表达式。该面上的剪应力为

$$\tau_n^2 = p^2 - \sigma_n^2 \tag{2-24}$$

将式(a)及式(2-23)代入式(2-24)，可得法线方向为 n 的面上的剪应力。

如果在一个斜面上的剪应力为零，即 $\tau_n = 0$，则从(2-24)式有 $\sigma_n^2 = p^2$，此时该斜面上的正应力 σ_n 就是正应力。在这种情况下，该斜面的正应力 σ_n 即与 $\boldsymbol{p}$ 的大小和方向完全相同[①]。于是有

$$\left.\begin{aligned}
p_x &= p l_1 = \sigma_n l_1 \\
p_y &= p l_2 = \sigma_n l_2 \\
p_z &= p l_3 = \sigma_n l_3
\end{aligned}\right\} \tag{c}$$

将式(c)代入式(2-19)得

---

① 该斜面的面积取为 1。

$$\left.\begin{array}{l} \sigma_x l_1 + \tau_{xy} l_2 + \tau_{xz} l_3 = \sigma_n l_1 \\ \tau_{xy} l_1 + \sigma_y l_2 + \tau_{yz} l_3 = \sigma_n l_2 \\ \tau_{xz} l_1 + \tau_{yz} l_2 + \sigma_z l_3 = \sigma_n l_3 \end{array}\right\} \tag{d}$$

上式可改为

$$\left.\begin{array}{l} (\sigma_x - \sigma_n) l_1 + \tau_{xy} l_2 + \tau_{xz} l_3 = 0 \\ \tau_{xy} l_1 + (\sigma_y - \sigma_n) l_2 + \tau_{yz} l_3 = 0 \\ \tau_{xz} l_1 + \tau_{yz} l_2 + (\sigma_z - \sigma_n) l_3 = 0 \end{array}\right\} \tag{2-25}$$

或

$$(\sigma_{ij} - \delta_{ij}\sigma_n) l_j = 0 \tag{2-25'}$$

此处 δ_{ij} 为柯氏 δ(Kronecker-δ),定义为

$$\delta_{ij} = \begin{cases} 1, & \text{当 } i = j \\ 0, & \text{当 } i \neq j \end{cases}$$

l_1, l_2, l_3 满足下列关系式

$$l_1^2 + l_2^2 + l_3^2 = 1 \tag{2-26}$$

于是我们得到含有 σ_n, l_1, l_2, l_3 四个未知数的四个方程式(2-25)和式(2-26),求解之后便可得到主应力及与之对应的主方向。现在我们用下述方法来讨论问题的解。由于式(2-26)说明 l_1, l_2, l_3 这三个方向余弦不可能同时等于零,所以式(2-25)可看成关于 l_1, l_2, l_3 的线性齐次方程组,而且应当有非零解存在。由齐次方程组有非零解的条件得到

$$\begin{vmatrix} \sigma_x - \sigma_n & \tau_{xy} & \tau_{xz} \\ \tau_{xy} & \sigma_y - \sigma_n & \tau_{yz} \\ \tau_{xz} & \tau_{yz} & \sigma_z - \sigma_n \end{vmatrix} = 0 \tag{2-27}$$

上式展开后得

$$(\sigma_x - \sigma_n)(\sigma_y - \sigma_n)(\sigma_z - \sigma_n) + \tau_{xy}\tau_{yz}\tau_{xz} + \tau_{xy}\tau_{yz}\tau_{xz} - \tau_{xz}\tau_{xz}(\sigma_y - \sigma_n)$$
$$- \tau_{yz}\tau_{yz}(\sigma_x - \sigma_n) - \tau_{xy}\tau_{xy}(\sigma_z - \sigma_n) = 0$$

或

$$\sigma_n^3 - I_1\sigma_n^2 + I_2\sigma_n - I_3 = 0 \tag{2-28}$$

其中

$$I_1 = \sigma_x + \sigma_y + \sigma_z \tag{2-29a}$$

$$I_2 = \sigma_x\sigma_y + \sigma_y\sigma_z + \sigma_x\sigma_z - \tau_{xy}^2 - \tau_{yz}^2 - \tau_{xz}^2 \tag{2-29b}$$

$$I_3 = \begin{vmatrix} \sigma_x & \tau_{xy} & \tau_{xz} \\ \tau_{xy} & \sigma_y & \tau_{yz} \\ \tau_{xz} & \tau_{yz} & \sigma_z \end{vmatrix} \tag{2-29c}$$

方程(2-28)是关于 σ_n 的三次方程,它的三个根,即为三个主应力,其相应的三组方向余弦对应于三组主平面。方程(2-28)的三个根都是实根,因为式(2-25)说明主应力是应力张量 σ_{ij} 的特征值,式(2-27)或式(2-28)为特征方程。因应力张量为对称张量,其各元素均为实数,故必有实特征根,即三个主应力都是实数,其方向余弦为应力张量 σ_{ij} 的特征向

量。方程(2-28)的三个根均为实数的证明还可以从三次方程根的性质的代数理论中得到。上述讨论证实了下列事实:**在物体内任意一点,必有三个互相垂直的主应力,它们的方向就是主方向。**

主应力的大小与坐标选择无关,故方程(2-28)的三个系数 I_1, I_2, I_3 也必与坐标选择无关。不然的话,主应力就要随坐标选择的不同而变化。所以 I_1, I_2, I_3 为不变量,分别称为第一、第二、第三应力张量的不变量,简称**应力不变量。**

解方程(2-28)后,得到所考虑点的三个主应力,从大到小记为 σ_1, σ_2, σ_3,即 $\sigma_1 > \sigma_2 > \sigma_3$。如果坐标轴恰与主方向重合,则应力不变量用主应力表示为

$$\left.\begin{array}{l} I_1 = \sigma_1 + \sigma_2 + \sigma_3 \\ I_2 = \sigma_1\sigma_2 + \sigma_2\sigma_3 + \sigma_3\sigma_1 \\ I_3 = \sigma_1\sigma_2\sigma_3 \end{array}\right\} \tag{2-30}$$

以主应力 σ_1, σ_2, σ_3 的方向为坐标轴(记为 1, 2, 3)的几何空间,称为**主向空间**。要了解在主向空间任意斜面上的应力,可假定某一斜面的应力矢量为 p,该斜面的方向余弦为 l_1, l_2, l_3(图 2-14),注意到 p 在坐标轴方向的三个投影分别为 $p_1 = \sigma_1 l_1$, $p_2 = \sigma_2 l_2$, $p_3 = \sigma_3 l_3$,于是该面上的正应力 σ 与剪应力 τ 的关系为

$$\begin{aligned} \sigma^2 &= p^2 - \tau^2 = p_1^2 + p_2^2 + p_3^2 - \tau^2 \\ &= \sigma_1^2 l_1^2 + \sigma_2^2 l_2^2 + \sigma_3^2 l_3^2 - \tau^2 \end{aligned} \tag{2-31}$$

由于

$$\sigma = p_1 l_1 + p_2 l_2 + p_3 l_3 = \sigma_1 l_1^2 + \sigma_2 l_2^2 + \sigma_3 l_3^2 \tag{2-32}$$

故有

$$\tau = \sqrt{\sigma_1^2 l_1^2 + \sigma_2^2 l_2^2 + \sigma_3^2 l_3^2 - (\sigma_1 l_1^2 + \sigma_2 l_2^2 + \sigma_3 l_3^2)^2} \tag{2-33}$$

现在我们讨论一种特殊情况,即在主向空间取一斜面,该斜面的法线 n 与三个坐标轴呈等倾斜,即

$$l_1 = l_2 = l_3$$

由于

$$l_1^2 + l_2^2 + l_3^2 = 1$$

故

$$l_1 = l_2 = l_3 = \frac{1}{\sqrt{3}}$$

或

$$\arccos(l_1) = \arccos(l_2) = \arccos(l_3) = 54°44'$$

在这一三维空间中的上半空间(xy 平面以上,即 z 的正方向)可构成四个这样的面,在下半空间(xy 平面以下,即 z 的负方向)也可构成四个这样的面,共有八个。这八个面组成了一个正八面体,其中每一个面称为**八面体平面**。图 2-15 给出了八面体的图形。

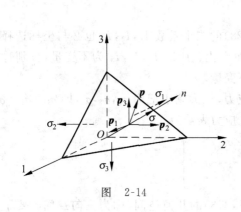

图　2-14

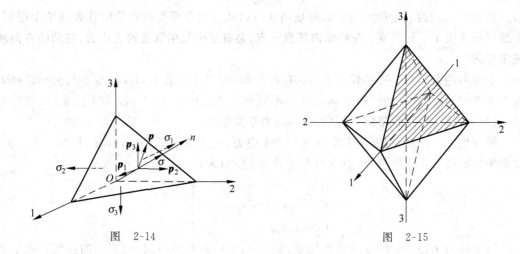

图　2-15

鉴于八面体平面上的应力在塑性理论中的重要性,下面我们给出八面体平面上的正应力和剪应力。八面体平面上的正应力 σ_8 由式(2-32)得

$$\sigma_8 = \frac{1}{3}(\sigma_1 + \sigma_2 + \sigma_3) \tag{2-34}$$

由式(2-33)得八面体平面上的剪应力 τ_8 为

$$\tau_8 = \frac{1}{3}\sqrt{(\sigma_1 - \sigma_2)^2 + (\sigma_2 - \sigma_3)^2 + (\sigma_3 - \sigma_1)^2} \tag{2-35}$$

一般情况为

$$\tau_8 = \frac{1}{3}\left[(\sigma_x - \sigma_y)^2 + (\sigma_y - \sigma_z)^2 + (\sigma_z - \sigma_x)^2 + 6(\tau_{yz}^2 + \tau_{zx}^2 + \tau_{xy}^2)\right]^{\frac{1}{2}} \tag{2-35'}$$

例 2-3　设在平面问题条件下,一点 P 的应力状态为已知,试求:(1)主应力及主方向,(2)最大剪应力及其所在的面 θ_p。

解　(1)已知一点的应力状态,即给定应力张量

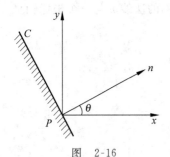

图　2-16

$$\sigma_{ij} = \begin{bmatrix} \sigma_x & \tau_{xy} & 0 \\ \tau_{yx} & \sigma_y & 0 \\ 0 & 0 & 0 \end{bmatrix}$$

设在某一平面 C 与 x 轴成 θ 角(图 2-16),则有

$$l_1 = \cos\theta, \qquad l_2 = \sin\theta, \qquad l_3 = 0$$

代入式(2-18),得 C 面上的正应力及剪应力分别为

$$\sigma_n = \frac{1}{2}(\sigma_x + \sigma_y) + \frac{1}{2}(\sigma_x - \sigma_y)\cos 2\theta + \tau_{xy}\sin 2\theta \tag{a}$$

$$\tau_n = -\frac{1}{2}(\sigma_x - \sigma_y)\sin 2\theta + \tau_{xy}\cos 2\theta \tag{b}$$

如 n 方向为主方向,C 平面为主平面,则 $\tau_n = 0$ 由式(b)得到

$$\tan 2\theta = \frac{2\tau_{xy}}{\sigma_x - \sigma_y} \tag{c}$$

由于 $\tan 2\theta = \tan(\pi + 2\theta)$，所以，$n$ 方向及与之正交的方向是两个主方向。两个主平面的法线与 Ox 轴分别呈 θ 及 $\theta + \frac{\pi}{2}$ 角度

$$\theta = \frac{1}{2} \arctan \frac{2\tau_{xy}}{\sigma_x - \sigma_y}$$

将由式(c)所得之结果代入式(a)，可得两个主应力 σ_1, σ_2 之值，亦可由代数运算求出主应力的一般公式为

$$\sigma_{1,2} = \frac{\sigma_x + \sigma_y}{2} \pm \sqrt{\left(\frac{\sigma_x - \sigma_y}{2}\right)^2 + \tau_{xy}^2} \tag{d}$$

(2) 欲求最大或最小剪应力所在的面，可由下列条件求出：

$$\mathrm{d}\tau_n / \mathrm{d}\theta = 0$$

由此得

$$\cot 2\theta_p = -2\tau_{xy} / (\sigma_x - \sigma_y) \tag{e}$$

和前一种情况类似，$2\theta_p$ 和 $2\theta_p + \pi$ 同时满足上式，由此可知最大和最小剪应力作用面相互垂直。由式(e)求出 $\cos\theta$，$\sin\theta$ 后，代入式(b)可得

$$\left.\begin{array}{c}\tau_{\max} \\ \tau_{\min}\end{array}\right\} = \pm \sqrt{\left(\frac{\sigma_x - \sigma_y}{2}\right)^2 + \tau_{xy}^2}$$

当 $\tau_{xy} = 0$ 时，$\sigma_x = \sigma_1$，$\sigma_y = \sigma_2$ 为两个主应力，此时最大最小剪应力为

$$\left.\begin{array}{c}\tau_{\max} \\ \tau_{\min}\end{array}\right\} = \pm \frac{1}{2}(\sigma_1 - \sigma_2)$$

比较式(c)与式(e)可以看出

$$\tan 2\theta = -\cot 2\theta_p = \tan\left(2\theta_p + \frac{\pi}{2}\right)$$

所以，最大、最小剪应力所在的面与主平面成 $45°$ 角。

2.6 球张量与应力偏量

在外力作用下，物体的变形通常可分为体积改变和形状改变两种成分。并且认为，体积的改变是由于各向相等的应力引起的。试验证明[1]，固体材料在各向相等的应力作用下，一

---

[1] P. W. Bridgman(1925)的实验证明，对于金属材料，在大约 2.5Gpa 的静水压力作用下，才呈现出很小的压缩性(约 0.06%)。

般都表现为弹性性质。因而可以认为,材料的塑性变形主要是物体产生形状变化时产生的。这样,在塑性理论中,常根据这一特点把应力状态进行分解。

在一般情况下,某一点处的应力状态可以分解为两部分,一部分是各向相等的压(或拉)应力 σ,另一部分记为 s_{ij},即

$$\sigma_{ij} = \sigma + s_{ij} \tag{2-36}$$

其中

$$\boldsymbol{\sigma} = \begin{bmatrix} \sigma_m & 0 & 0 \\ 0 & \sigma_m & 0 \\ 0 & 0 & \sigma_m \end{bmatrix}$$

$$s_{ij} = \begin{bmatrix} \sigma_x - \sigma_m & \tau_{xy} & \tau_{xz} \\ \tau_{yx} & \sigma_y - \sigma_m & \tau_{yz} \\ \tau_{zx} & \tau_{zy} & \sigma_z - \sigma_m \end{bmatrix}$$

$$\sigma_m = \frac{1}{3}(\sigma_x + \sigma_y + \sigma_z) = \frac{1}{3}(\sigma_1 + \sigma_2 + \sigma_3) = \sigma_8$$

σ 可定义为**球形应力张量**,简称**球张量**。而 s_{ij} 则称为**偏斜应力张量**,简称**应力偏量**。

球张量表示一种"球形"应力状态。实际上,在主向空间内,如令任一斜面 n 上的应力矢量为 $\boldsymbol{p}$,其沿 $1,2,3$ 轴的分量为

$$p_1 = \sigma_1 l_1$$
$$p_2 = \sigma_2 l_2$$
$$p_3 = \sigma_3 l_3$$

代入式(2-26)后,则得

$$\frac{p_1^2}{\sigma_1^2} + \frac{p_2^2}{\sigma_2^2} + \frac{p_3^2}{\sigma_3^2} = 1 \tag{2-37}$$

上式是一个椭球面方程,它表示在以 p_1,p_2,p_3 为坐标轴的空间内的主半轴为 $\sigma_1,\sigma_2,\sigma_3$ 的一个椭球面,称为**应力椭球面**(图 2-17(a))。意思是说,当任一点 O 的每一斜面上的应力都用应力矢量 $\boldsymbol{p}$(其分量为 p_1,p_2,p_3)表示的话,则任一从 O 做出的这种矢量的矢端都落在此椭球面上,如图 2-17(a)所示。

当 $\sigma_1 = \sigma_2 = \sigma_3 = \sigma_m$ 时,式(2-37)可化为

$$p_1^2 + p_2^2 + p_3^2 = \sigma_m^2$$

这是一个以 σ_m 为半径,以坐标轴原点为球心的球面方程,是上述应力椭球面的特殊情况。它表示一个球形应力状态,如图 2-17(b)所示。球张量便由此而得名。

应力偏量则只由偏应力分量 $\sigma_x - \sigma_m = s_1$,$\sigma_y - \sigma_m = s_2$,$\sigma_z - \sigma_m = s_3$,及剪应力分量 τ_{xy},τ_{yz},τ_{zx} 构成。以主应力表示的应力偏量为

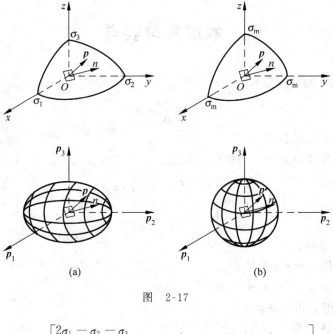

图 2-17

$$s_{ij} = \begin{bmatrix} \dfrac{2\sigma_1 - \sigma_2 - \sigma_3}{3} & 0 & 0 \\[3mm] 0 & \dfrac{2\sigma_2 - \sigma_3 - \sigma_1}{3} & 0 \\[3mm] 0 & 0 & \dfrac{2\sigma_3 - \sigma_1 - \sigma_2}{3} \end{bmatrix}$$

对于球张量和应力偏量 s_{ij}，可以类似于应力张量 σ_{ij} 那样得到其**应力偏量的三个不变量为**

$$\left. \begin{aligned} J_1 &= 0 \\ J_2 &= -\frac{1}{6}\left[(\sigma_1 - \sigma_2)^2 + (\sigma_2 - \sigma_3)^2 + (\sigma_3 - \sigma_1)^2\right] \\ &= -\frac{1}{2}(s_1^2 + s_2^2 + s_3^2) = s_1 s_2 + s_2 s_3 + s_3 s_1 \\ J_3 &= s_1 s_2 s_3 \end{aligned} \right\} \tag{2-38}$$

其中：

$$\left. \begin{aligned} s_1 &= \sigma_1 - \sigma_m \\ s_2 &= \sigma_2 - \sigma_m \\ s_3 &= \sigma_3 - \sigma_m \end{aligned} \right\} \tag{2-39}$$

本章复习要点

1. 应力矢量 $\boldsymbol{\sigma}$ 的准确定义:

$$\lim_{\Delta S \to 0} \frac{\Delta \boldsymbol{p}}{\Delta S} = \boldsymbol{\sigma}$$

2. 一点应力状态的描述:

应力张量 σ_{ij} 完全确定了一点的应力状态

$$\sigma_{ij} = \begin{bmatrix} \sigma_x & \tau_{xy} & \tau_{xz} \\ \tau_{yx} & \sigma_y & \tau_{yz} \\ \tau_{zx} & \tau_{zy} & \sigma_z \end{bmatrix} = \sigma_{ii} + s_{ij}$$

3. 三类边界条件:

应力边界条件 $p_i = \sigma_{ij} n_j$(在 S_σ 上)

位移边界条件 $u_i = \bar{u}_i$(在 S_u 上)

两种形式的混合边界条件。

4. 三个应力不变量 I_1, I_2, I_3:

$$I_1 = \sigma_x + \sigma_y + \sigma_z$$
$$I_2 = \sigma_x \sigma_y + \sigma_y \sigma_z + \sigma_x \sigma_z - \tau_{xy}^2 - \tau_{yz}^2 - \tau_{xz}^2$$
$$I_3 = \begin{vmatrix} \sigma_x & \tau_{xy} & \tau_{xz} \\ \tau_{xy} & \sigma_y & \tau_{yz} \\ \tau_{xz} & \tau_{yz} & \sigma_z \end{vmatrix}$$

5. 应力偏量的概念及应力偏量的三个不变量:

$$J_1 = 0$$
$$J_2 = s_1 s_2 + s_2 s_3 + s_3 s_1$$
$$J_3 = s_1 s_2 s_3$$

思   考   题

2-1　为什么定义物体内部应力状态的时候要采取在一点的邻域取极限的办法?是什么物理意义?

2-2　满足平衡方程和边界条件的应力是否是实际的应力?为什么?

2-3　剪应力互等定理有没有前提条件?为什么?

2-4　应力不变量为什么不变?

2-5 平面应力与平面应变的主要异同是什么？它们都是怎样从实际问题中简化而来的？

习   题

2-1 已知一点处的应力状态为

$$\begin{bmatrix} 12 & 6 & 0 \\ 6 & 10 & 0 \\ 0 & 0 & 0 \end{bmatrix} \times 10^3 \, \text{Pa}$$

试求该点处的最大主应力及主方向。

答案：$\sigma_1 = 17.083 \times 10^3 \, \text{Pa}$，$\sigma_1$ 与 x 轴的夹角为 $40°16'$。

2-2 试用初等理论求出受均布载荷作用的简支梁（矩形截面）的应力状态，并校核所得结果是否满足平衡方程与边界条件。

2-3 试证在坐标变换时，I_1 为一不变量。

2-4 已知下列应力状态

$$\sigma_{ij} = \begin{bmatrix} 5 & 3 & 8 \\ 3 & 0 & 3 \\ 8 & 3 & 11 \end{bmatrix} \times 10^5 \, \text{Pa}$$

试求八面体正应力与剪应力。

答案：$\sigma_8 = 5.333 \times 10^5 \, \text{Pa}$，$\tau_8 = 8.653 \times 10^5 \, \text{Pa}$。

2-5 试写出下列情况的边界条件（坐标系如图所示）。

2-6 设图中短柱体处于平面应力状态，试证在牛腿尖端 C 处的应力等于零。

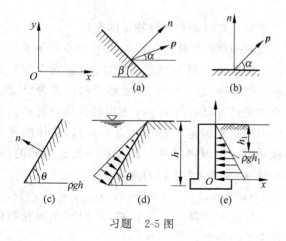

习题 2-5 图

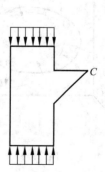

习题 2-6 图

第 3 章

应　　变

3.1　变形与应变的概念

　　前面我们讨论了受力物体的应力,现在开始讨论物体的变形。在外力作用下,物体各点的位置要发生变化,即发生位移。如果物体各点发生位移后仍保持各点间初始状态的相对位置,则物体实际上只产生了刚体移动和转动,称这种位移为**刚体位移**。如果物体各点发生位移变形后改变了各点间初始状态的相对位置,则物体就同时也产生了形状的变化,称为该物体产生**变形**。

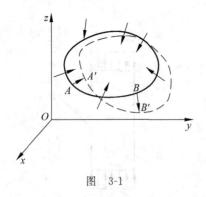

图　3-1

　　本章主要讨论弹塑性物体的变形。

　　设有一弹塑性体(图 3-1),在外力作用下发生了变形。图中实线轮廓为变形前的状态,虚线为变形后的状态。物体中的点 A 和 B,变形后的位置为 A' 和 B'。各点的位移可以用其 x,y,z 方向的位移分量 u,v,w 表示。因而只要确定了物体各点的位移,物体的变形状态就确定了。因物体各点的位移一般是不同的,故位移分量 u,v,w 应为坐标的函数,即

$$u=u(x,y,z),\quad v=(x,y,z),\quad w=(x,y,z)$$

　　为要确定物体各点的位移,我们首先研究物体中任一微小线段的变形状态,以此逐步阐述应变的概念。

设在 Oxy 平面内未变形前物体中相邻的两点 $P_0(x_0, y_0)$ 和 $P(x, y)$ 间的线段为 P_0P，变形后该线段两端分别移到 $P_0'(x_0', y_0')$ 和 $P'(x', y')$。如 P_0P 用矢量 $\boldsymbol{S}$ 表示（图 3-2），变形后为 $\boldsymbol{S}'$。$\boldsymbol{S}$ 沿 x, y 轴的分量为 S_x，S_y。而 $\boldsymbol{S}'$ 为

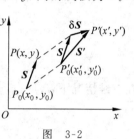

图　3-2

$$S_x' = S_x + \delta S_x$$
$$S_y' = S_y + \delta S_y$$

P_0 点的位移分量为

$$\left.\begin{array}{l} u_0 = x_0' - x_0 \\ v_0 = y_0' - y_0 \end{array}\right\} \tag{3-1}$$

P 点的位移分量为

$$\left.\begin{array}{l} u = x' - x \\ v = y' - y \end{array}\right\} \tag{3-2}$$

假定位移 u, v 为 x, y 的单值连续函数，则可将 P 点位移对 P_0 按泰勒级数展开，即有

$$\left.\begin{array}{l} u = u_0 + \dfrac{\partial u}{\partial x}S_x + \dfrac{\partial u}{\partial y}S_y + o(S_x^2, S_y^2) \\[2mm] v = v_0 + \dfrac{\partial v}{\partial x}S_x + \dfrac{\partial v}{\partial y}S_y + o(S_x^2, S_y^2) \end{array}\right\} \tag{3-3}$$

由于 P 就在 P_0 的邻域，S 是个小量，故 S_x, S_y 的二次项认为是可以略去不计的高阶微量。

将式(3-1)、式(3-2)代入式(3-3)，可得

$$(x' - x) - (x_0' - x_0) = \frac{\partial u}{\partial x}S_x + \frac{\partial u}{\partial y}S_y$$

$$(y' - y) - (y_0' - y_0) = \frac{\partial v}{\partial x}S_x + \frac{\partial v}{\partial y}S_y$$

而矢量 $\boldsymbol{S}, \boldsymbol{S}'$ 的变化为

$$\delta S_x = S_x' - S_x = (x' - x) - (x_0' - x_0)$$
$$\delta S_y = S_y' - S_y = (y' - y) - (y_0' - y_0)$$

于是有

$$\left.\begin{array}{l} \delta S_x = \dfrac{\partial u}{\partial x}S_x + \dfrac{\partial u}{\partial y}S_y \\[2mm] \delta S_y = \dfrac{\partial v}{\partial x}S_x + \dfrac{\partial v}{\partial y}S_y \end{array}\right\} \tag{3-4}$$

或简写为

$$\delta S_i = u_{i,j}S_j \tag{3-5}$$

在二维情况 $i, j = x, y$，此时 $u_{i,j}$ 为

$$u_{i,j} = \begin{bmatrix} \dfrac{\partial u}{\partial x} & \dfrac{\partial u}{\partial y} & 0 \\[2mm] \dfrac{\partial v}{\partial x} & \dfrac{\partial v}{\partial y} & 0 \\[2mm] 0 & 0 & 0 \end{bmatrix}$$

在三维情况下，$i,j=x,y,z$，此时 $u_{i,j}$ 为

$$u_{i,j} = \begin{bmatrix} \dfrac{\partial u}{\partial x} & \dfrac{\partial u}{\partial y} & \dfrac{\partial u}{\partial z} \\[2mm] \dfrac{\partial v}{\partial x} & \dfrac{\partial v}{\partial y} & \dfrac{\partial v}{\partial z} \\[2mm] \dfrac{\partial w}{\partial x} & \dfrac{\partial w}{\partial y} & \dfrac{\partial w}{\partial z} \end{bmatrix}$$

称为**相对位移张量**。一般来说，它是不对称的。

由图 3-2 明显看出，S 移至 S' 有刚体位移发生。但这种刚体移动并不引起物体的变形，在应变分析中不需考虑，故应从以上的公式中消去表示刚体移动的一部分位移。为此，我们设想 S 经刚体位移移至 S' 的位置。此时，因长度没有变化，故有

$$S^2 = S'^2 = (S_x + \delta S_x)^2 + (S_y + \delta S_y)^2 \tag{3-6}$$

展开上式，并略去 δS_i 的高阶微量后，得

$$S^2 = S^2 + 2(S_x \delta S_x + S_y \delta S_y)$$

由此得

$$S_x \delta S_x + S_y \delta S_y = 0 \tag{3-7}$$

或

$$S_i \delta S_i = 0 \tag{3-8}$$

与式(3-5)比较，有

$$S_i \delta S_i = S_i u_{i,j} S_j = 0$$

或即

$$\frac{\partial u}{\partial x} S_x^2 + \left(\frac{\partial u}{\partial y} + \frac{\partial v}{\partial x} \right) S_x S_y + \frac{\partial v}{\partial y} S_y^2 = 0$$

由 S_x, S_y 的任意性，得

$$\frac{\partial u}{\partial x} = \frac{\partial v}{\partial y} = 0 \tag{3-9}$$

$$\frac{\partial u}{\partial y} + \frac{\partial v}{\partial x} = 0 \tag{3-10}$$

同样地，当在 Oyz 平面和 Oxz 平面讨论时，可得出另外三个条件：

$$\frac{\partial w}{\partial z} = 0$$

$$\frac{\partial u}{\partial z} + \frac{\partial w}{\partial x} = \frac{\partial w}{\partial y} + \frac{\partial v}{\partial z} = 0$$

从而当在 $Oxyz$ 空间讨论时,则同时得到以下六个条件。由此有

$$u_{i,j} = -u_{j,i}$$

这就是说,**对应于刚体移动的相对位移张量,必为反对称张量。**

任何一个二阶张量都可以唯一地分解成一个对称张量和一个反对称张量。因而 $u_{i,j}$ 分解成的反对称部分即表示刚体位移部分,对称部分为纯变形部分。于是,$u_{i,j}$ 可分解为如下两部分:

$$u_{i,j} = \frac{1}{2}(u_{i,j} + u_{j,i}) + \frac{1}{2}(u_{i,j} - u_{j,i}) \tag{3-11}$$

或

$$u_{i,j} = \varepsilon_{ij} + \omega_{ij} \tag{3-12}$$

此处

$$\varepsilon_{ij} = \begin{bmatrix} \dfrac{\partial u}{\partial x} & \dfrac{1}{2}\left(\dfrac{\partial u}{\partial y} + \dfrac{\partial v}{\partial x}\right) & 0 \\ \dfrac{1}{2}\left(\dfrac{\partial u}{\partial y} + \dfrac{\partial v}{\partial x}\right) & \dfrac{\partial v}{\partial y} & 0 \\ 0 & 0 & 0 \end{bmatrix} \tag{3-13}$$

$$\omega_{ij} = \begin{bmatrix} 0 & \dfrac{1}{2}\left(\dfrac{\partial u}{\partial y} - \dfrac{\partial v}{\partial x}\right) & 0 \\ \dfrac{1}{2}\left(\dfrac{\partial v}{\partial x} - \dfrac{\partial u}{\partial y}\right) & 0 & 0 \\ 0 & 0 & 0 \end{bmatrix} \tag{3-14}$$

ε_{ij} 即**应变张量**,ω_{ij} 即**转动张量**。

对于三维情况,应变张量为

$$\varepsilon_{ij} = \begin{bmatrix} \dfrac{\partial u}{\partial x} & \dfrac{1}{2}\left(\dfrac{\partial v}{\partial x} + \dfrac{\partial u}{\partial y}\right) & \dfrac{1}{2}\left(\dfrac{\partial u}{\partial z} + \dfrac{\partial w}{\partial x}\right) \\ \dfrac{1}{2}\left(\dfrac{\partial v}{\partial x} + \dfrac{\partial u}{\partial y}\right) & \dfrac{\partial v}{\partial y} & \dfrac{1}{2}\left(\dfrac{\partial v}{\partial z} + \dfrac{\partial w}{\partial y}\right) \\ \dfrac{1}{2}\left(\dfrac{\partial u}{\partial z} + \dfrac{\partial w}{\partial x}\right) & \dfrac{1}{2}\left(\dfrac{\partial v}{\partial z} + \dfrac{\partial w}{\partial y}\right) & \dfrac{\partial w}{\partial z} \end{bmatrix} \tag{3-15}$$

转动张量为

$$\omega_{ij} = \begin{bmatrix} 0 & \dfrac{1}{2}\left(\dfrac{\partial u}{\partial y} - \dfrac{\partial v}{\partial x}\right) & \dfrac{1}{2}\left(\dfrac{\partial u}{\partial z} - \dfrac{\partial w}{\partial x}\right) \\ \dfrac{1}{2}\left(\dfrac{\partial v}{\partial x} - \dfrac{\partial u}{\partial y}\right) & 0 & \dfrac{1}{2}\left(\dfrac{\partial v}{\partial z} - \dfrac{\partial w}{\partial y}\right) \\ \dfrac{1}{2}\left(\dfrac{\partial w}{\partial x} - \dfrac{\partial u}{\partial z}\right) & \dfrac{1}{2}\left(\dfrac{\partial w}{\partial y} - \dfrac{\partial v}{\partial z}\right) & 0 \end{bmatrix}$$

这样,对于纯变形来说,方程(3-5)化为

$$\delta S_i = \varepsilon_{ij}S_j \tag{3-16}$$

现在说明应变张量 ε_{ij} 的物理意义。如 S 平行 x 轴,则

$$S_x = S, \quad S_y = 0$$

则式(3-4)化为

$$\varepsilon_{11} = \varepsilon_x = \frac{\delta S_x}{S_x} = \frac{\delta S}{S}$$

可见,**ε_x 表示原来与 x 轴平行的矢量的单位长度的伸长(或压缩),称为线应变或正应变**。同理可知 ε_y 和 ε_z 的物理意义也是线应变。

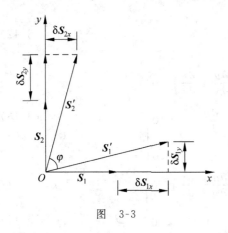

图 3-3

如有两个矢量 S_1,S_2 变形前分别平行于 Ox,Oy 轴(图 3-3),i,j 分别为 Ox,Oy 方向的单位矢量,则

$$S_1 = iS_1$$
$$S_2 = jS_2$$

变形后,S_1,S_2 分别变为 S_1',S_2' 显然有

$$\left. \begin{array}{l} S_1' = i(\delta S_{1x} + S_1) + j\delta S_{1y} \\ S_2' = i\delta S_{2x} + j(\delta S_{2y} + S_2) \end{array} \right\} \tag{3-17}$$

令 S_1' 与 S_2' 的夹角为 φ,则由两矢量的内积定义,有

$$S_1' \cdot S_2' = S_1'S_2'\cos\varphi \tag{3-18}$$

而

$$\begin{aligned} S_1' \cdot S_2' &= (S_{1x}'i + S_{1y}'j) \cdot (S_{2x}'i + S_{2y}'j) \\ &= S_{1x}' \cdot S_{2x}' + S_{1y}' \cdot S_{2y}' \end{aligned}$$

其中,$S_{1y}' = \delta S_{1y}$,$S_{2x}' = \delta S_{2x}$ 故

$$S_1' \cdot S_2' = (S_1 + \delta S_{1x})\delta S_{2x} + \delta S_{1y}(S_2 + \delta S_{2y})$$

因 S_1,S_2 均为小量,故略去 δS 的二次微量后,得

$$S_1' \cdot S_2' = S_1\delta S_{2x} + S_2\delta S_{1y} \tag{3-19}$$

由式(3-18),有

$$\cos\varphi = \frac{S_1' \cdot S_2'}{S_1'S_2'} = \frac{S_1\delta S_{2x} + S_2\delta S_{1y}}{[(\delta S_{1y})^2 + (\delta S_{1x} + S_1)^2]^{\frac{1}{2}}[(\delta S_{2x})^2 + (\delta S_{2y} + S_2)^2]^{\frac{1}{2}}}$$

略去高阶微量后得

$$\cos\varphi \cong \frac{S_1\delta S_{2x} + S_2\delta S_{1y}}{S_1S_2} = \frac{\delta S_{2x}}{S_2} + \frac{\delta S_{1y}}{S_1} = \varepsilon_{xy} + \varepsilon_{yx}$$

另一方面,令 S_1,S_2 间夹角的改变为 α,并注意到 α 为一小量,则有

$$\cos\varphi = \cos\left(\frac{\pi}{2} - \alpha\right) = \sin\alpha = \alpha$$

由 $\varepsilon_{xy} = \varepsilon_{yx}$,得

$$\alpha = \varepsilon_{xy} + \varepsilon_{yx} = 2\varepsilon_{xy} \tag{3-20}$$

由此可知，ε_{xy}表示变形前与坐标轴x,y正方向一致的两正交线段在变形后的夹角减小量之半，即 $\varepsilon_{xy} = \dfrac{1}{2}\alpha$。

如将变形前与Ox,Oy轴正向一致的相互垂直的两线段在变形过程中发生的夹角改变量称为剪应变γ_{xy}，则

$$\gamma_{xy} = \alpha = 2\varepsilon_{xy} = \frac{\partial u}{\partial y} + \frac{\partial v}{\partial x} \tag{3-21}$$

或

$$\varepsilon_{xy} = \frac{1}{2}\gamma_{xy} \tag{3-22}$$

剪应变的正负号规定为：当两个正向（或负向）坐标轴间的直角减小时为正，反之为负。于是，我们得到了二维应变情况下的全部（三个）应变分量：

$$\left.\begin{aligned} \varepsilon_x &= \frac{\partial u}{\partial x} \\[2mm] \varepsilon_y &= \frac{\partial v}{\partial y} \\[2mm] \gamma_{xy} &= \frac{\partial u}{\partial y} + \frac{\partial v}{\partial x} \end{aligned}\right\} \tag{3-23}$$

对于平面问题，一点处的应变状态就由这三个应变分量完全确定。

三维问题各应变分量为

$$\left.\begin{aligned} \varepsilon_x &= \frac{\partial u}{\partial x} \\[2mm] \varepsilon_y &= \frac{\partial v}{\partial y} \\[2mm] \varepsilon_z &= \frac{\partial w}{\partial z} \\[2mm] \gamma_{xy} &= \frac{\partial u}{\partial y} + \frac{\partial v}{\partial x} \\[2mm] \gamma_{yz} &= \frac{\partial v}{\partial z} + \frac{\partial w}{\partial y} \\[2mm] \gamma_{xz} &= \frac{\partial w}{\partial x} + \frac{\partial u}{\partial z} \end{aligned}\right\} \tag{3-24}$$

显然x轴与y轴间的角度变化及y轴与x轴间的角度变化是没有什么不同的，即有

$$\gamma_{xy} = \gamma_{yx}, \quad \gamma_{yz} = \gamma_{zy}, \quad \gamma_{zx} = \gamma_{xz} \tag{3-25}$$

式(3-24)称为**应变位移关系式**。用张量符号可缩写为

$$\varepsilon_{ij} = \frac{1}{2}(u_{i,j} + u_{j,i}), \quad (i,j = x,y,z) \tag{3-26}$$

由以上讨论可知，当$i=j$时，得到的是正应变。当$i \neq j$时，得到的是剪应变。对剪应变有

$$\varepsilon_{ij} = \varepsilon_{ji} \tag{3-27}$$

3.2 主应变与应变偏量及其不变量

和讨论应力状态时相类似。我们把剪应变等于零的面叫做主平面,主平面的法线方向叫做主应变方向。主平面上的正应变就是**主应变**。

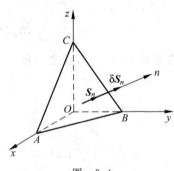

图 3-4

设在 ABC 面的法线方向有一矢量 S_n(图 3-4),在变形过程 S_n 中的方向不变,只有长度变化为 δS_n。因 S_n 与 δS_n 是在一条直线上,故 S_n 与 δS_n 的分量成正比例,即

$$\frac{\delta S_n}{S_n} = \frac{\delta S_x}{S_x} = \frac{\delta S_y}{S_y} = \frac{\delta S_z}{S_z} \tag{3-28}$$

其中 S_x, S_y, S_z 及 $\delta S_x, \delta S_y, \delta S_z$ 分别为 S_n 及 δS_n 在 Ox, Oy, Oz 轴上的投影。考虑到

$$\frac{\delta S_n}{S_n} = \varepsilon_n$$

则有

$$\delta S_x = \varepsilon_n S_x, \quad \delta S_y = \varepsilon_n S_y, \quad \delta S_z = \varepsilon_n S_z \tag{3-29}$$

于是,由式(3-16),有

$$\left. \begin{array}{l} \delta S_x = \varepsilon_x S_x + \varepsilon_{xy} S_y + \varepsilon_{xz} S_z \\ \delta S_y = \varepsilon_{xy} S_x + \varepsilon_y S_y + \varepsilon_{yz} S_z \\ \delta S_z = \varepsilon_{xz} S_x + \varepsilon_{yz} S_y + \varepsilon_z S_z \end{array} \right\} \tag{3-30}$$

将关系式(3-29)代入式(3-30)得

$$\left. \begin{array}{l} (\varepsilon_x - \varepsilon_n) S_x + \varepsilon_{xy} S_y + \varepsilon_{xz} S_z = 0 \\ \varepsilon_{xy} S_x + (\varepsilon_y - \varepsilon_n) S_y + \varepsilon_{yz} S_z = 0 \\ \varepsilon_{xz} S_x + \varepsilon_{yz} S_y + (\varepsilon_z - \varepsilon_n) S_z = 0 \end{array} \right\} \tag{3-31}$$

或

$$(\varepsilon_{ij} - \delta_{ij} \varepsilon_n) S_j = 0 \tag{3-32}$$

式(3-31)与式(2-25)完全相似,故可得出以 ε_n 为未知量的一个三次方程

$$\varepsilon_n^3 - I_1' \varepsilon_n^2 + I_2' \varepsilon_n - I_3' = 0 \tag{3-33}$$

其中:

$$\left. \begin{array}{l} I_1' = \varepsilon_x + \varepsilon_y + \varepsilon_z \\ I_2' = \varepsilon_x \varepsilon_y + \varepsilon_y \varepsilon_z + \varepsilon_z \varepsilon_x - (\varepsilon_{xy}^2 + \varepsilon_{yz}^2 + \varepsilon_{zx}^2) \\ I_3' = \begin{vmatrix} \varepsilon_x & \varepsilon_{xy} & \varepsilon_{xz} \\ \varepsilon_{yx} & \varepsilon_y & \varepsilon_{yz} \\ \varepsilon_{zx} & \varepsilon_{zy} & \varepsilon_z \end{vmatrix} = \varepsilon_x \varepsilon_y \varepsilon_z + 2\varepsilon_{xy} \varepsilon_{yz} \varepsilon_{zx} - (\varepsilon_x \varepsilon_{yz}^2 + \varepsilon_y \varepsilon_{zx}^2 + \varepsilon_z \varepsilon_{xy}^2) \end{array} \right\} \tag{3-34}$$

分别称为第一、第二、第三应变不变量。

方程(3-33)有三个实根,即主应变 $\varepsilon_1,\varepsilon_2,\varepsilon_3$,完全类似地可得最大剪应变为

$$\left.\begin{aligned} \gamma_1 &= \pm(\varepsilon_2 - \varepsilon_3) \\ \gamma_2 &= \pm(\varepsilon_1 - \varepsilon_3) \\ \gamma_3 &= \pm(\varepsilon_1 - \varepsilon_2) \end{aligned}\right\} \tag{3-35}$$

八面体剪应变为

$$\gamma_8 = \frac{2}{3}\big[(\varepsilon_1 - \varepsilon_2)^2 + (\varepsilon_2 - \varepsilon_3)^2 + (\varepsilon_3 - \varepsilon_1)^2\big]^{\frac{1}{2}}$$

$$= \frac{2}{3}\big[(\varepsilon_x - \varepsilon_y)^2 + (\varepsilon_y - \varepsilon_z)^2 + (\varepsilon_z - \varepsilon_x)^2 + 6(\varepsilon_{xy}^2 + \varepsilon_{yz}^2 + \varepsilon_{zx}^2)\big]^{\frac{1}{2}} \tag{3-36}$$

应变偏量及其不变量分别为

$$e_{ij} = \begin{bmatrix} \dfrac{1}{3}(2\varepsilon_1 - \varepsilon_2 - \varepsilon_3) & 0 & 0 \\ 0 & \dfrac{1}{3}(2\varepsilon_2 - \varepsilon_1 - \varepsilon_3) & 0 \\ 0 & 0 & \dfrac{1}{3}(2\varepsilon_3 - \varepsilon_2 - \varepsilon_1) \end{bmatrix} \tag{3-37}$$

及

$$\left.\begin{aligned} J_1' &= 0 \\ J_2' &= e_1 e_2 + e_2 e_3 + e_3 e_1 \\ J_3' &= e_1 e_2 e_3 \end{aligned}\right\} \tag{3-38}$$

3.3 应变率的概念

以上关于受外力作用的弹塑性物体中应力和位移的讨论,可以方便地应用到物体各点运动速度的讨论中去。设物体中 P 点处的运动速度为 v,其在 Ox,Oy,Oz 坐标轴上的投影分别为

$$\dot{u} = \dot{u}(x,y,z,t)$$
$$\dot{v} = \dot{v}(x,y,z,t)$$
$$\dot{w} = \dot{w}(x,y,z,t)$$

在小变形条件下,有

$$\dot{u} = \frac{\partial u}{\partial t}, \quad \dot{v} = \frac{\partial v}{\partial t}, \quad \dot{w} = \frac{\partial w}{\partial t}$$

于是应变对时间的变化率为

$$\begin{aligned}
\dot{\varepsilon}_x &= \frac{\partial \dot{u}}{\partial x}, & \dot{\gamma}_{yz} &= \frac{\partial \dot{w}}{\partial y} + \frac{\partial \dot{v}}{\partial z} \\
\dot{\varepsilon}_y &= \frac{\partial \dot{v}}{\partial y}, & \dot{\gamma}_{zx} &= \frac{\partial \dot{u}}{\partial z} + \frac{\partial \dot{w}}{\partial x} \\
\dot{\varepsilon}_z &= \frac{\partial \dot{w}}{\partial z}, & \dot{\gamma}_{xy} &= \frac{\partial \dot{v}}{\partial x} + \frac{\partial \dot{u}}{\partial y}
\end{aligned} \right\} \tag{3-39}$$

其中字母上的圆"·"表示该量关于时间 t 的变化率。如对于 $\dot{\varepsilon}_x$ 有

$$\dot{\varepsilon}_x = \frac{\partial}{\partial t}(\varepsilon_x) = \frac{\partial}{\partial t}\left(\frac{\partial u}{\partial x}\right) = \frac{\partial \dot{u}}{\partial x}$$

应变率张量为

$$\dot{\varepsilon}_{ij} = \begin{bmatrix} \dot{\varepsilon}_x & \frac{1}{2}\dot{\gamma}_{xy} & \frac{1}{2}\dot{\gamma}_{xz} \\ \frac{1}{2}\dot{\gamma}_{xy} & \dot{\varepsilon}_y & \frac{1}{2}\dot{\gamma}_{yz} \\ \frac{1}{2}\dot{\gamma}_{xz} & \frac{1}{2}\dot{\gamma}_{yz} & \dot{\varepsilon}_z \end{bmatrix} \tag{3-40}$$

可见,只要在应变张量的各项讨论中每个应变符号上加一个圆点,便可得到关于应变率的各种公式。

应当指出,一些固体材料,在温度不高和缓慢塑性变形时,其力学性质实际上与应变率关系不大,在这种情况下,人们主要关心的不是应变率,而是应变增量 $\dot{\varepsilon}_{ij}\,\mathrm{d}t$,记作 $\mathrm{d}\varepsilon_{ij}$(不是应变分量的微分)。

3.4 应变协调方程

在我们所讲的问题范围内,物体变形后必须仍保持其整体性和连续性,即变形的协调性。从数学的观点说,要求位移函数 u,v,w 在其定义域内为单值连续函数。容易理解,若把一个矩形物体划分为一些方格,如对应变不加任何约束,即不要求协调性的话,就可能在变形后出现"撕裂"或"套叠"等现象。显然,出现了"撕裂"现象后位移函数就出现了间断,出现了"套叠"现象后位移函数就不会是单值的。这些现象破坏了物体的整体性和连续性。因此,为保持物体的整体性,各应变分量之间,必须要有一定的关系。

另一方面,如给出应变分量需要求出位移,则应积分应变位移方程

$$\varepsilon_x = \frac{\partial u}{\partial x}$$

$$\cdots$$

以平面问题为例来说,有三个这样的方程,但只有两个位移分量,如果没有附加条件的

话,一般来说是没有单值解的。这就要求应变分量 ε_{ij} 应当满足一定的**变形协调条件**。

以下导出二维情况的变形协调条件即应变协调方程。为此,将 ε_x 对 y 的二阶导数与 ε_y 对 x 的二阶导数相加得

$$\frac{\partial^2 \varepsilon_x}{\partial y^2} + \frac{\partial^2 \varepsilon_y}{\partial x^2} = \frac{\partial^3 u}{\partial x \partial y^2} + \frac{\partial^3 v}{\partial y \partial x^2} = \frac{\partial^2}{\partial x \partial y}\left(\frac{\partial u}{\partial y} + \frac{\partial v}{\partial x}\right) = \frac{\partial^2 \gamma_{xy}}{\partial x \partial y}$$

即

$$\frac{\partial^2 \varepsilon_x}{\partial y^2} + \frac{\partial^2 \varepsilon_y}{\partial x^2} = \frac{\partial^2 \gamma_{xy}}{\partial x \partial y} \tag{3-41}$$

式(3-41)即二维情况下用应变分量表示的**应变协调方程**,或简称**协调方程**。应变分量 ε_x,ε_y,γ_{xy} 满足变形协调之后就保证了物体在变形后不会出现撕裂、套叠等现象,保证了位移解的单值和连续性。

类似地可得三维问题的应变协调方程

$$\left.\begin{aligned}
\frac{\partial^2 \varepsilon_x}{\partial y^2} + \frac{\partial^2 \varepsilon_y}{\partial x^2} &= \frac{\partial^2 \gamma_{xy}}{\partial x \partial y} \\[1mm]
\frac{\partial^2 \varepsilon_y}{\partial z^2} + \frac{\partial^2 \varepsilon_z}{\partial y^2} &= \frac{\partial^2 \gamma_{yz}}{\partial y \partial z} \\[1mm]
\frac{\partial^2 \varepsilon_z}{\partial x^2} + \frac{\partial^2 \varepsilon_x}{\partial z^2} &= \frac{\partial^2 \gamma_{zx}}{\partial z \partial x} \\[1mm]
2\frac{\partial^2 \varepsilon_x}{\partial y \partial z} &= \frac{\partial}{\partial x}\left(-\frac{\partial \gamma_{yz}}{\partial x} + \frac{\partial \gamma_{zx}}{\partial y} + \frac{\partial \gamma_{xy}}{\partial z}\right) \\[1mm]
2\frac{\partial^2 \varepsilon_y}{\partial x \partial z} &= \frac{\partial}{\partial y}\left(\frac{\partial \gamma_{yz}}{\partial x} - \frac{\partial \gamma_{zx}}{\partial y} + \frac{\partial \gamma_{xy}}{\partial z}\right) \\[1mm]
2\frac{\partial^2 \varepsilon_z}{\partial x \partial y} &= \frac{\partial}{\partial z}\left(\frac{\partial \gamma_{yz}}{\partial x} + \frac{\partial \gamma_{zx}}{\partial y} - \frac{\partial \gamma_{xy}}{\partial z}\right)
\end{aligned}\right\} \tag{3-42}$$

当 6 个应变分量满足以上应变协调方程(3-42)时就能保证得到单值连续的位移函数[①]。

应当指出,应变分量只确定物体中各点间的相对位置,而刚体位移并不包含在应变分量之中。无应变状态下,可以产生任一种刚体移动。另一方面,如能正确地求出物体各点的位移函数 u,v,w,根据应变位移方程求出各应变分量,则应变协调方程即可自然满足。因为应变协调方程本身是从应变位移方程推导出来的。从物理意义来看,如果位移函数是连续的,变形自然也就可以协调。因而,在以后用位移法解题时,应变协调方程可以自然满足,而用应力法解题时,则需同时考虑应变协调方程。

---

① 关于方程(3-42)是应变分量可积分的充要条件的证明,可参阅有关弹性力学书,例如文献[15]。

本章复习要点

1. 相对位移张量可分解为两部分：应变张量与转动张量，即

$$u_{i,j} = \varepsilon_{ij} + \omega_{ij}$$

2. 正应变与切应变的概念。ε_x 表示原来与 x 轴平行的矢量的单位长度的伸长（或压缩）。$\varepsilon_{xy} = \dfrac{1}{2}\gamma_{xy}$ 表示变形前与 x,y 坐标轴正方向一致的两正交线段在变形后夹角变化量之半。

3. 应变位移关系式

$$\varepsilon_{ij} = \frac{1}{2}(u_{i,j} + u_{j,i}) \qquad (i,j = x,y,z)$$

4. 二维情况下的用应变分量表示的应变协调方程

$$\frac{\partial^2 \varepsilon_x}{\partial y^2} + \frac{\partial^2 \varepsilon_y}{\partial x^2} = \frac{\partial^2 \gamma_{xy}}{\partial x \partial y}$$

5. 应变协调方程的重要意义。要理解本章最后一段话的意义，即如能正确地求出一点的位移函数，根据应变位移方程求出应变分量，则应变协调方程自然满足。

思 考 题

3-1 为什么要研究一点邻域的变形或应变状态？

3-2 剪应变是什么含义？为什么取这种形式？

3-3 应变协调方程的物理意义是什么？有什么用途？

3-4 为什么要强调位移的单值连续性？

3-5 应变分析与应力分析有哪些异同之处？

习   题

3-1 已知下列位移，试求指定点的应变状态。

（1）$u = (3x^2 + 20) \times 10^{-2}$，$v = (4xy) \times 10^{-2}$，在 $(0,2)$ 点处；

（2）$u = (6x^2 + 15) \times 10^{-2}$，$v = (8zy) \times 10^{-2}$，$w = (3z^2 - 2xy) \times 10^{-2}$，在 $(1,3,4)$ 点处。

答案：(1) $\varepsilon_{ij} = \begin{bmatrix} 0 & 4 & 0 \\ 4 & 0 & 0 \\ 0 & 0 & 0 \end{bmatrix} \times 10^{-2}$;

(2) $\varepsilon_{ij} = \begin{bmatrix} 12 & 0 & -3 \\ 0 & 32 & 11 \\ -3 & 11 & 24 \end{bmatrix} \times 10^{-2}$。

3-2 试证在平面问题中下式成立

$$\varepsilon_x + \varepsilon_y = \varepsilon'_x + \varepsilon'_y$$

3-3 已知应变张量

$$\varepsilon_{ij} = \begin{bmatrix} -0.006 & -0.002 & 0 \\ -0.002 & -0.004 & 0 \\ 0 & 0 & 0 \end{bmatrix}$$

试求：

(1) 主应变；

(2) 主应变方向；

(3) 八面体剪应变；

(4) 应变不变量。

答案：

(1) $\varepsilon_{1,2} = -2.764 \times 10^{-3}, -7.236 \times 10^{-3}$;

(2) 与 x 轴成 $121°43'$;

(3) $\gamma_8 = 5.96 \times 10^{-3}$;

(4) $I'_1 = -0.01, I'_2 = -20 \times 10^{-5}, I'_3 = 0$。

3-4 试说明下列应变状态是否可能：

(a) $\varepsilon_{ij} = \begin{bmatrix} C(x^2+y^2) & Cxy & 0 \\ Cxy & Cy^2 & 0 \\ 0 & 0 & 0 \end{bmatrix}$

(b) $\varepsilon_{ij} = \begin{bmatrix} C(x^2+y^2)z & Cxyz & 0 \\ Cxyz & Cy^2z & 0 \\ 0 & 0 & 0 \end{bmatrix}$

3-5 试求下列正方形单元在纯剪应变状态时，剪应变 γ_{xy} 与对角线应变 ε_{OB} 之间的关系。

答案：$\varepsilon_{OB} = \dfrac{1}{2}\gamma_{xy}$

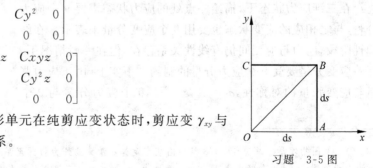

习题 3-5 图

第 4 章
本 构 关 系

4.1　广义胡克定律[①]

在材料力学课程中,已经详细讨论了在单向应力状态时材料处于线性弹性阶段的应力应变关系。如图 4-1 所示,当应力小于屈服应力 σ_0 时,应力 σ_x 与应变 ε_x 之间有下列简单的线性关系:

$$\sigma_x = E\varepsilon_x$$

其中 E 为弹性常数(**杨氏弹性模量**),这就是熟知的胡克定律。

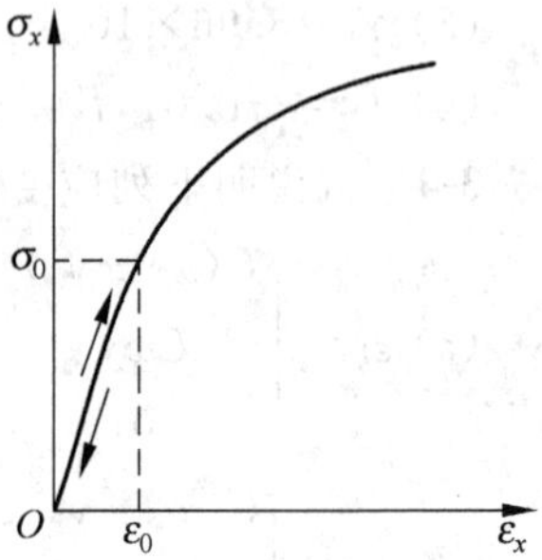

在三维应力状态下,描绘一点处的应力状态需要 9 个应力分量,与之相应的应变状态也要用 9 个应变分量来表示。在线弹性阶段,应力与应变间仍有线性关系存在,但在一般情况下,任一应变分量要受 9 个应力分量的制约。事实上,由于应力张量与应变张量的对称性,$\sigma_{ij} = \sigma_{ji}$,$\varepsilon_{ij} = \varepsilon_{ji}$,9 个应力分量与 9 个

图　4-1

[①]　英国物理学家胡克于 1678 年提出胡克定律:弹簧被外力拉开至平衡位置后就总是倾向于回到自己的平衡位置上去,这种倾向表现为一种弹性力,其大小与离开平衡位置的距离成正比。同时还发现撤力后,弹簧有周期性伸缩现象。

在中国,东汉郑玄(127—200)早于胡克约 1500 年也曾提出过力与变形成比例的概念(载于《考工论·弓人》)。到了宋代,宋应星还谈到类似的事。

应变分量中独立的分量均仅有 6 个。于是,对于均匀的理想弹性体,上述关系式应有如下形式:

$$\left.\begin{array}{l}
\sigma_x = c_{11}\varepsilon_x + c_{12}\varepsilon_y + c_{13}\varepsilon_z + c_{14}\gamma_{xy} + c_{15}\gamma_{yz} + c_{16}\gamma_{zx} \\
\sigma_y = c_{21}\varepsilon_x + c_{22}\varepsilon_y + c_{23}\varepsilon_z + c_{24}\gamma_{xy} + c_{25}\gamma_{yz} + c_{26}\gamma_{zx} \\
\sigma_z = c_{31}\varepsilon_x + c_{32}\varepsilon_y + c_{33}\varepsilon_z + c_{34}\gamma_{xy} + c_{35}\gamma_{yz} + c_{36}\gamma_{zx} \\
\tau_{xy} = c_{41}\varepsilon_x + c_{42}\varepsilon_y + c_{43}\varepsilon_z + c_{44}\gamma_{xy} + c_{45}\gamma_{yz} + c_{46}\gamma_{zx} \\
\tau_{yz} = c_{51}\varepsilon_x + c_{52}\varepsilon_y + c_{53}\varepsilon_z + c_{54}\gamma_{xy} + c_{55}\gamma_{yz} + c_{56}\gamma_{zx} \\
\tau_{zx} = c_{61}\varepsilon_x + c_{62}\varepsilon_y + c_{63}\varepsilon_z + c_{64}\gamma_{xy} + c_{65}\gamma_{yz} + c_{66}\gamma_{zx}
\end{array}\right\} \tag{4-1}$$

其中 $c_{mn}(m,n=1,2,\cdots,6)$ 为**弹性系数**。由材料的均匀性可知,系数 c_{mn} 与坐标 x,y,z 无关。

胡克(Robert Hooke, 1635—1703) 英国物理学家,他于 1678 年提出胡克定律。胡克少年体弱,自小患天花,但他聪明好学,曾因发明放大 38 倍的显微镜而被选入皇家学会,并曾任皇家学会秘书长。

Robert Hooke

如采用张量表示法,式(4-1)可缩写为

$$\sigma_{ij} = c_{ijkl}\varepsilon_{kl} \quad (i,j,k,l=1,2,3) \tag{4-1'}$$

此处 c_{ijkl} 为弹性系数[①]。

式(4-1)建立了应力与应变之间的关系,称为**广义胡克定律**或**弹性本构方程**[②]。在式(4-1)中,弹性常数 c_{mn}(或 c_{ijkl})共有 36 个。这 36 个常数并不是独立的,以下要证明,对于各向同性材料,独立的弹性常数只有两个。

---

① 如应力分量与应变分量同以前一样,用两个下标符号表示(即 σ_{ij}, ε_{kl}),则弹性系数应改用四个下标符号 c_{ijkl} 表示。c_{ijkl} 中的 i,j,k,l 只取 1,2,3,c_{ij} 与 c_{ijkl} 的对应关系为:

$c_{11}=c_{1111}, c_{12}=c_{1122}, c_{13}=c_{1133}, c_{14}=c_{1112}, c_{15}=c_{1123}, c_{16}=c_{1131},$

$c_{21}=c_{2211}, c_{22}=c_{2222}, \cdots, c_{26}=c_{2231}, \cdots$

② 本构方程有更广义的含义,凡介质的应力或应力率,应变或应变率等之间关系的物性方程,统称为本构关系或本构方程(constitutive equation)。

首先证明，在弹性状态下主应力方向与主应变方向相重合。为此，令 x,y,z 为主应变方向，则剪应变分量 $\gamma_{xy},\gamma_{yz},\gamma_{zx}$ 应等于零。于是，由式(4-1)有

$$\tau_{xy}=c_{41}\varepsilon_x+c_{42}\varepsilon_y+c_{43}\varepsilon_z \tag{a}$$

现在引进坐标系 $Ox'y'z'$，原坐标系 $Oxyz$ 绕 y 轴转动 180°后可与之重合(图 4-2)。新旧坐标轴间的方向余弦如表 2-1 所示，则有

$$l_{11}=l_{33}=\cos180°=-1$$
$$l_{22}=\cos0°=1$$
$$l_{21}=l_{31}=l_{12}=l_{32}=l_{13}=l_{23}=\cos90°=0$$

对于各向同性材料，弹性常数应与方向无关。于是对新坐标系有

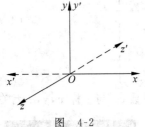

图　4-2

$$\tau_{x'y'}=c_{41}\varepsilon_{x'}+c_{42}\varepsilon_{y'}+c_{43}\varepsilon_{z'} \tag{b}$$

由应力分量的坐标变换公式(2-20)得

$$\left.\begin{aligned}\tau_{x'y'}&=l_{11}l_{22}\tau_{xy}=-\tau_{xy}\\\varepsilon_{x'}&=l_{11}^2\varepsilon_x=\varepsilon_x\\\varepsilon_{y'}&=l_{22}^2\varepsilon_y=\varepsilon_y\\\varepsilon_{z'}&=l_{33}^2\varepsilon_z=\varepsilon_z\end{aligned}\right\} \tag{c}$$

由式(b)、(c)可得出

$$-\tau_{xy}=c_{41}\varepsilon_x+c_{42}\varepsilon_y+c_{43}\varepsilon_z \tag{d}$$

比较式(a)、(d)后，得出 $\tau_{xy}=-\tau_{xy}$，所以，必定有

$$\tau_{xy}=0$$

同理可得

$$\tau_{yz}=\tau_{zx}=0$$

由此得出：对各向同性弹性体，如 x,y,z 轴为主应变方向，则同时必为主应力方向。即应变主轴与应力主轴重合。

现在考察各向同性的材料独立的弹性常数的个数。为此，首先令坐标轴 Ox,Oy,Oz 与主应力方向相一致。于是由式(4-1)可得主应力与主应变之间有下列关系式：

$$\left.\begin{aligned}\sigma_x&=c_{11}\varepsilon_x+c_{12}\varepsilon_y+c_{13}\varepsilon_z\\\sigma_y&=c_{21}\varepsilon_x+c_{22}\varepsilon_y+c_{23}\varepsilon_z\\\sigma_z&=c_{31}\varepsilon_x+c_{32}\varepsilon_y+c_{33}\varepsilon_z\end{aligned}\right\} \tag{e}$$

在各向同性介质中，ε_x 对 σ_x 的影响应与 ε_y 对 σ_y 及 ε_z 对 σ_z 的影响相同，即应有 $c_{11}=c_{22}=c_{33}$。同理，ε_y 和 ε_z 对 σ_x 的影响应相同，即 $c_{12}=c_{13}$，类似地有：$c_{21}=c_{23},c_{31}=c_{32}$ 等，因而有

$$\left.\begin{aligned}c_{11}&=c_{22}=c_{33}=a\\c_{12}&=c_{21}=c_{13}=c_{31}=c_{23}=c_{32}=b\end{aligned}\right\} \tag{f}$$

由此得出：对应变主轴(用 1，2，3 表示)来说，弹性常数只有两个 a 和 b。将式(f)代入式(e)，并令 $a-b=2\mu,b=\lambda,e=\varepsilon_1+\varepsilon_2+\varepsilon_3$ 可得下列弹性本构关系：

$$\left.\begin{aligned}\sigma_1 &= \lambda e + 2\mu\varepsilon_1 \\ \sigma_2 &= \lambda e + 2\mu\varepsilon_2 \\ \sigma_3 &= \lambda e + 2\mu\varepsilon_3\end{aligned}\right\}$$ (4-2)

常数 λ, μ 称为**拉梅弹性常数**。

通过坐标变换后,可得任意坐标系 $Oxyz$ 内的本构关系为

$$\left.\begin{aligned}\sigma_x &= \lambda e + 2\mu\varepsilon_x, \quad \tau_{xy} = \mu\gamma_{xy} \\ \sigma_y &= \lambda e + 2\mu\varepsilon_y, \quad \tau_{yz} = \mu\gamma_{yz} \\ \sigma_z &= \lambda e + 2\mu\varepsilon_z, \quad \tau_{zx} = \mu\gamma_{zx}\end{aligned}\right\}$$ (4-3)

或缩写为

$$\sigma_{ij} = \lambda\delta_{ij}e + 2\mu\varepsilon_{ij}$$ (4-3′)

以上证明了**各向同性的均匀弹性体的弹性常数只有两个**。

杨(Thomas Young) 1773 年生于英国,1829 年逝世。他是一位多才多艺的学者,曾以物理学和考古学著称,利用罗赛塔石 (Rosetta)辨认了埃及的象形文字。他给出了应力与应变间的定量数值关系,从而使得弹性力学正式成为一门科学。

Thomas Young

有些工程材料具有明显的非对称弹性性质。常见的双向配筋不同的钢筋混凝土构件,木材等。这类材料的弹性性质,往往可以认为对于适当选取的坐标系中的平面 $x=0, y=0$, $z=0$ 为对称。由于这三个平面为相互正交,故称之为正交各向异性材料。

正交各向异性的弹性材料的本构关系,可根据任一坐标轴反转时弹性常数 c_{ij} 保持不变的要求,由广义胡克定律(4-1)得出,为

$$\left.\begin{aligned}\sigma_x &= c_{11}\varepsilon_x + c_{12}\varepsilon_y + c_{13}\varepsilon_z \\ \sigma_y &= c_{12}\varepsilon_x + c_{22}\varepsilon_y + c_{23}\varepsilon_z \\ \sigma_z &= c_{13}\varepsilon_x + c_{23}\varepsilon_y + c_{33}\varepsilon_z \\ \tau_{xy} &= c_{44}\gamma_{xy} \\ \tau_{yz} &= c_{55}\gamma_{yz} \\ \tau_{zx} &= c_{66}\gamma_{zx}\end{aligned}\right\}$$ (4-4)

其中含有 c_{11}，c_{22}，c_{33}，c_{12}，c_{13}，c_{23}，c_{44}，c_{55}，c_{66} 共 9 个弹性常数(具体推导留作练习,见习题 4-2)。

将式(4-3)中的 ε_{ij} 解出后,可得用应力分量 σ_{ij} 表示的应变分量 ε_{ij} 的表达式

$$\left. \begin{array}{l} \varepsilon_x = \dfrac{\lambda+\mu}{\mu(3\lambda+2\mu)}\sigma_x - \dfrac{\lambda}{2\mu(3\lambda+2\mu)}(\sigma_y+\sigma_z) \\ \vdots \end{array} \right\} \tag{4-5}$$

上式稍加变换,并令 $\sigma=\sigma_{ii}$,可缩写为

$$\varepsilon_{ij} = \frac{1}{2\mu}\sigma_{ij} - \frac{\lambda\delta_{ij}\sigma}{2\mu(3\lambda+2\mu)} \tag{4-5'}$$

现在考虑一种物体各边平行于坐标轴的特殊情况,并由此导出工程上常用的弹性常数和广义胡克定律。当物体边界法线方向与 x 轴重合的两对边上有均匀的 σ_x 作用,其他边均为自由边时,则由材料力学知道

$$\varepsilon_x = \frac{\sigma_x}{E} \tag{4-6}$$

$$\varepsilon_y = \varepsilon_z - \nu\varepsilon_x = -\nu\frac{\sigma_x}{E} \tag{4-7}$$

此处 E，ν 分别为**杨氏弹性模量**与**泊松比**。

比较式(4-5)与式(4-6)、式(4-7)可得

$$\left. \begin{array}{l} E = \dfrac{\mu(3\lambda+2\mu)}{\lambda+\mu} \\[3mm] \nu = \dfrac{\lambda}{2(\lambda+\mu)} \end{array} \right\} \tag{4-8}$$

工程上,常把广义胡克定律用 E 和 ν 表示,在这种情况下,式(4-5)化为

$$\left. \begin{array}{ll} \varepsilon_x = \dfrac{1}{E}[\sigma_x - \nu(\sigma_y+\sigma_z)], & \gamma_{xy} = \dfrac{\tau_{xy}}{G} \\[3mm] \varepsilon_y = \dfrac{1}{E}[\sigma_y - \nu(\sigma_z+\sigma_x)], & \gamma_{yz} = \dfrac{\tau_{yz}}{G} \\[3mm] \varepsilon_z = \dfrac{1}{E}[\sigma_z - \nu(\sigma_x+\sigma_y)], & \gamma_{zx} = \dfrac{\tau_{zx}}{G} \end{array} \right\} \tag{4-9}$$

此处

$$G = \frac{E}{2(1+\nu)}$$

为各向同性物体的剪切弹性模量。由 G 的表达式可知,G 并不是独立的弹性常数。对于各向同性弹性体,独立的弹性常数只有两个,即 λ 和 μ 或 E 和 ν。将式(4-9)稍加变换后,可缩写为

$$\varepsilon_{ij} = \frac{1+\nu}{E}\sigma_{ij} - \frac{\nu}{E}\delta_{ij}\sigma \tag{4-9'}$$

其中 $\sigma=\sigma_{ii}$。如解出应力 σ_{ij},则上式转换为

$$\sigma_{ij} = \frac{E}{1+\nu}\varepsilon_{ij} + \frac{\nu E \delta_{ij} e}{(1+\nu)(1-2\nu)} \tag{4-10}$$

如令

$$\left.\begin{array}{l} \sigma_{\mathrm{m}} = \dfrac{1}{3}(\sigma_x + \sigma_y + \sigma_z) \\[3mm] \varepsilon_{\mathrm{m}} = \dfrac{1}{3}(\varepsilon_x + \varepsilon_y + \varepsilon_z) \end{array}\right\} \tag{4-11}$$

则广义胡克定律又可写成

$$\left.\begin{array}{l} \sigma_{\mathrm{m}} = 3K\varepsilon_{\mathrm{m}} \quad ① \\[2mm] s_{ij} = 2Ge_{ij} \end{array}\right\} \tag{4-12}$$

其中 s_{ij}, e_{ij} 分别为应力偏量与应变偏量，$K = \dfrac{E}{3(1-2\nu)}$。

在平面应力的情况下，由于 $\sigma_z = \tau_{yz} = \tau_{zx} = 0$，则式(4-9)化为

$$\left.\begin{array}{l} \varepsilon_x = \dfrac{1}{E}(\sigma_x - \nu\sigma_y) \\[3mm] \varepsilon_y = \dfrac{1}{E}(\sigma_y - \nu\sigma_x) \\[3mm] \varepsilon_z = -\dfrac{\nu}{E}(\sigma_x + \sigma_y) \\[3mm] \gamma_{xy} = \dfrac{1}{G}\tau_{xy} \end{array}\right\} \tag{4-13}$$

如用应变分量表示应力分量，则由式(4-10)可得

$$\left.\begin{array}{l} \sigma_x = \dfrac{E}{1-\nu^2}(\varepsilon_x + \nu\varepsilon_y) \\[3mm] \sigma_y = \dfrac{E}{1-\nu^2}(\varepsilon_y + \nu\varepsilon_x) \\[3mm] \tau_{xy} = G\gamma_{xy} \end{array}\right\} \tag{4-14}$$

对于平面应变问题，由于 $\varepsilon_z = \gamma_{yz} = \gamma_{zx} = 0$，则由式(4-9)可得

$$\left.\begin{array}{l} \varepsilon_x = \dfrac{1+\nu}{E}\left[(1-\nu)\sigma_x - \nu\sigma_y\right] \\[3mm] \varepsilon_y = \dfrac{1+\nu}{E}\left[(1-\nu)\sigma_y - \nu\sigma_x\right] \\[3mm] \gamma_{xy} = \dfrac{1}{G}\tau_{xy} \end{array}\right\} \tag{4-15}$$

---

① 由应力偏量和应变偏量的定义及式(4-3′)，并注意到 $K = \lambda + \dfrac{2\mu}{3}$，$\mu = G$ 和 $\theta = 3\varepsilon_{\mathrm{m}}$，再由式(4-12) 的第一式，得 $s_{ij} + \sigma_{\mathrm{m}}\delta_{ij} = \lambda\theta\delta_{ij} + 2G\varepsilon_{ij} = \lambda\theta\delta_{ij} + 2G(e_{ij} + \varepsilon_{\mathrm{m}}\delta_{ij}) = 2Ge_{ij} + 3\left(\lambda + \dfrac{2}{3}G\right)\varepsilon_{\mathrm{m}}\delta_{ij}$，等式两边第 二式互相抵消，于是得 $s_{ij} = 2Ge_{ij}$。

如解出应力,则有

$$\sigma_x = \frac{E}{(1+\nu)(1-2\nu)}\big[(1-\nu)\varepsilon_x + \nu\varepsilon_y\big]$$

$$\sigma_y = \frac{E}{(1+\nu)(1-2\nu)}\big[\nu\varepsilon_x + (1-\nu)\varepsilon_y\big] \tag{4-16}$$

$$\sigma_z = \frac{\nu E}{(1+\nu)(1-2\nu)}(\varepsilon_x + \varepsilon_y)$$

$$\tau_{xy} = G\gamma_{xy}$$

比较以上平面应力与平面应变问题的广义胡克定律可知,如将平面应力问题应力应变关系公式(4-13)中的 E 换成 E_1,ν 换成 ν_1,而

$$E_1 = \frac{E}{1-\nu^2}, \quad \nu_1 = \frac{\nu}{1-\nu}$$

便可得平面应变问题应力应变关系的公式(4-15)。

由式(4-12)可以看出,物体的变形可分为两部分:一部分是各向相等的正应力(静水压力)σ 引起的相对体积变形;一部分是应力偏量作用引起的物体几何形状的变化。并可认为前一种变形不包括物体形状的改变(即畸变),而后一种变形则不包括体积的变化,从而可以将变形分解为两部分。这种分解在塑性理论中很有用处。

以下顺便说明式(4-2)中 e 的物理意义。如令变形物体中的微小六面体单元的原始体积为 V_0,则

$$V_0 = \mathrm{d}x\mathrm{d}y\mathrm{d}z$$

变形后的体积为

$$V = (1+\varepsilon_x)\mathrm{d}x \cdot (1+\varepsilon_y)\mathrm{d}y \cdot (1+\varepsilon_z)\mathrm{d}z = \mathrm{d}x\mathrm{d}y\mathrm{d}z\big[(1+\varepsilon_x+\varepsilon_y+\varepsilon_z)+o(\varepsilon^2)\big]$$

略去高阶微量后,得

$$V = V_0 + V_0 e$$

此处 $e = \varepsilon_x + \varepsilon_y + \varepsilon_z$ 或

$$e = \frac{\Delta V}{V_0}$$

由此可见,e 为变形前后单位体积的相对体积变化,或称**相对体积变形**。显然对于体积不可压缩材料有 $e=0$。由广义胡克定律有

$$e = \frac{1-2\nu}{E}(\sigma_x + \sigma_y + \sigma_z)$$

当 $\sigma_x = \sigma_y = \sigma_z = \sigma_\mathrm{m}$ 时,

$$e = \frac{3(1-2\nu)\sigma_\mathrm{m}}{E}$$

或

$$K = \frac{\sigma_\mathrm{m}}{e} = \frac{E}{3(1-2\nu)} \tag{4-17}$$

其中 K 称为**弹性体积膨胀系数**,称为**体积模量**。如将 $e = 3\varepsilon_\mathrm{m}$ 代入式(4-17),则得式(4-12)

中的第一式。

4.2 弹性应变能函数

弹性体受外力作用后,不可避免地要产生变形,同时外力的势能也要发生变化。当外力缓慢地(不致引起物体产生加速运动)加到物体上时,视作静力,便可略而不计系统的动能[①],同时也略去其他能量(如热能等)的消耗,则外力势能的变化就全部转化为应变能(一

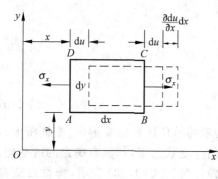

图 4-3

种势能)储存于物体的内部。这个问题,以后还要进一步研究。下面我们给出单位体积应变能的表达式。为此,以 σ_x 作用在微小单元 $ABCD$ 两对边为例来说明(图 4-3)。

由图可知,作用在 $ABCD$ 单元上的外力为 AD 与 CB 边的 σ_x。而 $\sigma_x \mathrm{d}y\mathrm{d}z$ 在 AD 边单位应变上所做的功为 $-\sigma_x \mathrm{d}y\mathrm{d}z\mathrm{d}u$,$\sigma_x \mathrm{d}y\mathrm{d}z$ 在 CB 边单位应变上所做的功为 $\sigma_x \mathrm{d}y\mathrm{d}z\left(\mathrm{d}u + \dfrac{\partial u}{\partial x}\mathrm{d}x\right)$。所以,外力在 $ABCD$ 变形上所做的总功为[②]

$$W = \int_0^{\varepsilon_x} \sigma_x \left(\frac{\partial \mathrm{d}u}{\partial x}\mathrm{d}x\right)\mathrm{d}y\mathrm{d}z = \int_0^{\varepsilon_x} \sigma_x \mathrm{d}\varepsilon_x \mathrm{d}x\mathrm{d}y\mathrm{d}z$$

而 y 方向虽有变形,但没有外力作用,所以没有做功。上述 σ_x 所做的功,将全部转化为系统的应变能。如令总应变能为 U,则应有

$$U = W = \int_0^{\varepsilon_x} \sigma_x \mathrm{d}\varepsilon_x \mathrm{d}x\mathrm{d}y\mathrm{d}z = U_0 \mathrm{d}x\mathrm{d}y\mathrm{d}z$$

此处,U_0 为单位体积的应变能

$$U_0 = \int_0^{\varepsilon_x} \sigma_x \mathrm{d}\varepsilon_x = \frac{1}{2}E\varepsilon_x^2 = \frac{1}{2}\sigma_x \varepsilon_x \tag{4-18}$$

上述讨论,不难推广到一般情况,即物体的总应变能为

$$U = \iiint_V U_0 \mathrm{d}x\mathrm{d}y\mathrm{d}z \tag{4-19}$$

其中

$$U_0 = \frac{1}{2}(\sigma_x \varepsilon_x + \sigma_y \varepsilon_y + \sigma_z \varepsilon_z + \tau_{xy}\gamma_{xy} + \tau_{yz}\gamma_{yz} + \tau_{zx}\gamma_{zx}) \tag{4-20}$$

或简写为

---

①   实际上,这里隐含着一个合理的假定:引起弹性变形的静力与引起加速度的动力是等同的。

②   注意到,当 f 是 x 的连续函数时,则有 $\delta \mathrm{d}f = \mathrm{d}\delta f$,从而 $\dfrac{\partial(\mathrm{d}u)}{\partial x} = \mathrm{d}\dfrac{\partial u}{\partial x} = \mathrm{d}\varepsilon_x$。

48

$$U_0 = \frac{1}{2}\sigma_{ij}\varepsilon_{ij} \tag{4-20'}$$

在上式中引入广义胡克定律可得

$$U_0 = \frac{1}{2E}(\sigma_x^2 + \sigma_y^2 + \sigma_z^2) - \frac{\nu}{E}(\sigma_x\sigma_y + \sigma_y\sigma_z + \sigma_x\sigma_z) + \frac{1}{2G}(\tau_{xy}^2 + \tau_{yz}^2 + \tau_{zx}^2) \tag{4-21}$$

及

$$U_0 = \frac{1}{2}[\lambda e^2 + 2G(\varepsilon_x^2 + \varepsilon_y^2 + \varepsilon_z^2) + G(\gamma_{xy}^2 + \gamma_{yz}^2 + \gamma_{zx}^2)] \tag{4-22}$$

由上式看出，U_0 恒为正。

由式(4-21)、式(4-22)可知下式成立：

$$\frac{\partial U_0(\varepsilon_{ij})}{\partial \varepsilon_{ij}} = \sigma_{ij} \tag{4-23a}$$

及

$$\frac{\partial U_0(\sigma_{ij})}{\partial \sigma_{ij}} = \varepsilon_{ij} \tag{4-23b}$$

此处 $U_0(\sigma_{ij})$，$U_0(\varepsilon_{ij})$ 分别为用应力分量及应变分量表示的单位体积应变能（应变能密度），统称为应变能函数。对于理想弹性体，则在每一确定的应变状态下，都具有确定的应变能。应变能函数是正定的势函数，所以弹性变形能又叫**弹性势**。式(4-23)表示，**弹性应变能 $U_0(\varepsilon_{ij})$ 对任一应变分量的改变率等于相应的应力分量；而弹性应变能 $U_0(\sigma_{ij})$ 对任一应力分量的改变率，就等于相应的应变分量。**

前已叙及，物体的变形可以分解为两部分，一部分为体积的变化，一部分为形状的变化。因而应变能也应可以分解为相应的两部分。容易理解，引起体积变化的各向同性的平均正应力（称为静水应力）为 $\sigma_m = \frac{1}{3}(\sigma_x + \sigma_y + \sigma_z)$，而与之相应的平均正应变为 $\varepsilon_m = \frac{1}{3}(\varepsilon_x + \varepsilon_y + \varepsilon_z)$，就是说，下列应力状态不引起微小单元体的形状改变：

$$\sigma_{ij} = \begin{bmatrix} \sigma_m & 0 & 0 \\ 0 & \sigma_m & 0 \\ 0 & 0 & \sigma_m \end{bmatrix}$$

因而，由于体积变化所储存在单位体积内的应变能（简称为**体变能**）为

$$U_{0v} = \frac{3}{2}\sigma_m\varepsilon_m = \frac{\sigma_m^2}{2K} = \frac{1}{18K}(\sigma_x + \sigma_y + \sigma_z)^2 = \frac{1}{18K}\sigma^2 \tag{4-24}$$

引起形状改变的应力状态为应力偏量 s_{ij}

$$s_{ij} = \begin{bmatrix} \sigma_x - \sigma_m & \tau_{xy} & \tau_{xz} \\ \tau_{yx} & \sigma_y - \sigma_m & \tau_{yz} \\ \tau_{zx} & \tau_{zy} & \sigma_z - \sigma_m \end{bmatrix}$$

如令由于形状变化所储存在单位体积内的应变能(简称为**畸变能**)为 U_{0d}[①]

$$U_{0d} = \frac{1}{2} s_{ij} e_{ij}$$

此处，s_{ij} 为应力偏量，e_{ij} 为应变偏量。为简便计，我们给出用主应力表示的 U_{0d} 的表达式，即

$$U_{0d} = \frac{1}{2} s_{ij} e_{ij} = \frac{1}{2} \left[\frac{(2\sigma_1 - \sigma_2 - \sigma_3)^2}{18G} + \frac{(2\sigma_2 - \sigma_3 - \sigma_1)^2}{18G} + \frac{(2\sigma_3 - \sigma_1 - \sigma_2)^2}{18G} \right]$$

$$= \frac{(\sigma_1 - \sigma_2)^2 + (\sigma_2 - \sigma_3)^2 + (\sigma_3 - \sigma_1)^2}{12G} = \frac{1}{2G} J_2 = \frac{3}{4G} \tau_8^2 \tag{4-25}$$

从而总应变能密度为

$$U_0 = U_{0v} + U_{0d} = \frac{1}{18K} I_1^2 + \frac{1}{2G} J_2 \tag{4-26}$$

由上式看出，**系统的总应变能密度与坐标的选择无关，U_0 是一个不变量。**

4.3 屈服函数与应力空间

从材料的简单拉伸(或压缩)实验的应力应变曲线(图 4-1)看到，当应力超过 σ_0 后，应力应变关系不再服从胡克定律，σ_0 即为简单拉伸时的屈服应力。在这种简单应力状态下，屈服应力可由简单拉伸(压缩)试验图明显看出(如图 4-1)。当弹塑性分界不明显时，则可根据某种规定来确定 σ_0，以供工程设计使用。对于复杂应力状态，确定材料的屈服界限就不那么简单。例如一个受内压 p、拉力 q 和扭矩 T 作用的薄管(图 4-4)，管壁应力可足够精确地认为处于平

图 4-4

面应力状态，当外力改变时，内力的组合也要改变。当只有轴向拉力 q 和扭矩 T 作用时，应力状态为

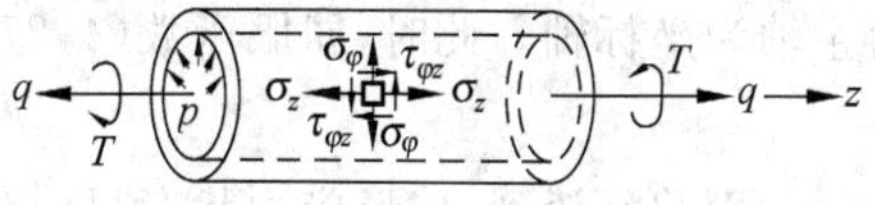

$$\sigma_\varphi = 0, \quad \sigma_z = \frac{q}{2\pi a h}, \quad \tau_{\varphi z} = \frac{T}{2\pi a^2 h}$$

此处 a 为薄管的平均半径，h 为管厚，$h \ll a$。

当只有轴向力 q 和内压力 p 时，应力状态为

$$\sigma_\varphi = \frac{pa}{h}, \quad \sigma_z = \frac{q}{2\pi a h}, \quad \tau_{\varphi z} = 0$$

---

① 注意到：

$$U_0 = \frac{1}{2} \left[(s_1 + \sigma_m)(e_1 + \varepsilon_m) + (s_2 + \sigma_m)(e_2 + \varepsilon_m) + (s_3 + \sigma_m)(e_3 + \varepsilon_m) \right]$$

$$= \frac{1}{2} \left[3\sigma_m \varepsilon_m + (s_1 e_1 + s_2 e_2 + s_3 e_3) \right] = U_{0v} + U_{0d}$$

　　在某一定的内力组合下,可使得薄管内某点的应力状态进入塑性状态,于是就可得到一种应力状态下的屈服条件。由此说明,较复杂应力状态下的屈服条件,一般来说,要由实验确定。但也可看出,各种内力组合情况下的屈服条件如只用实验求来,那么实验的次数将是非常可观的。同时,对于理论分析来说,则要求给出屈服条件的解析式。这就需要在实验基础上建立屈服条件的理论。

　　在一般情况下,屈服条件与所考虑的应力状态有关,或者说,屈服条件是该点 6 个独立的应力分量的函数,即为

$$f(\sigma_{ij})=0 \tag{4-27}$$

$f(\sigma_{ij})$ 称为**屈服函数**。式(4-27)表示在一个六维应力空间内的超曲面。所谓六维应力空间是以六个应力矢量 $\sigma_x,\sigma_y,\cdots$ 的全体所构成的抽象空间。因为由六个应力分量组成,所以称它为六维应力空间。空间内的任一点都代表一个确定的应力状态。$f(\sigma_{ij})$ 是这个空间内的一个曲面。因为它不同于普通的几何空间内的曲面,所以称为**超曲面**。该曲面上的任一点(称为应力点)都表示一个屈服应力状态,所以又称为**屈服面**。例如,在简单拉伸时,屈服应力 σ_0 应在屈服面上,如用六维应力空间来描述,则该点应为超曲面上的一个点,它的坐标为 $(\sigma_0,0,0,0,0,0)$。受扭薄管的纯剪屈服应力为 τ_0,它在六维应力空间的坐标为 $(0,0,0,\tau_0,0,0)$,且为屈服面上的一个点。

　　对于各向同性材料来说,坐标轴的转动不应当影响材料的屈服[①]。因而可以取三个应力主轴为坐标轴。此时,屈服函数(4-27)可改写为

$$f(\sigma_1,\sigma_2,\sigma_3)=0 \tag{4-28}$$

　　前面曾经谈到,球形应力状态只引起弹性体积变化,而不影响材料的屈服。所以,可以认为屈服函数中只包含应力偏量,即

$$f(s_{ij})=0 \tag{4-29}$$

这样一来,屈服函数化为应力偏量的函数,而且可以在主应力 $\sigma_1,\sigma_2,\sigma_3$ 所构成的空间,即**主应力空间**内来讨论。主应力空间是一个三维空间,在这一空间内可以给出屈服函数的几何图形,而直观的几何图形将有助于我们对屈服面的认识。

　　现在考察屈服面在主应力空间有什么特征。为此,考虑过坐标原点 O 与三个坐标轴成等倾斜的直线 On(图 4-5),其方向余弦 l,m,n 都相等,由 $l^2+m^2+n^2=1$,可知

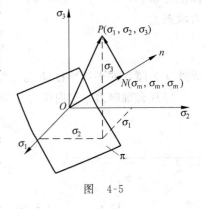

图　4-5

$$l=m=n=\frac{1}{\sqrt{3}}$$

在此直线上任一点所代表的应力状态为

$$\sigma_1=\sigma_2=\sigma_3=\sigma_m \qquad (4\text{-}30)$$

即 On 上每一点都对应于一个球形应力状态,或静水压力状态,而应力偏量的分量 s_1,s_2,s_3 都等于零。

现在进一步考虑任一个与 On 正交的平面,则此平面的方程应为

$$\sigma_1+\sigma_2+\sigma_3=\sqrt{3}r \qquad (4\text{-}31)$$

其中 r 为沿 On 线方向由坐标原点到该平面的距离。显然,当 $r=0$ 时,有

$$\sigma_1+\sigma_2+\sigma_3=0 \qquad (4\text{-}32)$$

式(4-32)所代表的面为过坐标原点与坐标面等倾斜的面,称为 **π 平面**。

如有任一应力状态 $P(\sigma_1,\sigma_2,\sigma_3)$,则 $\overrightarrow{OP}$ 在 On 上的投影为 $\overrightarrow{ON}$,称为静水应力分量,其值为

$$\left|\overrightarrow{ON}\right|=\sqrt{\frac{1}{3}}\sigma_1+\sqrt{\frac{1}{3}}\sigma_2+\sqrt{\frac{1}{3}}\sigma_3=\sqrt{3}\sigma_m$$

而与 $\overrightarrow{ON}$ 相垂直,即平行于 π 平面的分量 $\overrightarrow{PN}$,称为应力偏量分量,其值为

$$\left|\overrightarrow{PN}\right|^2=\left|\overrightarrow{OP}\right|^2-\left|\overrightarrow{ON}\right|^2=(\sigma_1^2+\sigma_2^2+\sigma_3^2)-3\sigma_m^2=3\tau_8^2 \qquad (4\text{-}33)$$

如考虑在过 P 点而平行于 On 的线上任一点的应力状态 P_1 ,则 $\overrightarrow{OP_1}$ 在 π 平面上的投影必与 $\overrightarrow{OP}$ 在该面上的投影相同,而静水压力分量不同。即过 P 点平行于 On 的线上所有的点都有相同的应力偏量分量。我们曾经讨论过,一点的塑性屈服只取决于应力偏量状态,而与静水应力无关。由此可知,屈服函数必定是 π 平面上的一条封闭曲线,称为**屈服曲线**。对于整个应力空间来说,这条曲线并不随 r 的大小而变化。于是,**在主应力空间内,屈服面是以 On 为轴线,以 π 平面上的屈服曲线为截面形状的一个与坐标轴成等倾斜的柱体的表面。**

屈服曲线在 π 平面内有下列重要性质:

(1)屈服曲线是一条封闭曲线,而且坐标原点被包围在内。

容易理解,坐标原点是一个无应力状态,材料不能在无应力状态下屈服,所以屈服曲线必定不过坐标原点。同时,初始屈服面内是弹性应力状态,所以屈服曲线必定是封闭的,否则将出现在某些应力状态下材料不屈服的情况,这是不可能的。

(2)屈服曲线与任一从坐标原点出发的向径必相交一次,且仅一次。

在只讨论初始屈服的条件下,材料既然在一种应力状态下达到屈服,就不可能又在与同一应力状态差若干倍数的另一应力状态再达到屈服。初始屈服只有一次。

(3)屈服曲线对三个坐标轴的正负方向均为对称。

由于应力偏量对 σ_1, σ_2, σ_3 的对称性和不计**鲍辛格效应**[①],因而对 σ_1, σ_2, σ_3 轴的两侧及其正负方向均为对称。

(4) 屈服曲线对坐标原点为外凸曲线,屈服面为外凸曲面。

屈服面的外凸性是屈服函数的重要特性,以下将证明屈服面的外凸性。

Johann Bauschinger

鲍辛格(J. Bauschinger) 1834 年生于德国。实验力学家,曾任慕尼黑工程学院的力学教授,他建立了德国第一个材料力学实验室,创建了多种实验设备和仪器,并首先发现了许多材料具有受拉和受压的屈服极限不同的特性(称为鲍辛格效应)等力学特性。他终身致力于材料力学性能的研究。于 1893 年逝世。

4.4   德鲁克公设与伊留申公设

为了证明以上屈服条件的外凸性和关于屈服条件特性的有关问题,我们首先要引进材料稳定性假设。对于强化材料,如图 4-6(a)所示,如应力增量 $d\sigma > 0$,则将产生应变增量,于是应力增量 $d\sigma$ 在 $d\varepsilon$ 上所做的功必为 $d\sigma d\varepsilon > 0$。有这种特性的材料称为**稳定的**。否则,当 $d\sigma < 0$ 时 $d\varepsilon > 0$(图 4-6(b))或 $d\sigma > 0$ 时 $d\varepsilon < 0$(图 4-6(c)),都有 $d\sigma d\varepsilon < 0$,就称为**不稳定的**。

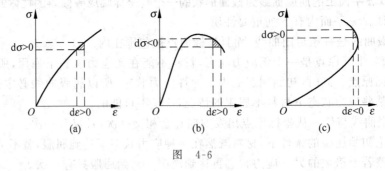

图   4-6

---

① 鲍辛格效应是指材料的拉伸屈服极限与压缩屈服极限不同的现象,系鲍辛格(Bauschinger Johann)在 1875—1886 年间做了多种材料的大量实验所证实的。

对于稳定的材料,下列关系式成立:

$$\mathrm{d}\sigma_{ij}\,\mathrm{d}\varepsilon_{ij}>0 \qquad (4\text{-}34)$$

及

$$\oint(\sigma_{ij}-\sigma_{ij}^*)\,\mathrm{d}\varepsilon_{ij}\geqslant 0 \qquad (4\text{-}35)$$

德鲁克(D. Drucker) 1918 年生于美国,1938 年获哥伦比亚大学硕士学位,1940 年获博士学位。后在布朗大学由普拉格(W. Prager)创建的固体力学研究组做研究工作。曾任伊里诺伊大学工学院院长。1967 年当选为美国科学院院士。2001 年去世,他在塑性力学方面做出了突出贡献,有以他的名字命名的"德鲁克公设","德鲁克—普拉格条件"等。

Daniel Charles Drucker

其中 σ_{ij}^* 为任一弹性应力状态。不等式(4-34)和(4-35)分别表示:①**在加载过程中,应力增量所做的功 $\mathrm{d}W_\mathrm{D}$ 恒为正**;②**在加载与卸载的整个循环中,应力增量所完成的净功 $\mathrm{d}W_\mathrm{D}$ 恒为非负**。这两项关于材料特性的论断,称为**稳定性假说**,又称**德鲁克公设**[①]。

稳定性假说中的第一条,显然即稳定的材料的定义。我们对第二条做一些说明。

在第二条假说中并未限定弹塑性材料的性质,所以它对理想弹性材料和弹塑性强化材料都是适用的。对于强化材料来说,当初始屈服以后,应力继续增加时,屈服面将随应力变化过程按一定的规律变化,形成一系列屈服面,这些屈服面都叫做**继生屈服面**(或**加载面**)。

这样,如物体某点处的应力状态为 σ_{ij}^*,相应于应力空间中的 A 点(图 4-7),之后,由于加载,应力点的移动轨迹为 $A\rightarrow B\rightarrow C$,再由 C 卸载至 A。在这加载与卸载的循环中,总应变增量为 $\mathrm{d}\varepsilon_{ij}=\mathrm{d}\varepsilon_{ij}^\mathrm{e}+\mathrm{d}\varepsilon_{ij}^\mathrm{p}$,其弹性应变增量 $\mathrm{d}\varepsilon_{ij}^\mathrm{e}$ 是可恢复的,塑性应变增量 $\mathrm{d}\varepsilon_{ij}^\mathrm{p}$ 是不可恢复的。所以在 $ABCA$ 循环内,有

$$\oint(\sigma_{ij}-\sigma_{ij}^*)\,\mathrm{d}\varepsilon_{ij}^\mathrm{e}=0$$

其中 σ_{ij} 为任一屈服应力状态(B 点)。这样一来,稳定性假说的第二条实际上可写为

$$\oint(\sigma_{ij}-\sigma_{ij}^*)\,\mathrm{d}\varepsilon_{ij}^\mathrm{p}\geqslant 0$$

考虑到 AB 段为弹性加载过程,CA 段为卸载过程(按弹性规律),所以塑性应变增量 $\mathrm{d}\varepsilon_{ij}^\mathrm{p}$ 只

---

① 参见 D. C. Drucker,Q. App. Math.,7.411 (1950)。

在 BC 段产生。于是,上述回路积分可改写为

$$\int_{BC}(\sigma_{ij}-\sigma_{ij}^{*})\mathrm{d}\varepsilon_{ij}^{\mathrm{p}}\geqslant 0$$

在应力循环 $ABCA$ 中,塑性变形的变化是一个无穷小量,即 $\mathrm{d}\varepsilon_{ij}^{\mathrm{p}}$ 是一个无穷小量,$BC=\delta\sigma_{ij}$ 也是一个无穷小量。当 $BC\to 0$,可近似地得

$$\int_{BC}(\sigma_{ij}-\sigma_{ij}^{*})\mathrm{d}\varepsilon_{ij}^{\mathrm{p}}\cong(\sigma_{ij}-\sigma_{ij}^{*})\delta\varepsilon_{ij}^{\mathrm{p}} \tag{4-36}$$

或

$$\mathrm{d}W_{\mathrm{D}}=(\sigma_{ij}-\sigma_{ij}^{*})\mathrm{d}\varepsilon_{ij}^{\mathrm{p}}\geqslant 0 \tag{4-36a}$$

$$\mathrm{d}\sigma_{ij}\mathrm{d}\varepsilon_{ij}^{\mathrm{p}}\geqslant 0 \tag{4-36b}$$

式(4-36)有时称为**局部最大原理**(也称**德鲁克不等式**)。对于理想刚塑性材料,当应力点位于屈服面上时,则只可能有

$$\mathrm{d}\sigma_{ij}\mathrm{d}\varepsilon_{ij}^{\mathrm{p}}=0$$

不等式(4-34)、(4-36)还可认为是应变强化的数学定义。

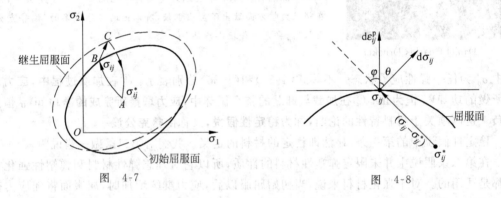

图 4-7　　　　　　　　　　　　　　　图 4-8

如将塑性应变空间 $\varepsilon_{ij}^{\mathrm{p}}$ 与应力空间 σ_{ij} 重合起来,不等式(4-36)实际上可解释为两个矢量 $\mathrm{d}\sigma_{ij}$ 与 $\mathrm{d}\varepsilon_{ij}^{\mathrm{p}}$ 的数量积(如图 4-8 所示),即

$$\mathrm{d}\sigma_{ij}\mathrm{d}\varepsilon_{ij}^{\mathrm{p}}\geqslant 0$$

或

$$\big|\mathrm{d}\sigma_{ij}\big|\big|\mathrm{d}\varepsilon_{ij}^{\mathrm{p}}\big|\cos\theta\geqslant 0$$

于是必有

$$-\frac{\pi}{2}\leqslant\theta\leqslant\frac{\pi}{2} \tag{4-37}$$

就是说,$\mathrm{d}\sigma_{ij}$ 与 $\mathrm{d}\varepsilon_{ij}^{\mathrm{p}}$ 之间的夹角必为锐角。

另一方面,同样情况,因可使 $\sigma_{ij}-\sigma_{ij}^{*}$ 的模大于 $\mathrm{d}\sigma_{ij}$ 的模及

$$(\sigma_{ij}-\sigma_{ij}^{*})\mathrm{d}\varepsilon_{ij}^{\mathrm{p}}\geqslant 0$$

或

$$\left|\sigma_{ij}-\sigma_{ij}^{*}\right|\left|d\varepsilon_{ij}^{p}\right|\cos\varphi\geqslant0 \qquad (4\text{-}38)$$

于是必有

$$-\frac{\pi}{2}\leqslant\varphi\leqslant\frac{\pi}{2} \qquad (4\text{-}39)$$

即矢量 $\sigma_{ij}-\sigma_{ij}^{*}$ 与 $d\varepsilon_{ij}^{p}$ 互成锐角。因 σ_{ij}^{*} 是任意的，又因 $d\varepsilon_{ij}^{p}$ 与屈服面的外法线方向一致（以后

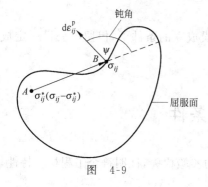

图　4-9

将证明），**故所有的应力点 σ_{ij} 均应在垂直于 $d\varepsilon_{ij}^{p}$ 的平面的一侧，即屈服面必为外凸曲面。**对于内凹屈服面（图 4-9），则将得出（$\sigma_{ij}-\sigma_{ij}^{*}$）与 $d\varepsilon_{ij}^{p}$ 之间成钝角 Ψ，因而与图 4-8 矛盾。

上述德鲁克公设是在应力空间讨论的。同类的问题也可以放在应变空间中讨论。伊留申（A. A. Il'yushin）于 1961 年提出了一个新的假说，称为**伊留申公设。可表述为：弹塑性材料的物质微元体在应变空间的任一应变循环中所完成的功为非负，即** $d\overline{W}_{I}\geqslant0$ **或即**

$$\oint\sigma_{ij}d\varepsilon_{ij}\geqslant0 \qquad (4\text{-}40)$$

成立，当且仅当弹性循环时上式等号成立。伊留申公设比德鲁克公设有更广泛的应用。

伊留申（A. A. Il'yushin）　1911 年生于乌克兰，1929 年进入喀山大学，次年转入莫斯科大学数学力学系，1938 年获得数理科学博士学位。1943 年当选为苏联科学院通信院士，1953 年任苏联科学院力学所所长，莫斯科大学数学力学系弹性力学教研室主任。他在塑性力学方面做出了重要贡献，多次获得荣誉称号。"伊留申公设"就是以他的名字命名的。由于他的出色的工作，使得塑性全量理论以及弹性解方法得以完善。

Aleksee Antonobich Il'yushin

以上两种公设给出了两个不等式，即德鲁克不等式（4-36）和伊留申不等式（4-40），各有下列特点：

（1）德鲁克公设是在应力空间讨论问题，而伊留申公设则是在应变空间讨论问题。

（2）根据德鲁克公设可以导出应力空间的屈服面具有外凸性；同时根据伊留申公设也可以导出应变空间的屈服面具有外凸性。

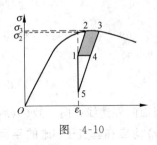

图 4-10

（3）德鲁克公设只适用于稳定性材料（应变强化材料），而伊留申公设则适用于应变强化和应变软化等特性的材料。

（4）由图 4-10 可以看出任一应力循环所完成的功 W_D，总是小于任一应变循环所完成的功 W_I，即

$$\mathrm{d}\overline{W}_D < \mathrm{d}\overline{W}_I$$

图 4-10 中，$\mathrm{d}\overline{W}_I$ 相当于 12351 面积表示的功；$\mathrm{d}\overline{W}_D$ 相当于 12341 面积表示的功。

（5）伊留申公设比德鲁克公设较强，即在德鲁克公设成立的条件下，伊留申公设一定成立。反之则不然。

4.5　常用的屈服条件

对于屈服条件的研究已有两个多世纪。经过许多的实验检验，证明符合工程材料特性，又便于工程应用的常用屈服条件有以下几种：

1. 最大剪应力条件

特雷斯卡（H. Tresca）[1]根据自己的实验结果，认为最大剪应力达到某一数值时材料就发生屈服。即

$$\tau_{\max} = \tau_0 \tag{4-41}$$

此处，τ_0 为材料的剪切屈服应力。对于不同的固体材料的 τ_0 值要由实验确定。

最大剪应力条件要求预先知道最大与最小主应力。假定 $\sigma_1 \geqslant \sigma_2 \geqslant \sigma_3$，则 $\tau_{\max} = \frac{1}{2}(\sigma_1 - \sigma_3)$。在简单拉伸的情况下，当 $\sigma_1 = \sigma_0$，$\sigma_2 = \sigma_3 = 0$（σ_0 为简单拉伸屈服应力），则

$$\sigma_1 - \sigma_3 = \sigma_0$$

$$\tau_{\max} = \frac{1}{2}(\sigma_1 - \sigma_3) = \tau_0 = \frac{\sigma_0}{2} \tag{4-42}$$

于是得

$$\tau_0 = \frac{1}{2}\sigma_0$$

这就是说，根据最大剪应力条件，纯剪屈服应力是简单拉伸屈服应力之半。

在一般情况下，即 σ_1，σ_2，σ_3 不按大小次序排列，则下列表示最大剪应力的 6 个条件中的任一个成立时，材料就开始屈服

---

①　H. Tresca，Comptes Rendus Acad. Sci. Paris，59(1864)，754 and 64(1807).

$$\begin{cases} \sigma_1 - \sigma_2 = \pm\sigma_0 \\ \sigma_2 - \sigma_3 = \pm\sigma_0 \\ \sigma_3 - \sigma_1 = \pm\sigma_0 \end{cases}$$

或一般地写为

$$\tau_{max} = \tau_0 = \frac{1}{2}\max\{|\sigma_1 - \sigma_2|, |\sigma_2 - \sigma_3|, |\sigma_3 - \sigma_1|\} \tag{4-43}$$

其中 τ_0 为最大剪应力屈服值（由式(4-42)可知,该值等于简单拉伸屈服应力之半）,等号右边表示取绝对值为最大的一个两主应力之差。式(4-43)**即最大剪应力条件或特雷斯卡条件**,它表示主应力空间内与坐标轴成等倾斜的各边相等的正六角柱体(图4-11),通常称为**特雷斯卡六角柱体**。

对于二维应力状态($\sigma_3 = 0$)则有

$$\begin{cases} \sigma_1 - \sigma_2 = \sigma_0, & \text{若 } \sigma_1 > 0, \sigma_2 < 0 \\ \sigma_1 - \sigma_2 = -\sigma_0, & \text{若 } \sigma_1 < 0, \sigma_2 > 0 \\ \sigma_2 = \sigma_0, & \text{若 } \sigma_2 > \sigma_1 > 0 \\ \sigma_1 = \sigma_0, & \text{若 } \sigma_1 > \sigma_2 > 0 \\ \sigma_1 = -\sigma_0, & \text{若 } \sigma_1 < \sigma_2 < 0 \\ \sigma_2 = -\sigma_0, & \text{若 } \sigma_2 < \sigma_1 < 0 \end{cases} \tag{4-44}$$

式(4-44)在 $\sigma_1 - \sigma_2$ 平面内的图形为一六边形(图4-12)称为**屈服六边形**。

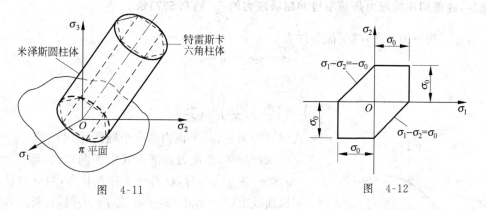

图 4-11   图 4-12

在讨论屈服条件时,我们仍采用应力空间的概念。在二维应力状态,主应力空间退化为一个平面,称为**主应力平面**。显然,一定的应力状态(σ_1, σ_2),在主应力平面内是一个确定点(应力点),当应力点在屈服六边形内部时,材料处于弹性状态;当应力点达到屈服六边形上的任一点时,材料便开始进入塑性状态。对于理想弹塑性材料,应力点不可能跑出屈服六边形之外。对于弹塑性强化材料开始屈服以后的情况,则应另行专门讨论。

2. 畸变能条件

畸变能条件认为,与物体中一点的应力状态对应的畸变能达到某一数值时,该点便屈

服,由畸变能公式(4-25)有

$$2GU_{0d} = J_2$$

故畸变能条件可写为

$$J_2 = k^2 \tag{4-45}$$

或

$$J_2 = \frac{1}{6}\left[(\sigma_x - \sigma_y)^2 + (\sigma_y - \sigma_z)^2 + (\sigma_z - \sigma_x)^2\right] + (\tau_{xy}^2 + \tau_{yz}^2 + \tau_{zx}^2) = k^2 \tag{4-46}$$

以主应力表示为

$$J_2 = \frac{1}{6}\left[(\sigma_1 - \sigma_2)^2 + (\sigma_2 - \sigma_3)^2 + (\sigma_3 - \sigma_1)^2\right] = k^2 \tag{4-47}$$

其中 k 为表征材料屈服特征的参数,可由简单拉伸实验确定。此时 $\sigma_1 = \sigma_0$, $\sigma_2 = \sigma_3 = 0$, σ_0 为简单拉伸屈服应力。将此值代入式(4-47)得

$$(\sigma_0 - 0)^2 + 0 + (0 - \sigma_0)^2 = 6k^2$$

即

$$k = \frac{1}{\sqrt{3}}\sigma_0 \tag{4-48}$$

在纯剪状态($\sigma_1 = -\sigma_3$, $\sigma_2 = 0$),则 k 恒等于在纯剪切应力状态屈服时的最大剪应力 τ_{max} ($= \tau_0$)。因而 k 可由纯剪实验(例如薄管受扭作用实验)得到。上式(4-48)说明,**根据畸变能条件,纯剪切屈服应力是简单拉伸屈服应力的 $\dfrac{1}{\sqrt{3}}$(约 0.577)倍**。

对于二维应力状态,畸变能条件为

$$\sigma_1^2 - \sigma_1\sigma_2 + \sigma_2^2 = \sigma_0^2 \tag{4-49}$$

或

$$\left(\frac{\sigma_1}{\sigma_0}\right)^2 - \left(\frac{\sigma_1}{\sigma_0}\right)\left(\frac{\sigma_2}{\sigma_0}\right) + \left(\frac{\sigma_2}{\sigma_0}\right)^2 = 1 \tag{4-50}$$

式(4-50)为 σ_1, σ_2 平面内的一个椭圆(图 4-13)。

如前所述,当应力点落在屈服椭圆以内(即 $\sigma_1^2 - \sigma_1\sigma_2 + \sigma_2^2 < \sigma_0^2$ 或 $f < 0$ 时,材料处于弹性状态,当应力点落到屈服曲线上($\sigma_1^2 - \sigma_1\sigma_2 + \sigma_2^2 = \sigma_0^2$ 或 $f = 0$)时,材料进入塑性状态。

畸变能条件系米泽斯 R. von Mises[1] 所提出,故称为**米泽斯条件**。式(4-45)和式(4-46)是它的一般形式。从式(4-47)看出,米泽斯条件在主应力空间是对坐标轴 σ_1, σ_2, σ_3 为等倾斜的圆柱体,称为**米泽斯圆柱**。进一步分析可

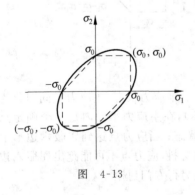

图 4-13

---

[1] R. von Mises, Göttinger Nachr. Math-Phys. Klasse, 582(1913).

以证明,米泽斯圆柱外接于特雷斯卡六角柱体(图 4-11)。

以上两种屈服条件各有优缺点。最大剪应力条件是主应力分量的线性函数,因而对于已知主应力方向及主应力间的相对值的一类问题,是比较简便的,而畸变能条件则显然复杂得多。但从理论上讲,最大剪应力条件忽略了中间主应力对屈服的影响,似嫌不佳,而畸变能条件则克服了这一不足。实验证明:畸变能条件比最大剪应力条件更接近于实验结果。图 4-14 给出了薄管实验与拉扭实验的结果。

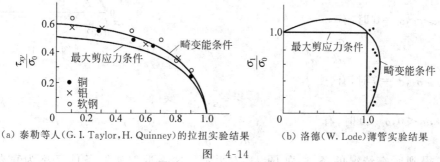

(a) 泰勒等人(G. I. Taylor, H. Quinney)的拉扭实验结果　　　(b) 洛德(W. Lode)薄管实验结果

图　4-14

米泽斯(R. von Mises)　1883 年生于澳大利亚,1953 年逝世。曾任柏林大学应用数学研究所所长,力学教授,《应用数学和力学杂志》主编。他在科学研究上有广泛的兴趣,特别是对杆和管的屈曲问题、复合应力问题、破坏理论问题以及流体动力学问题等。他给出的塑性屈服条件被称为"米泽斯条件"。

Richard von Mises

3. 混凝土材料的屈服条件

混凝土、岩石一类工程材料的受压强度较之受拉来说要高得多。这种材料在通常条件下为脆性材料。它们的屈服特征往往不像金属材料那样有明显的屈服极限,其简单拉伸时的应力应变曲线,往往没有明显的直线段(图 4-15),因而,屈服极限就要有个规定。对于混凝土材料,通常认为:以与应力应变曲线的初始切线相平行的直线截割 ε 轴为 0.002 的点,该直线与应力应变曲线的交点所对应的应力,作为屈服极限 σ_0(图 4-15)。并认为应力达到 σ_0 时,混凝土开始出现裂缝,即屈服。

在一般应力状态下的屈服条件,应在总结大量实验的基础上来确定。目前对平面应力状态的混凝土材料的屈服条件的研究取得了一些结果。

实验表明[1]，在平面应力状态下，混凝土材料的屈服曲线
如图(4-16)中的实线所示，图中黑点为实验结果，虚线为线
性化近似屈服条件。显然，这一近似屈服条件的图形与最大
剪应力条件相似，而两者主要差别是受压与受拉屈服应力值
不同。如令 σ_0'，σ_0'' 分别为材料简单拉伸与压缩的屈服应力，
则屈服条件为

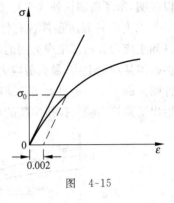

图　4-15

当 $\sigma_1 > \sigma_3 > \sigma_2$，$\sigma_3 = 0$ 时，有

$$\frac{\sigma_1}{\sigma_0'} - \frac{\sigma_2}{\sigma_0''} = 1 \qquad (4\text{-}51)$$

当 $\sigma_1 > \sigma_2 > \sigma_3$，$\sigma_3 = 0$ 时，有

$$\sigma_1 = \sigma_0' \qquad\qquad (4\text{-}52a)$$

当 $\sigma_1 > \sigma_2$，$\sigma_1 < 0$，$\sigma_2 < 0$ 时，有

$$\sigma_2 = -\sigma_0'' \qquad\qquad (4\text{-}52b)$$

类似地可得到所有情况的条件，如图 4-17 所示。这一近似屈服条件又称为**莫尔-库仑
(Mohr-Coulomb)条件**。

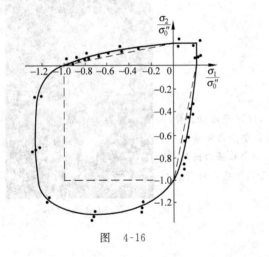

图　4-16

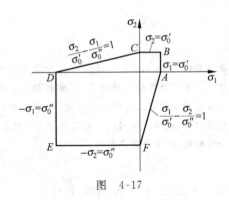

图　4-17

4. 岩土屈服条件

德鲁克和普拉格[2]提出了一种适用于岩土材料的屈服条件。这一条件实际上是对米泽

---

① 见 Kupfer H, et al. , ACI. J vol. 66, No. 8, (1969)及 J. Eng. Mech. Div. , vol. 99, EM. 4(1973)，该文
中给出了实验曲线的解析式。

② Drucker D. C. (1918—2001)和 Prager W. (1903—1980)于 1952 年提出。

斯条件的一种改进和发展。该条件中增加了第一应力不变量，即

$$f(I_1, J_2) = \alpha I_1 + \sqrt{J_2} = k \tag{4-53}$$

其中

$$\alpha = \frac{2\sin\varphi}{\sqrt{3}(3 - \sin^2\varphi)}$$

$$k = \frac{6c\cos\varphi}{\sqrt{3}(3 - \sin^2\varphi)}$$

此处 α 和 k 均为常数，c 和 φ 分别为材料的粘性系数和内摩擦角。**德鲁克-普拉格条件**为在主应力空间的一个圆锥体（图 4-18）。显然，当 $\alpha = 0$，该屈服条件退化为米泽斯条件，当 $\sigma_3 = 0$ 时，方程(4-53)即为二维应力状态时的屈服条件，为下式所示：

$$\alpha(\sigma_1 + \sigma_2) + \sqrt{\frac{1}{3}(\sigma_1^2 - \sigma_1\sigma_2 + \sigma_2^2)} = k \tag{4-54}$$

其图形为一偏离原点的椭圆（图 4-19）。

普拉格(W. Prager) 1903 年生于德国，1980 年逝世。曾在布朗大学任数学力学教授，在塑性力学的屈服条件、强化条件、塑性极限分析等方面有突出贡献，著有《塑性力学引论》和《理想塑性固体理论》等著名专著。

William Prager

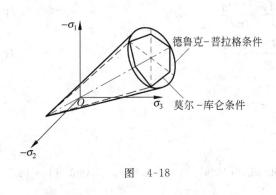

图 4-18

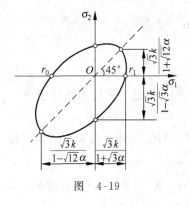

图 4-19

根据材料特征的不同，屈服条件各有不同，例如，岩石、陶瓷及有各种不同内部结构的合成材料，它们的屈服条件应做专门的研究。

上面讨论的米泽斯屈服条件是一种用途较广的条件。纳达依（Nadai A.）在施莱尔（Schleicher F.）[1]研究工作的基础上指出，米泽斯条件也可理解为八面体剪应力达一定数值时材料才屈服的条件。实际上有

$$\tau_8^2 = \frac{1}{9}\left[(\sigma_1-\sigma_2)^2+(\sigma_2-\sigma_3)^2+(\sigma_3-\sigma_1)^2\right] = \frac{2\sigma_0^2}{9} = \text{const}$$

即

$$\tau_8 = \sqrt{\frac{2}{3}J_2} \tag{4-55}$$

故此米泽斯条件又称为**最大八面体剪应力屈服条件**。

米泽斯屈服条件的另一种物理解释是当所研究点处的球面上剪应力的平均值达某一极限值时材料开始屈服（见文献[43]）。

此外，施密特（Schmidt R,1932）曾提出了最大应力偏量屈服条件[2]。我国学者俞茂宏对此类屈服条件进行了研究，并赋以双剪应力概念，称为双剪应力屈服条件[3]。

本书只限于讨论材料的初始屈服，即以上给出的屈服条件均为**初始屈服条件**（initial yield condition）。而材料的强化（或弱化）条件，即继生屈服面的研究，则可参考有关文献[5,39,46]。

例 4-1　有一圆形截面的均匀直杆，处于弯扭复合应力状态（图 4-20），其简单拉伸时的屈服应力为 300MPa。设弯矩为 $M=10$kN·m，扭矩 $M_i=30$kN·m，要求安全系数为 1.2，则直径 d 为多少才不致屈服？

图　4-20

解　处于弯扭作用下，杆内主应力为

$$\sigma_{1,2} = \frac{\sigma}{2} \pm \frac{1}{2}\sqrt{\sigma^2+4\tau^2}, \quad \sigma_3 = 0 \tag{a}$$

其中

$$\sigma = \frac{My}{J} = \frac{32M}{\pi d^3} \tag{b}$$

$$\tau = \frac{M_i r}{J_0} = \frac{16M_i}{\pi d^3} \tag{c}$$

（1）由最大剪应力条件给出

$$\sigma_1 - \sigma_2 = \sigma_0$$

将式（a）代入，并考虑安全系数后得

①　参见 Schleicher F.，Z. Angeus. Math. Mechanik,6(1926),216 和 A. Nadai, J. Appl. Phys. 8：205 (1937)。

②　R. Schmidt,Ingenieur-Archiv,3(1932),215,及文献[4]。

③　详见：俞茂宏. 双剪理论及其应用. 北京：科学出版社,1998。

$$\sqrt{\sigma^2 + 4\tau^2} = \frac{\sigma_0}{1.2}$$

或

$$\frac{32}{\pi d^3} \sqrt{M^2 + M_i^2} = \frac{300}{1.2}$$

代入给定数据并运算后得

$$d = 0.109\text{m}$$

则 d 至少要 10.9cm。

（2）最大畸变能条件给出

$$\sqrt{\sigma^2 + 3\tau^2} = \frac{\sigma_0}{1.2}$$

将式(b)、式(c)代入运算后可得 d 至少要 10.4cm。

4.6 增 量 理 论

当受力物体中的一点的应力状态满足屈服条件而进入塑性阶段以后，弹性本构关系(即广义胡克定律)对该点就不适用。因而，需要建立塑性阶段的本构方程来描绘塑性应力和应变之间或应力增量和应变增量之间的关系。

在第 1 章曾经讲到，塑性应力应变关系的重要特点是它的非线性和不唯一性。所谓非线性是指应力应变关系不是线性关系；所谓不唯一性是指应变不能由应力唯一确定。我们知道，当外载荷变化时，应力也要变化。在应力空间代表一点应力状态的应力点就要移动，应力点移动的轨迹称为**应力路径**，这一过程称为**应力历史**。对应于外载荷还有所谓**加载路径和加载历史**[①]。在弹性阶段，应变可由应力直接用胡克定律求出，而不需了解这一应力状态是怎样达到的，即不必了解其应力历史。在塑性阶段，应变状态不但与应力状态有关，而且依赖于整个的应力历史，或者说，应变是应力和应力历史的函数。这一点可用一个简单的例子来说明。从简单拉伸曲线来看就知道，零应力状态可对应于经过各种加载历史而最终卸载至零而残留的应变状态。

一点处应力状态进入塑性状态以后，相应的总应变 ε_{ij} 可以分为两部分：弹性应变部分 ε_{ij}^e 和塑性应变部分 ε_{ij}^p

$$\varepsilon_{ij} = \varepsilon_{ij}^e + \varepsilon_{ij}^p$$

其中弹性部分服从胡克定律，塑性部分为总应变与弹性应变之差。容易理解，塑性部分是卸载后不能消失的残留应变，当卸载发生时，保持不变，而仅在继续加载时才发生变化。有时

---

① 加载路径与加载历史的严格定义要引进载荷空间的概念。任一加载状态可用载荷空间的一个点来表示。载荷点变化的轨迹即加载路径，该过程称为加载历史。详见文献[41]。

为了方便，ε_{ij}^{p} 的初始假定为零，之后的应变值便是与零应变相比较的相对值。

以上说明，塑性应变与加载路径有关，所以，我们必须讨论应力的变化特征和应变的变化特征，并且将进一步限定从考虑其无穷小的变化，计算其全部加载历史过程的增量，之后用积分或求和的办法求出总应变。这就是为什么塑性理论具有增量特征的原因。

应当指出，工程上常有一种重要的加载路径，叫做**比例加载**。在这种加载条件下，塑性应变仅与最终应力状态有关。在比例加载的条件下，外载荷与应力均按同一比例增长，问题的分析将由此得到简化。这种情况，以后要进一步讨论。

以上讨论说明，**塑性本构关系本质上是增量关系**。因而，在一般情况下，难以一概像胡克定律那样建立全量的塑性应力应变关系。以下讨论增量理论（又称**流动理论**）。

弹塑性体内的任一点的总应变已知为

$$\varepsilon_{ij} = \varepsilon_{ij}^{e} + \varepsilon_{ij}^{p}$$

当外载荷有微小增量时，总应变也要有微小增量 $\mathrm{d}\varepsilon_{ij}$。而 $\mathrm{d}\varepsilon_{ij}$ 应为弹性应变增量 $\mathrm{d}\varepsilon_{ij}^{e}$ 和塑性应变增量 $\mathrm{d}\varepsilon_{ij}^{p}$ 之和，从而有

$$\mathrm{d}\varepsilon_{ij}^{p} = \mathrm{d}\varepsilon_{ij} - \mathrm{d}\varepsilon_{ij}^{e} \tag{4-56}$$

上式展开为

$$\left. \begin{array}{l} \mathrm{d}\varepsilon_{x}^{p} = \mathrm{d}\varepsilon_{x} - \mathrm{d}\varepsilon_{x}^{e}, \cdots \\ \mathrm{d}\gamma_{xy}^{p} = \mathrm{d}\gamma_{xy} - \mathrm{d}\gamma_{xy}^{e}, \cdots \end{array} \right\} \tag{4-56'}$$

前曾述及：对金属材料而言，即使在高压情况下，由于平均正应力的作用物体所产生的变形只可能是弹性体积改变，而不会产生塑性体积改变。而在应力偏量作用下，物体则将产生畸变，不发生体积改变。物体的畸变又包括两部分，即弹性变形和塑性变形。这就是说，塑性变形仅由应力偏量所引起。且认为在塑性状态，材料不可压缩，即体积变形等于零

$$\mathrm{d}\varepsilon_{x}^{p} + \mathrm{d}\varepsilon_{y}^{p} + \mathrm{d}\varepsilon_{z}^{p} = 0$$

或

$$\mathrm{d}\varepsilon_{ii}^{p} = 0 \tag{4-57}$$

而

$$\mathrm{d}\varepsilon_{\mathrm{m}} = \frac{1}{3}(\mathrm{d}\varepsilon_{x} + \mathrm{d}\varepsilon_{y} + \mathrm{d}\varepsilon_{z}) = \frac{1}{3}\mathrm{d}\varepsilon_{ii}^{e} = \mathrm{d}\varepsilon_{\mathrm{m}}^{e}$$

于是，应变偏量增量的分量为

$$\mathrm{d}e_{x} = \mathrm{d}\varepsilon_{x} - \mathrm{d}\varepsilon_{\mathrm{m}}, \quad \mathrm{d}e_{y} = \mathrm{d}\varepsilon_{y} - \mathrm{d}\varepsilon_{\mathrm{m}}, \quad \mathrm{d}e_{z} = \mathrm{d}\varepsilon_{z} - \mathrm{d}\varepsilon_{\mathrm{m}}$$

及 $\mathrm{d}\gamma_{xy}, \mathrm{d}\gamma_{yz}, \mathrm{d}\gamma_{zx}$，或即

$$\mathrm{d}e_{ij} = \mathrm{d}\varepsilon_{ij} - \mathrm{d}\varepsilon_{\mathrm{m}}\delta_{ij} \tag{4-58}$$

在弹性阶段，根据广义胡克定律，有

$$\mathrm{d}\varepsilon_{x}^{e} = \frac{1}{E}\left[\mathrm{d}\sigma_{x} - \nu(\mathrm{d}\sigma_{y} + \mathrm{d}\sigma_{z})\right]$$

$$\mathrm{d}\varepsilon_{y}^{e} = \frac{1}{E}\left[\mathrm{d}\sigma_{y} - \nu(\mathrm{d}\sigma_{z} + \mathrm{d}\sigma_{x})\right]$$

$$\vdots$$

注意到,应力偏量的增量为 $ds_{ij} = d\sigma_{ij} - \dfrac{1}{3}d\sigma_{ii}\delta_{ij}$,则有

$$\left.\begin{aligned}
de_x^e &= \frac{1}{3}(2d\varepsilon_x^e - d\varepsilon_y^e - d\varepsilon_z^e) = \frac{1+\nu}{3E}(2d\sigma_x - d\sigma_y - d\sigma_z) \\
&= \frac{1}{3} \cdot \frac{1}{2G}(2d\sigma_x - d\sigma_y - d\sigma_z) = \frac{1}{2G}ds_x \\
de_y^e &= \frac{1}{3} \cdot \frac{1}{2G}(2d\sigma_y - d\sigma_z - d\sigma_x) = \frac{1}{2G}ds_y \\
&\vdots
\end{aligned}\right\} \tag{4-59}$$

即有

$$\frac{ds_x}{de_x^e} = \frac{ds_y}{de_y^e} = \frac{ds_z}{de_z^e} = \frac{d\tau_{xy}}{d\varepsilon_{xy}} = \frac{d\tau_{yz}}{d\varepsilon_{yz}} = \frac{d\tau_{zx}}{d\varepsilon_{zx}} = 2G \tag{4-60}$$

式(4-60)表明,**在弹性阶段,应力偏量增量与应变偏量增量成比例,比例常数为 2G**。

考虑到,平均正应力增量 $d\sigma_m$ 和平均正应变增量 $d\varepsilon_m^e$ 之间的关系还可得出与式(4-12)相应的增量形式的广义胡克定律为

$$\left.\begin{aligned}
d\sigma_m/d\varepsilon_m &= 3K \\
ds_{ij}/de_{ij}^e &= 2G
\end{aligned}\right\} \tag{4-61}$$

由此,塑性应变增量由式(4-56)为

$$d\varepsilon_x^p = d\varepsilon_x - d\varepsilon_x^e = de_x + d\varepsilon_m - de_x^e = de_x - de_x^e$$
$$\cdots$$

即有

$$\left.\begin{aligned}
d\varepsilon_x^p &= de_x - \frac{ds_x}{2G} \\
&\vdots \\
d\varepsilon_{xy}^p &= d\varepsilon_{xy} - \frac{d\tau_{xy}}{2G} \\
&\vdots
\end{aligned}\right\} \tag{4-62}$$

或

$$d\varepsilon_{ij}^p = de_{ij} - de_{ij}^e = de_{ij} - \frac{ds_{ij}}{2G} \tag{4-63}$$

以下讨论塑性应变增量的表达式,即增量理论的本构方程。

增量理论基于以下假定:**在塑性变形过程中的任一微小时间增量内,塑性应变增量与瞬时应力偏量成比例**,即

$$\frac{d\varepsilon_x^p}{s_x} = \frac{d\varepsilon_y^p}{s_y} = \frac{d\varepsilon_z^p}{s_z} = \frac{d\varepsilon_{xy}^p}{\tau_{xy}} = \frac{d\varepsilon_{yz}^p}{\tau_{yz}} = \frac{d\varepsilon_{zx}^p}{\tau_{zx}} = d\lambda \tag{4-64}$$

或

$$d\varepsilon_{ij}^p = d\lambda s_{ij} \tag{4-65}$$

其中 $d\lambda$ 为非负的标量比例系数,且可根据加载历史的不同而变化。

前已述及,由于体积变化是弹性的,即平均正应变的塑性分量等于零。在式(4-65)中,塑性应变增量也就是塑性应变偏量增量。由于总应变可视为弹性应变分量与塑性应变分量之和,将式(4-65)代入式(4-63)后,得总应变增量与应力偏量之间的下列关系式:

$$de_{ij}=\frac{1}{2G}ds_{ij}+d\lambda s_{ij} \tag{4-66}$$

式(4-66)称为**普朗特-雷斯方程**。

Ludwig Prandtl

　　普朗特(L. Prandtl)　1875 年生于德国,1953 年逝世。曾任哥廷根大学力学教授,是一位优秀的应用力学专家,他的研究工作推动了塑性力学的发展,给出了一种有效的塑性本构关系。此外,他在空气动力学方面也有重要贡献。

　　方程(4-65)表示,**塑性应变增量依赖于该瞬时的应力偏量,而不是达到该状态所需的应力增量**。这就是说,**应力主轴与塑性应变增量主轴相重合**。这些方程本身直接给出了一个不同方向间塑性应变增量之比的关系式,而其实际上的大小并不确定。这一点我们以后还要讨论。

　　由方程(4-65)有

$$
\begin{aligned}
d\varepsilon_x^p &= \frac{2}{3}d\lambda\left[\sigma_x-\frac{1}{2}(\sigma_y+\sigma_z)\right] \\
d\varepsilon_y^p &= \frac{2}{3}d\lambda\left[\sigma_y-\frac{1}{2}(\sigma_z+\sigma_x)\right] \\
&\vdots \\
d\varepsilon_{xy}^p &= d\lambda\tau_{xy} \\
&\vdots
\end{aligned}
\right\} \tag{4-67}
$$

以上引进了一个参数 $d\lambda$,不过也增加了一个屈服条件,$d\lambda$ 在应力满足屈服条件时才不等于零,因此可以通过屈服条件来求 $d\lambda$。为此,在式(4-67)中,将第一式减第二式得

$$
\begin{aligned}
d\varepsilon_x^p-d\varepsilon_y^p &= \frac{2}{3}d\lambda\left[\sigma_x-\frac{1}{2}(\sigma_y+\sigma_z)-\sigma_y+\frac{1}{2}(\sigma_z+\sigma_x)\right] \\
&= \frac{2}{3}d\lambda\left[\frac{3}{2}(\sigma_x-\sigma_y)\right]=d\lambda(\sigma_x-\sigma_y)
\end{aligned}
$$

两边平方后,得

$$(\mathrm{d}\varepsilon_x^p - \mathrm{d}\varepsilon_y^p)^2 = (\mathrm{d}\lambda)^2 (\sigma_x - \sigma_y)^2 \tag{4-68}$$

类似地,求出

$$(\mathrm{d}\varepsilon_y^p - \mathrm{d}\varepsilon_z^p)^2, (\mathrm{d}\varepsilon_z^p - \mathrm{d}\varepsilon_x^p)^2 \quad \text{及} \quad (\mathrm{d}\gamma_{xy}^p)^2, (\mathrm{d}\gamma_{yz}^p)^2, (\mathrm{d}\gamma_{zx}^p)^2$$

后,可得

$$(\mathrm{d}\varepsilon_x^p - \mathrm{d}\varepsilon_y^p)^2 + (\mathrm{d}\varepsilon_y^p - \mathrm{d}\varepsilon_z^p)^2 + (\mathrm{d}\varepsilon_z^p - \mathrm{d}\varepsilon_x^p)^2 + 6[(\mathrm{d}\gamma_{xy}^p)^2 + (\mathrm{d}\gamma_{yz}^p)^2 + (\mathrm{d}\gamma_{zx}^p)^2]$$
$$= (\mathrm{d}\lambda)^2 [(\sigma_x - \sigma_y)^2 + (\sigma_y - \sigma_z)^2 + (\sigma_z - \sigma_x)^2 + 6(\tau_{xy}^2 + \tau_{yz}^2 + \tau_{zx}^2)] \tag{4-69}$$

$$\frac{9}{4}(\mathrm{d}\gamma_8^p)^2 = 9(\mathrm{d}\lambda)^2 \tau_8^2 \tag{4-70}$$

于是得

$$\mathrm{d}\lambda = \frac{\mathrm{d}\gamma_8^p}{2\tau_8} = \frac{1}{2} \sqrt{\frac{3}{2}} \frac{\mathrm{d}\gamma_8^p}{\sqrt{J_2}} \tag{4-71}$$

其中 γ_8^p 为八面体剪应变的塑性部分。如定义**有效应力**(或称**应力强度**)和**有效塑性应变增量**(或称**塑性应变强度增量**)分别为

$$\sigma_i = \frac{1}{\sqrt{2}} [(\sigma_x - \sigma_y)^2 + (\sigma_y - \sigma_z)^2 + (\sigma_z - \sigma_x)^2 + 6(\tau_{xy}^2 + \tau_{yz}^2 + \tau_{zx}^2)]^{\frac{1}{2}} = \frac{3}{\sqrt{2}} \tau_8 = \sqrt{3J_2}$$
$$\tag{4-72}$$

$$\mathrm{d}\varepsilon_i = \frac{\sqrt{2}}{3} \left[(\mathrm{d}\varepsilon_x^p - \mathrm{d}\varepsilon_y^p)^2 + (\mathrm{d}\varepsilon_y^p - \mathrm{d}\varepsilon_z^p)^2 + (\mathrm{d}\varepsilon_z^p - \mathrm{d}\varepsilon_x^p)^2 + \frac{3}{2}(\mathrm{d}\gamma_{xy}^2 + \mathrm{d}\gamma_{yz}^2 + \mathrm{d}\gamma_{zx}^2) \right]^{\frac{1}{2}}$$
$$= \frac{1}{\sqrt{2}} \mathrm{d}\gamma_8^p \tag{4-73}$$

将式(4-72)和式(4-73)代入式(4-71)得

$$\mathrm{d}\lambda = \frac{3}{2} \frac{\mathrm{d}\varepsilon_i}{\sigma_i} \tag{4-74}$$

于是本构方程(4-67)化为

$$\left. \begin{array}{l} \mathrm{d}\varepsilon_x^p = \dfrac{\mathrm{d}\varepsilon_i}{\sigma_i} \left[\sigma_x - \dfrac{1}{2}(\sigma_y + \sigma_z) \right] \\[3mm] \mathrm{d}\varepsilon_y^p = \dfrac{\mathrm{d}\varepsilon_i}{\sigma_i} \left[\sigma_y - \dfrac{1}{2}(\sigma_x + \sigma_z) \right] \\[3mm] \mathrm{d}\varepsilon_z^p = \dfrac{\mathrm{d}\varepsilon_i}{\sigma_i} \left[\sigma_z - \dfrac{1}{2}(\sigma_y + \sigma_x) \right] \\[3mm] \mathrm{d}\varepsilon_{xy}^p = \dfrac{3}{2} \dfrac{\mathrm{d}\varepsilon_i}{\sigma_i} \tau_{xy} \\[3mm] \mathrm{d}\varepsilon_{yz}^p = \dfrac{3}{2} \dfrac{\mathrm{d}\varepsilon_i}{\sigma_i} \tau_{yz} \\[3mm] \mathrm{d}\varepsilon_{zx}^p = \dfrac{3}{2} \dfrac{\mathrm{d}\varepsilon_i}{\sigma_i} \tau_{zx} \end{array} \right\} \tag{4-75}$$

或
$$d\varepsilon_{ij}^{p} = \frac{3}{2}\frac{d\varepsilon_i}{\sigma_i}s_{ij} \tag{4-76}$$

式(4-76)为普朗特-雷斯方程的另一种形式。如在上式中将塑性应变增量换成总应变增量,亦即忽略弹性应变部分,则得到**莱维-米泽斯方程**

$$d\varepsilon_{ij} = \frac{3}{2}\frac{d\varepsilon_i}{\sigma_i}s_{ij} \tag{4-77}$$

由方程(4-76)、(4-77)看出,流动理论的本构方程与广义胡克定律在形式上相似,除含有应变增量外,所不同的是系数部分。如将胡克定律中的泊松比,用 1/2 代替,$1/E$ 用 $d\varepsilon_i/\sigma_i$ 来代替,便得流动理论的本构方程。**这反映了塑性变形过程的不可压缩性和塑性变形的非线性,及其对加载路径的依赖性等**。在此方程中,如应变增量为已知,则可唯一地求出应力偏量。

本构方程(4-76)或式(4-77)为 σ_i(即 J_2)的函数,这就是说,上述方程要用到米泽斯屈服条件。所以方程(4-76)和式(4-77)为与米泽斯条件相关连的本构关系。

以上讨论未涉及应变强化问题,如考虑应变强化效应,应作进一步讨论。

4.7 全 量 理 论

在增量理论中,我们得到了塑性应变增量的分量与应力偏量之间的关系。为要得到总塑性应变分量与应力分量之间的关系应将方程(4-76)对全部加载路径积分,从而求出总应变分量与瞬时应力分量之间的关系。由此可见,应力与应变的全量关系必然与加载的路径有关。而全量理论(或称变形理论)则企图直接建立用全量形式表示的与加载路径无关的本构关系。但我们知道,塑性应变一般地不是与加载路径无关的,所以,全量理论一般说来是不正确的。不过从理论上讲,沿路径积分总是可以的,但要在积分结果中引出明确的应力应变的全量关系式,而又不包含应变历史的因素,则仅在某些特殊情况下方为可能。以下说明这种情况。

如果加载形式是所谓比例加载,即在加载过程中,任一点的各应力分量都按比例增长,即各应力分量与一个共同的参数成比例,在这种情况下,增量理论便可简化为全量理论。实际上,如 σ_{ij}^0 为 t_0 时刻的任一非零的参考应力状态,则任意瞬时 t 的应力状态为 σ_{ij},为

$$\sigma_{ij} = k\sigma_{ij}^0 \tag{4-78}$$

k 为单调增长的时间函数,则

$$s_{ij} = ks_{ij}^0, \quad \sigma_i = k\sigma_i^0 \tag{4-79}$$

于是方程(4-76)化为

$$d\varepsilon_{ij}^{p} = \frac{3}{2}\frac{d\varepsilon_i}{\sigma_i^0}s_{ij}^0 \tag{4-80}$$

式(4-80)等号两边积分,得

$$\int d\varepsilon_{ij}^{p} = \int \frac{3}{2} \frac{d\varepsilon_i}{\sigma_i^0} s_{ij}^0 = \frac{3}{2} \frac{s_{ij}^0}{\sigma_i^0} \int d\varepsilon_i = \frac{3}{2} \frac{\varepsilon_i}{\sigma_i^0} s_{ij}^0$$

由此有

$$\varepsilon_{ij}^{p} = \frac{3}{2} \frac{\varepsilon_i}{\sigma_i} s_{ij}, \quad \varepsilon_i = \varepsilon_i(\sigma_i) \tag{4-81}$$

展开为

$$\left.\begin{array}{l} \varepsilon_x^{p} = \dfrac{\varepsilon_i}{\sigma_i} \left[\sigma_x - \dfrac{1}{2}(\sigma_y + \sigma_z)\right] \\[2mm] \varepsilon_y^{p} = \dfrac{\varepsilon_i}{\sigma_i} \left[\sigma_y - \dfrac{1}{2}(\sigma_x + \sigma_z)\right] \\[2mm] \varepsilon_z^{p} = \dfrac{\varepsilon_i}{\sigma_i} \left[\sigma_z - \dfrac{1}{2}(\sigma_y + \sigma_x)\right] \\[2mm] \gamma_{xy}^{p} = \dfrac{3\varepsilon_i}{\sigma_i} \tau_{xy} \\[2mm] \gamma_{yz}^{p} = \dfrac{3\varepsilon_i}{\sigma_i} \tau_{yz} \\[2mm] \gamma_{zx}^{p} = \dfrac{3\varepsilon_i}{\sigma_i} \tau_{zx} \end{array}\right\} \tag{4-82}$$

于是得到塑性应变 ε_{ij}^{p} 仅为瞬时应力状态的函数。上述全量理论的本构方程(4-82)称为**亨基-伊留申方程**。在小变形条件下,伊留申进一步证明了下列关系式成立:

$$e_{ij} = \frac{3\varepsilon_i}{2\sigma_i} s_{ij}, \quad \varepsilon_i = \varepsilon_i(\sigma_i), \quad \sigma_m = 3K\varepsilon_m \tag{4-83}$$

应注意到,式(4-83)实际上是物理非线性弹性理论的本构方程,把它用于弹塑性过程时,必须在全部变形过程中保证物体内各点的应力都处于比例加载过程。我们知道,当卸载发生时,本构关系不服从方程(4-82)。因为此时塑性应变保持不变。所以在卸载过程,应力分量的改变量与应变分量的改变量应服从广义胡克定律。卸载以后的应力和应变,可用外载荷的改变量作为假想载荷作用到物体上,按弹性理论求出应力和应变,再从卸载前的相应的应力和应变中减去这些因卸载引起的应力与应变的改变量,从而得到卸载后的应力与应变状态。这就是卸载所应遵守的法则。显然,当外载荷全部卸去后,所得到的应变和应力即残余应变和残余应力。

这样看来,使用全量理论必须满足一定的条件,以保证物体内全部点处于同一过程:加载与卸载。现已证明,**使用全量理论的充分条件是简单加载定理成立**。该定理证明了在以下三个条件下,物体内所有的点都处于同一简单加载过程[①]:

---

① Martin J. B. 提出了极值路径的概念,扩展了全量理论的合理使用范围,详见文献[41]。

(1) 材料是不可压缩的,即 $\nu = \dfrac{1}{2}$。

(2) 有效应力 σ_i 与有效应变 ε_i 之间有幂函数关系,即 $\sigma_i = A\varepsilon_i^m$($A, m$ 为常数)。

(3) 外载荷按比例增长。

在以上三个条件中,第三条是基本的,是必要条件。当条件 1 和条件 2 采用近似值时,只产生不大的偏差。

从实用的观点来看,有大量的工程问题与比例加载相差不大,所以已用全量理论解了不少实际问题,并得到满意的结果。

实验证实,在简单加载或偏离简单加载不大的情况下,$\sigma_i\text{-}\varepsilon_i$ 曲线可以用简单拉伸曲线 $\sigma\text{-}\varepsilon$ 来代替,此即所谓**单一曲线假定**。图 4-21 是儒科夫(1955)所做的镍铬钢薄管(取坐标系为 z, γ, θ)受轴向拉伸及内压作用试验的结果。图中 5 种不同的点是从 5 种不同情况的实验值计算得出的。即由实验得出 $\dfrac{\sigma_z}{\sigma_\theta}$ 比值的五种不同情况($0, 0.1, 0.3, 1, \infty$)及与之对应的应力状态,代入 σ_i 和 ε_i 的表达式中,算出其相应值,从而得出 $\sigma_i\text{-}\varepsilon_i$ 曲线。图中实线为 $\sigma\text{-}\varepsilon$ 曲线。由图可见,实验完全证实了这一假定。

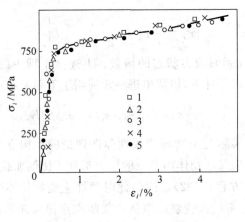

图 4-21

(转引自文献[44])

4.8　塑性势的概念

在 4.2 节中讨论了弹性应变能函数,并得出弹性应变的表达式

$$\frac{\partial U_0(\sigma_{ij})}{\partial \sigma_{ij}} = \varepsilon_{ij}$$

$U_0(\sigma_{ij})$ 为一势函数,称为弹性势。式(4-23b)说明,在弹性阶段,一点处的应变状态可由求弹性势函数 $U_0(\sigma_{ij})$ 关于 σ_{ij} 的偏导数得到。在塑性阶段,类似地可引进塑性势函数 $f(\sigma_{ij})$,并从 $f(\sigma_{ij})$ 关于 σ_{ij} 的偏导数导出塑性应变增量 $d\varepsilon_{ij}^p$。实际上,畸变能屈服函数就是上述塑性势。因畸变能条件为

$$f(\sigma_{ij}) = \frac{1}{6}\left[(\sigma_x - \sigma_y)^2 + (\sigma_y - \sigma_z)^2 + (\sigma_z - \sigma_x)^2\right] + (\tau_{xy}^2 + \tau_{yz}^2 + \tau_{zx}^2) = 2\sigma_0^2$$

如令

$$d\varepsilon_{ij}^p = d\lambda \frac{\partial f}{\partial \sigma_{ij}} \tag{4-84}$$

其展开式为

$$\left.\begin{aligned} d\varepsilon_1^p &= d\lambda \frac{\partial f}{\partial \sigma_1} \\ d\varepsilon_2^p &= d\lambda \frac{\partial f}{\partial \sigma_2} \\ &\vdots \end{aligned}\right\} \tag{4-85}$$

或

$$\frac{d\varepsilon_{ij}^p}{\dfrac{\partial f}{\partial \sigma_{ij}}} = \cdots = d\lambda \tag{4-86}$$

其中 $d\lambda$ 是一个非负的比例常量。

由式(4-47),并注意到 $2\tau_{xy} = \tau_{xy} + \tau_{yx}$,有

$$\begin{cases} \dfrac{\partial f}{\partial \sigma_1} = \dfrac{1}{6}\left[2(\sigma_1 - \sigma_2) - 2(\sigma_3 - \sigma_1)\right] = \dfrac{1}{6}(4\sigma_1 - 2\sigma_2 - 2\sigma_3) = \sigma_1 - \sigma_m = s_x \\ \dfrac{\partial f}{\partial \sigma_2} = s_y \\ \quad\vdots \end{cases}$$

其中 $\sigma_m = \dfrac{1}{3}(\sigma_1 + \sigma_2 + \sigma_3)$,于是式(4-86)可写为

$$\begin{cases} d\varepsilon_1^p = d\lambda \dfrac{\partial f}{\partial \sigma_1} = s_1 d\lambda \\ d\varepsilon_2^p = s_2 d\lambda \\ \quad\vdots \end{cases}$$

即

$$\frac{d\varepsilon_1^p}{s_1} = \frac{d\varepsilon_2^p}{s_2} = \cdots = d\lambda$$

或

$$d\varepsilon_{ij}^p = d\lambda s_{ij} \tag{4-87}$$

及
$$d\varepsilon_{ij}^{p} = d\lambda \frac{\partial f}{\partial \sigma_{ij}} \tag{4-88}$$

由此可见,可将函数 $f(\sigma_{ij})$ 既作为**屈服函数**,又作为塑性势函数。因而,此函数的选择应使其对三个主应力对称,亦即 $f(\sigma_{ij})$ 应与所取坐标系无关,或即与主应力方向无关。

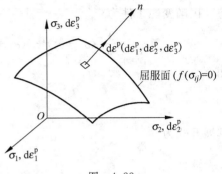

图 4-22

在式(4-88)中,屈服函数的梯度 $\frac{\partial f}{\partial \sigma_{ij}}$ 为应力空间内在屈服面上一点的与该点外法线方向同向的矢量①。式(4-88)说明 $d\varepsilon_{ij}^{p}$ 与屈服面上一点的外法线方向一致,即方程(4-86)、(4-88)建立了塑性应变增量的方向与塑性势曲面的外法线方向相同这样一种关系(如图 4-22)。而曲面 $f(\sigma_{ij})$ 在 $(\sigma_1, \sigma_2, \sigma_3)$ 点外法线方向余弦的比为

$$\frac{\partial f}{\partial \sigma_1} : \frac{\partial f}{\partial \sigma_2} : \frac{\partial f}{\partial \sigma_3}$$

故有

$$d\varepsilon_1^p : d\varepsilon_2^p : d\varepsilon_3^p = \frac{\partial f}{\partial \sigma_1} : \frac{\partial f}{\partial \sigma_2} : \frac{\partial f}{\partial \sigma_3} \tag{4-89}$$

由塑性变形过程中材料的不可压缩性,附加限制条件为

$$d\varepsilon_1^p + d\varepsilon_2^p + d\varepsilon_3^p = \frac{\partial f}{\partial \sigma_1} + \frac{\partial f}{\partial \sigma_2} + \frac{\partial f}{\partial \sigma_3} = 0 \tag{4-90}$$

畸变能屈服条件满足这一要求。

塑性势函数与**屈服函数** f 重合,意味着屈服面上任一点只有唯一的外法线②。但是,在采用最大剪应力条件时,在角点和棱边处将出现外法线不唯一的情况。当应用以上得到的塑性应变增量垂直于屈服面的重要结果时,应做以下处理:由于交点(交线)两侧的塑性应变增量的方向已知,则交点(或交线)处的塑性应变率方向认为是该两侧外法线方向夹角范围内的任意方向。实际上,这种尖角可理解为光滑曲线的极端情况,如图 4-23 中右边一个小图即表示尖角 A 是由圆弧过渡来的。例如,如采用最大剪应力条件(图 4-23),则在 AB

---

① 在主应力空间中,标量函数 f 上一点的梯度 $\mathrm{grad} f = \frac{\partial f}{\partial \sigma_{ij}} \boldsymbol{n} = \frac{\partial f}{\partial \sigma_1} \boldsymbol{i} + \frac{\partial f}{\partial \sigma_2} \boldsymbol{j} + \frac{\partial f}{\partial \sigma_3} \boldsymbol{k}$ 是一个矢量,其方向与曲面在该点的外法线方向相同,它在 $\sigma_1, \sigma_2, \sigma_3$ 方向的投影分别为 $\frac{\partial f}{\partial \sigma_1}, \frac{\partial f}{\partial \sigma_2}, \frac{\partial f}{\partial \sigma_3}$,$\boldsymbol{n}$ 为曲面 f 上该点外法线方向的单位矢量。

② 塑性势曲面实际上是一个等势面,在它上面,量 $f=c$ 保持常值,过每一点只能有一个等势面,即等势面不可能相交,故外法线方向是唯一的。

边有

$$d\varepsilon_1^p : d\varepsilon_2^p : d\varepsilon_3^p = 0 : 1 : -1 \qquad (4\text{-}91)$$

对 AF 边有

$$d\varepsilon_1^p : d\varepsilon_2^p : d\varepsilon_3^p = 1 : 0 : -1 \qquad (4\text{-}92)$$

将以上两关系式各乘以任意常数 $\mu(0 \leqslant \mu \leqslant 1)$ 及 $(1-\mu)$ 相加后，即 A 点处的本构关系（流动法则）

$$d\varepsilon_1^p : d\varepsilon_2^p : d\varepsilon_3^p = (1-\mu) : \mu : -1 \qquad (4\text{-}93)$$

如此，便得到了与最大剪应力条件相关连的流动法则。

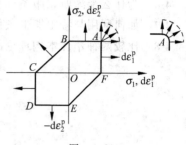

图 4-23

本章复习要点

1. 应变主轴与应力主轴重合是各向同性弹性体的特征。

2. 拉梅常量与工程弹性常数的关系，$E = \dfrac{\mu(3\lambda + 2\mu)}{\lambda + \mu}$，$\nu = \dfrac{\lambda}{2(\lambda + \mu)}$。

3. 弹性变形能、弹性势的重要概念，$U_0 = \dfrac{1}{2}\sigma_{ij}\varepsilon_{ij}$，$U_t = \iiint\limits_V U_0 \mathrm{d}V$。

4. 应变能函数 $U_0(\varepsilon_{ij})$ 与 $U_0(\sigma_{ij})$ 的意义。

5. $U_0(\varepsilon_{ij})$ 对任一应变分量的改变率等于相应的应力分量，即 $\dfrac{\partial U_0(\varepsilon_{ij})}{\partial \varepsilon_{ij}} = \sigma_{ij}$。同样地，有 $\dfrac{\partial U_0(\sigma_{ij})}{\partial \sigma_{ij}} = \varepsilon_{ij}$。

6. 两种常用的屈服条件的物理意义和它们在平面应力状态下的图形特点。

7. 两种本构关系的特点及其本质的区别。

8. 德鲁克公设和德鲁克不等式的适用条件。

9. 引进弹性势和塑性势的重要意义。

思 考 题

4-1 广义胡克定律的常数是怎么从 36 减至 2 个的？

4-2 工程上为什么不常用拉梅常数？

4-3 弹性势是什么意思？为什么称为势函数？有什么特点？

4-4 说明畸变能及下式的物理意义：$U_{0d} = \dfrac{1}{2}s_{ij}e_{ij} = \dfrac{1}{2G}J_2 = \dfrac{3}{4G}\tau_8^2$。

4-5 正交各向异性有什么工程背景？你能举出一些实例吗？

4-6 为什么米泽斯屈服条件有多种解释？

4-7 如何利用与特雷斯卡条件相关连的流动法则？

4-8 比较两种塑性本构理论的特点。

习 题

4-1 试证明在弹性应力状态下下式成立：$\gamma_8 = \dfrac{1}{2G}\tau_8$。

4-2 试由式(4-1)导出正交各向异性弹性体的广义胡克定律。

提示：假定材料的弹性性质对三个相互垂直的平面 $x=0, y=0, z=0$ 为对称，首先令任一坐标轴转动 $180°$，考察应力分量及应变分量的正负号变化。由任意两相反方向的弹性性质相同，可得到一些等于零的弹性常数。之后，再分别转动其他两坐标轴，又可得到一些等于零的常数。

答案：式(4-4)

4-3 给出以下问题的最大剪应力条件与畸变能条件。

(1) 受内压作用的封闭长薄管。

(2) 受拉弯作用的杆(矩形截面，材料为理想弹塑性)。

提示：前者按平面应力状态考虑，后者按截面有弯矩 M 和轴力 N 共同作用考虑。

4-4 求图 4-23 C 点处流动法则。

答案：$\mathrm{d}\varepsilon_1^{\mathrm{p}} : \mathrm{d}\varepsilon_2^{\mathrm{p}} : \mathrm{d}\varepsilon_3^{\mathrm{p}} = -1 : (1-\mu) : \mu$

4-5 给出简单拉伸时的增量理论与全量理论的本构关系。

4-6 试求下列情况的塑性应变增量之比：

(1) 简单拉伸：$\sigma = \sigma_0$；

(2) 二维应力状态：$\sigma_1 = \dfrac{\sigma_0}{3}, \sigma_2 = -\dfrac{\sigma_0}{3}$；

(3) 纯剪 $\tau_{xy} = \sigma_0$。

答案：(1) $\mathrm{d}\varepsilon_1^{\mathrm{p}} : \mathrm{d}\varepsilon_2^{\mathrm{p}} : \mathrm{d}\varepsilon_3^{\mathrm{p}} = 2 : (-1) : (-1)$；

(2) $\mathrm{d}\varepsilon_1^{\mathrm{p}} : \mathrm{d}\varepsilon_2^{\mathrm{p}} : \mathrm{d}\varepsilon_3^{\mathrm{p}} = 1 : (-1) : 0$；

(3) $\mathrm{d}\varepsilon_1^{\mathrm{p}} : \mathrm{d}\varepsilon_2^{\mathrm{p}} : \mathrm{d}\varepsilon_3^{\mathrm{p}} = 1 : (-1) : 0$。

4-7 试证下式成立：

$$\frac{\partial J_2}{\partial \sigma_{ij}} = s_{ij}$$

第 5 章
弹塑性力学问题的提法

5.1　基　本　方　程

由以前几章的讨论,我们得出了在三维情况下弹塑性力学的下列基本方程:

1. 平衡方程

$$
\left.
\begin{aligned}
\frac{\partial \sigma_x}{\partial x} + \frac{\partial \tau_{xy}}{\partial y} + \frac{\partial \tau_{xz}}{\partial z} + F_{bx} = 0 \\[2mm]
\frac{\partial \tau_{yx}}{\partial x} + \frac{\partial \sigma_y}{\partial y} + \frac{\partial \tau_{yz}}{\partial z} + F_{by} = 0 \\[2mm]
\frac{\partial \tau_{zx}}{\partial x} + \frac{\partial \tau_{zy}}{\partial y} + \frac{\partial \sigma_z}{\partial z} + F_{bz} = 0
\end{aligned}
\right\}
\tag{5-1}
$$

或

$$
\sigma_{ij,j} + F_{bi} = 0
$$

$$
(i,j = x, y, z)
\tag{5-1'}
$$

2. 几何方程

$$\varepsilon_x = \frac{\partial u}{\partial x}, \quad \gamma_{xy} = \frac{\partial u}{\partial y} + \frac{\partial v}{\partial x}$$

$$\left. \begin{array}{ll} \varepsilon_y = \dfrac{\partial v}{\partial y}, & \gamma_{yz} = \dfrac{\partial v}{\partial z} + \dfrac{\partial w}{\partial y} \\[2mm] \varepsilon_z = \dfrac{\partial w}{\partial z}, & \gamma_{zx} = \dfrac{\partial w}{\partial x} + \dfrac{\partial u}{\partial z} \end{array} \right\} \tag{5-2}$$

或

$$\varepsilon_{ij} = \frac{1}{2}(u_{i,j} + u_{j,i}) \quad (i,j = x,y,z) \tag{5-2'}$$

及由应变位移关系导出的应变协调方程

$$\left. \begin{array}{l} \dfrac{\partial^2 \varepsilon_x}{\partial y^2} + \dfrac{\partial^2 \varepsilon_y}{\partial x^2} = \dfrac{\partial^2 \gamma_{xy}}{\partial x \partial y} \\[3mm] \dfrac{\partial^2 \varepsilon_y}{\partial z^2} + \dfrac{\partial^2 \varepsilon_z}{\partial y^2} = \dfrac{\partial^2 \gamma_{yz}}{\partial y \partial z} \\[3mm] \dfrac{\partial^2 \varepsilon_z}{\partial x^2} + \dfrac{\partial^2 \varepsilon_x}{\partial z^2} = \dfrac{\partial^2 \gamma_{zx}}{\partial z \partial x} \\[3mm] 2\dfrac{\partial^2 \varepsilon_x}{\partial y \partial z} = \dfrac{\partial}{\partial x}\left(-\dfrac{\partial \gamma_{yz}}{\partial x} + \dfrac{\partial \gamma_{zx}}{\partial y} + \dfrac{\partial \gamma_{xy}}{\partial z} \right) \\[3mm] 2\dfrac{\partial^2 \varepsilon_y}{\partial z \partial x} = \dfrac{\partial}{\partial y}\left(\dfrac{\partial \gamma_{yz}}{\partial x} - \dfrac{\partial \gamma_{zx}}{\partial y} + \dfrac{\partial \gamma_{xy}}{\partial z} \right) \\[3mm] 2\dfrac{\partial^2 \varepsilon_z}{\partial x \partial y} = \dfrac{\partial}{\partial z}\left(\dfrac{\partial \gamma_{yz}}{\partial x} + \dfrac{\partial \gamma_{zx}}{\partial y} - \dfrac{\partial \gamma_{xy}}{\partial z} \right) \end{array} \right\} \tag{5-3}$$

3. 本构方程

(1) 弹性阶段,应力满足屈服不等式 $f(\sigma_{ij}) \leqslant 0$,在此条件下本构关系为广义胡克定律。

$$\left. \begin{array}{ll} \varepsilon_x = \dfrac{1}{E}[\sigma_x - \nu(\sigma_y + \sigma_z)], & \gamma_{xy} = \dfrac{1}{G}\tau_{xy} \\[3mm] \varepsilon_y = \dfrac{1}{E}[\sigma_y - \nu(\sigma_x + \sigma_z)], & \gamma_{yz} = \dfrac{1}{G}\tau_{yz} \\[3mm] \varepsilon_z = \dfrac{1}{E}[\sigma_z - \nu(\sigma_x + \sigma_y)], & \gamma_{zx} = \dfrac{1}{G}\tau_{zx} \end{array} \right\} \tag{5-4}$$

或

$$\varepsilon_{ij} = \frac{1+\nu}{E}\sigma_{ij} - \frac{\nu}{E}\delta_{ij}\sigma \quad (i,j = x,y,z) \tag{5-4'}$$

其中 $\sigma = \sigma_{ii}$。如用应变表示应力,则有

$$\left.\begin{aligned}\sigma_x &= 2G\left(\varepsilon_x + \frac{\nu}{1-2\nu}e\right), \quad \tau_{xy} = G\,\gamma_{xy}\\[2mm]\sigma_y &= 2G\left(\varepsilon_y + \frac{\nu}{1-2\nu}e\right), \quad \tau_{yz} = G\,\gamma_{yz}\\[2mm]\sigma_z &= 2G\left(\varepsilon_z + \frac{\nu}{1-2\nu}e\right), \quad \tau_{zx} = G\,\gamma_{zx}\end{aligned}\right\} \tag{5-5}$$

或

$$\sigma_{ij} = \frac{E}{1+\nu}\,\varepsilon_{ij} + \frac{E\nu}{(1+\nu)(1-2\nu)}\,\delta_{ij}e \tag{5-5'}$$

其中 $e = \varepsilon_{ii}$。

（2）塑性阶段,应力满足屈服函数 $f(\sigma_{ij}) = 0$,在此条件下,根据增量理论有

$$\left.\begin{aligned}\mathrm{d}\varepsilon_x &= \frac{1}{2G}\mathrm{d}s_x + \mathrm{d}\lambda s_x, \quad \mathrm{d}\gamma_{xy} = \frac{1}{G}\mathrm{d}\tau_{xy} + \mathrm{d}\lambda\tau_{xy}\\[2mm]\mathrm{d}\varepsilon_y &= \frac{1}{2G}\mathrm{d}s_y + \mathrm{d}\lambda s_y, \quad \mathrm{d}\gamma_{yz} = \frac{1}{G}\mathrm{d}\tau_{yz} + \mathrm{d}\lambda\tau_{yz}\\[2mm]\mathrm{d}\varepsilon_z &= \frac{1}{2G}\mathrm{d}s_z + \mathrm{d}\lambda s_z, \quad \mathrm{d}\gamma_{zx} = \frac{1}{G}\mathrm{d}\tau_{zx} + \mathrm{d}\lambda\tau_{zx}\end{aligned}\right\} \tag{5-6}$$

或

$$\mathrm{d}\varepsilon_{ij} = \frac{1}{2G}\mathrm{d}s_{ij} + \mathrm{d}\lambda s_{ij} \tag{5-6'}$$

其中

$$\mathrm{d}\lambda = \frac{3\mathrm{d}\varepsilon_i}{2\sigma_i}$$

如采用全量理论,则应变偏量为

$$\left.\begin{aligned}e_x &= \frac{\varepsilon_i}{\sigma_i}\left[\sigma_x - \frac{1}{2}(\sigma_y + \sigma_z)\right], \quad \gamma_{xy} = \frac{3\varepsilon_i}{\sigma_i}\tau_{xy}\\[2mm]e_y &= \frac{\varepsilon_i}{\sigma_i}\left[\sigma_y - \frac{1}{2}(\sigma_z + \sigma_x)\right], \quad \gamma_{yz} = \frac{3\varepsilon_i}{\sigma_i}\tau_{yz}\\[2mm]e_z &= \frac{\varepsilon_i}{\sigma_i}\left[\sigma_z - \frac{1}{2}(\sigma_x + \sigma_y)\right], \quad \gamma_{zx} = \frac{3\varepsilon_i}{\sigma_i}\tau_{zx}\end{aligned}\right\} \tag{5-7}$$

或

$$e_{ij} = \frac{3\varepsilon_i}{2\sigma_i}s_{ij} \tag{5-7'}$$

总括起来,当物体处于弹性状态时,我们有 3 个平衡方程(5-1),6 个几何方程(5-2),6 个本构方程(5-4)或(5-5),共 15 个方程(统称为泛定方程)。其中包括 6 个应力分量,6 个应变分量,3 个位移分量,共 15 个未知函数,因而在给定边界条件时,问题是可以求解的。

当物体处于弹塑性状态时,我们同样有 3 个平衡方程(5-1),6 个几何方程(5-2)以及 6

个本构方程(5-6)或(5-7)。此外,在此情况下多引进了一个参数 $d\lambda$,不过也增加了一个屈服条件 $f(\sigma_{ij})=0$,只有在应力满足屈服条件时,$d\lambda$ 才不等于零。

应当指出,加载过程的弹塑性问题可作为非线性弹性力学问题来处理。这时,要注意的是卸载问题,卸载时要遵守卸载定律。如上所述,在一定的边界条件下,原则上,问题是可以求解的。弹塑性静力学的这种问题上在数学上称为求解边值问题。

在研究弹塑性小变形平衡问题的范围内,上述弹塑性力学问题的解,必须满足边界上给定的应力边界条件

$$\left.\begin{array}{l} P_x = \sigma_x l_1 + \tau_{xy} l_2 + \tau_{xz} l_3 \\ P_y = \tau_{yx} l_1 + \sigma_y l_2 + \tau_{yz} l_3 \\ P_z = \tau_{zx} l_1 + \tau_{zy} l_2 + \sigma_z l_3 \end{array}\right\} \tag{5-8}$$

即

$$P_i = \sigma_{ij} n_j \qquad (在 S_\sigma 上) \tag{5-8'}$$

或位移边界条件

$$u = \bar{u}, \quad v = \bar{v}, \quad w = \bar{w} \qquad (在 S_u 上)$$

即

$$u_i = \bar{u}_i \qquad (在 S_u 上) \tag{5-9}$$

以上这些方程的解是唯一的。以后将说明解的唯一性。

5.2　问题的提法

弹塑性力学问题的提法必须使定解问题是适定的,即:(1)有解;(2)解是唯一的;(3)解是稳定的。就是说,如定解条件(边界条件和初始条件)有微小变化,只引起解作微小变化。我们这里只限于讨论前两个问题。

求解弹塑性力学问题的目的,在于求出物体内各点的应力和位移,即应力场、位移场。因而,问题的提法是,**给定作用在物体全部边界或内部的外界作用(包括温度影响,外力等),求解物体内因此产生的应力场和位移场**。具体地说,对物体内每一点,当它处在弹性阶段,其应力分量、应变分量、位移分量等 15 个未知函数要满足平衡方程(5-1)、几何方程(5-2)、本构方程(5-4)或(5-5)这 15 个方程(泛定方程),并要在边界上满足给定的全部边界条件。当处在塑性阶段,则 16 个未知函数 σ_{ij},e_{ij},u_i 及 $d\lambda$ 要满足平衡方程(5-1)、几何方程(5-2)、本构方程(5-6)或(5-7)及屈服条件等 16 个方程,同样,在边界上要满足全部边界条件。

弹性力学的 15 个基本方程(泛定方程)含有 15 个未知函数,是一个封闭的方程组,但只有这组方程并不能解决具体问题。在所有满足泛定方程的应力、应变和位移分布的函数中,只有与定解条件(边界条件)相符合的解,才是我们需要的解答。因而,边界条件的重要性是不容忽视的。

　　边界条件分为应力边界条件、位移边界条件和混合边界条件三种。应当强调指出,这些边界条件的个数必须给得不多也不少,才能得出正确的解答。例如对于空间问题的应力边界,必须在边界的每一点上有三个应力边界条件,如果条件给多了,就找不到满足全部条件的解;如果给少了,就会有许多的解满足所给的条件,因而也就无法判断哪些是正确的解。

　　由此可见,弹塑性力学的基本方程组一般地控制了物体内部应力、应变和位移之间相互关系的普遍规律,而定解条件则具体地给出了每一个边值问题的特定规律,每一个具体的问题反映在各自的边界条件上。于是,弹塑性力学的基本方程组和边界条件一起构成了弹塑性力学边值问题的严格完整的提法。

　　根据具体问题边界条件类型的不同,常把边值问题分为以下三类:

　　第一类边值问题:给定物体的体力和面力,求在平衡状态下的应力场和位移场,即所谓边界应力已知的问题。

　　第二类边值问题:给定物体的体力和物体表面各点的位移,求在平衡状态下的应力场和物体内部的位移场,即所谓边界位移已知的问题。

　　第三类边值问题:在物体表面上,一部分给定面力,其余部分给定位移(或在部分表面上给定外力和位移关系)的条件下求解上述问题,即所谓**混合边值问题**。

　　在求解以上边值问题时有三种不同的处理办法,即

　　(1) 位移法,用位移作为基本未知量,来求解边值问题,叫位移法。此时将一切未知量和基本方程都转换为用位移表示。通常,给定位移边界条件(第二类边值问题)时,宜用位移法。

　　(2) 应力法,用应力作为基本未知量来求解边值问题,叫应力法。此时将一切未知量和基本方程都转换为用应力表示。显然,当给定应力边界条件(第一类边值问题)时,宜用应力法。

　　(3) 混合法,对第三类边值问题则宜以各点的一部分位移分量和一部分应力分量作为基本未知量,混合求解。这种方法叫混合法。

　　对于塑性力学问题,还有一些特有的问题需要专门进行讨论。以下专门讨论弹性力学问题的解法。

5.3　弹性力学问题的基本解法　解的唯一性

1. 位移法

　　为用位移作为基本未知量,必须将泛定方程改用位移 u, v, w 来表示。为此,由方程(5-5)利用式(5-2)可得

$$\sigma_x = 2G\left(\frac{\partial u}{\partial x} + \frac{\nu\,e}{1-2\nu}\right), \quad \tau_{xy} = G\left(\frac{\partial u}{\partial y} + \frac{\partial v}{\partial x}\right)$$

$$\sigma_y = 2G\left(\frac{\partial v}{\partial y} + \frac{\nu\,e}{1-2\nu}\right), \quad \tau_{yz} = G\left(\frac{\partial v}{\partial z} + \frac{\partial w}{\partial y}\right) \tag{5-10}$$

$$\sigma_z = 2G\left(\frac{\partial w}{\partial z} + \frac{\nu\,e}{1-2\nu}\right), \quad \tau_{zx} = G\left(\frac{\partial w}{\partial x} + \frac{\partial u}{\partial z}\right)$$

将式(5-10)代入平衡方程(5-1)第一式得

$$2G\left(\frac{\partial^2 u}{\partial x^2} + \frac{\nu}{1-2\nu}\frac{\partial e}{\partial x}\right) + G\left(\frac{\partial^2 u}{\partial y^2} + \frac{\partial^2 v}{\partial x\partial y}\right) + G\left(\frac{\partial^2 u}{\partial z^2} + \frac{\partial^2 w}{\partial x\partial z}\right) + F_{bx} = 0$$

其余类推。

注意到 $e = \varepsilon_x + \varepsilon_y + \varepsilon_z$

$$\frac{\partial e}{\partial x} = \frac{\partial^2 u}{\partial x^2} + \frac{\partial^2 v}{\partial x\partial y} + \frac{\partial^2 w}{\partial x\partial z}$$

并采用拉普拉斯算符

$$\nabla^2 u = \frac{\partial^2 u}{\partial x^2} + \frac{\partial^2 u}{\partial y^2} + \frac{\partial^2 u}{\partial z^2}$$

可得下列用位移表示的微分方程：

$$(\lambda + \mu)\frac{\partial e}{\partial x} + \mu\nabla^2 u + F_{bx} = 0$$

$$(\lambda + \mu)\frac{\partial e}{\partial y} + \mu\nabla^2 v + F_{by} = 0 \tag{5-11}$$

$$(\lambda + \mu)\frac{\partial e}{\partial z} + \mu\nabla^2 w + F_{bz} = 0$$

在不计体力时，上式简化为齐次方程

$$(\lambda + \mu)\frac{\partial e}{\partial x} + \mu\nabla^2 u = 0$$

$$(\lambda + \mu)\frac{\partial e}{\partial y} + \mu\nabla^2 v = 0 \tag{5-12}$$

$$(\lambda + \mu)\frac{\partial e}{\partial z} + \mu\nabla^2 w = 0$$

或

$$(\lambda + \mu)u_{j,ji} + \mu\,u_{i,jj} = 0 \tag{5-12'}$$

上式称为**拉梅-纳维方程**。

纳维(C. L. Navier) 1785 年生于法国,1836 逝世。他是一位优秀的道路与桥梁工程师,著有很多关于弹性理论、材料强度和道路桥梁方面的著作。1824 年当选为法国科学院院士。纳维首先给出了弹性力学的平衡方程和运动方程。

Claude Louis Navier

方程组(5-11)是基本方程的综合(包括平衡方程、几何方程及本构方程)、方程组(5-11)含有三个未知函数 u,v,w。此外,边界条件也要用位移表示,当给定位移边界条件时,问题自然简单。如给定应力边界条件,则需将边界条件加以变换,改用位移表示。由此,**用位移法解弹性力学问题归纳为按给定边界条件积分式(5-11)**。若不计体力,则积分式(5-12)。

2. 应力法

为用应力作为基本未知量,需将泛定方程改用应力分量表示,并求出 6 个应力分量所满足的 6 个方程。由此所求得的解,应满足应变协调条件和边界条件,为此应将应变协调方程改用应力表示。如考虑式(5-3)的第二式

$$\frac{\partial^2 \varepsilon_y}{\partial z^2} + \frac{\partial^2 \varepsilon_z}{\partial y^2} = \frac{\partial^2 \gamma_{yz}}{\partial y \partial z} \tag{a}$$

将上式中的应变分量用广义胡克定律(4-9)代入,得

$$(1+\nu)\left(\frac{\partial^2 \sigma_y}{\partial z^2} + \frac{\partial^2 \sigma_z}{\partial y^2}\right) - \nu\left(\frac{\partial^2 \sigma}{\partial z^2} + \frac{\partial^2 \sigma}{\partial y^2}\right) = 2(1+\nu)\frac{\partial^2 \tau_{yz}}{\partial y \partial z} \tag{b}$$

其中 $\sigma = \sigma_x + \sigma_y + \sigma_z = I_1$,利用平衡方程(5-1),式(b)等号右边可写为

$$\frac{\partial^2 \tau_{yz}}{\partial y \partial z} = \frac{\partial}{\partial z}\left(\frac{\partial \tau_{yz}}{\partial y}\right) = \frac{\partial}{\partial z}\left(-\frac{\partial \sigma_z}{\partial z} - \frac{\partial \tau_{xy}}{\partial x} - F_{bz}\right)$$

$$= \frac{\partial}{\partial y}\left(\frac{\partial \tau_{yz}}{\partial z}\right) = \frac{\partial}{\partial y}\left(-\frac{\partial \sigma_y}{\partial y} - \frac{\partial \tau_{zx}}{\partial x} - F_{by}\right) \tag{c}$$

于是式(b)可写为

$$(1+\nu)\left(\frac{\partial^2}{\partial z^2} + \frac{\partial^2}{\partial y^2}\right)(\sigma_z + \sigma_y) - \nu\left(\frac{\partial^2 \sigma}{\partial z^2} + \frac{\partial^2 \sigma}{\partial y^2}\right)$$

$$= -(1+\nu)\left[\frac{\partial}{\partial x}\left(\frac{\partial \tau_{zx}}{\partial z}+\frac{\partial \tau_{xy}}{\partial y}\right)+\frac{\partial F_{bz}}{\partial z}+\frac{\partial F_{by}}{\partial y}\right]$$

或

$$(1+\nu)\left(\nabla^2\sigma-\nabla^2\sigma_x-\frac{\partial^2\sigma}{\partial x^2}\right)-\nu\left(\nabla^2\sigma-\frac{\partial^2\sigma}{\partial x^2}\right)=(1+\nu)\left(\frac{\partial F_{bx}}{\partial x}-\frac{\partial F_{by}}{\partial y}-\frac{\partial F_{bz}}{\partial z}\right) \quad\text{(d)}$$

对于式(5-3)中的第一、三两式,可得类似于式(d)的两个方程,将此三式相加,得

$$\nabla^2\sigma=-\frac{1+\nu}{1-\nu}\left(\frac{\partial F_{bx}}{\partial x}+\frac{\partial F_{by}}{\partial y}+\frac{\partial F_{bz}}{\partial z}\right) \quad\text{(e)}$$

将式(e)代入式(d),最终得

$$\nabla^2\sigma_x+\frac{1}{1+\nu}\frac{\partial^2\sigma}{\partial x^2}=-\frac{\nu}{1-\nu}\left(\frac{\partial F_{bx}}{\partial x}+\frac{\partial F_{by}}{\partial y}+\frac{\partial F_{bz}}{\partial z}\right)-2\frac{\partial F_{bx}}{\partial x}$$

类似地可得其他的 5 个方程。于是得到用应力表示的 6 个协调方程

$$\left.\begin{aligned}
\nabla^2\sigma_x+\frac{1}{1+\nu}\frac{\partial^2\sigma}{\partial x^2}&=-\frac{\nu}{1-\nu}\left(\frac{\partial F_{bx}}{\partial x}+\frac{\partial F_{by}}{\partial y}+\frac{\partial F_{bz}}{\partial z}\right)-2\frac{\partial F_{bx}}{\partial x}\\
\nabla^2\sigma_y+\frac{1}{1+\nu}\frac{\partial^2\sigma}{\partial y^2}&=-\frac{\nu}{1-\nu}\left(\frac{\partial F_{bx}}{\partial x}+\frac{\partial F_{by}}{\partial y}+\frac{\partial F_{bz}}{\partial z}\right)-2\frac{\partial F_{by}}{\partial y}\\
\nabla^2\sigma_z+\frac{1}{1+\nu}\frac{\partial^2\sigma}{\partial z^2}&=-\frac{\nu}{1-\nu}\left(\frac{\partial F_{bx}}{\partial x}+\frac{\partial F_{by}}{\partial y}+\frac{\partial F_{bz}}{\partial z}\right)-2\frac{\partial F_{bz}}{\partial z}\\
\nabla^2\tau_{xy}+\frac{1}{1+\nu}\frac{\partial^2\sigma}{\partial x\partial y}&=-\left(\frac{\partial F_{by}}{\partial x}+\frac{\partial F_{bx}}{\partial y}\right)\\
\nabla^2\tau_{yz}+\frac{1}{1+\nu}\frac{\partial^2\sigma}{\partial y\partial z}&=-\left(\frac{\partial F_{bz}}{\partial y}+\frac{\partial F_{by}}{\partial z}\right)\\
\nabla^2\tau_{zx}+\frac{1}{1+\nu}\frac{\partial^2\sigma}{\partial z\partial x}&=-\left(\frac{\partial F_{bx}}{\partial z}+\frac{\partial F_{bz}}{\partial x}\right)
\end{aligned}\right\} \quad\text{(5-13)}$$

式(5-13)称为**拜尔特拉米-密乞尔方程**。实际上是用应力表示的协调方程,称为**应力协调方程**。

当体力不计时,式(5-13)简化为

$$\left.\begin{aligned}
\nabla^2\sigma_x+\frac{1}{1+\nu}\frac{\partial^2\sigma}{\partial x^2}&=0\\
\nabla^2\sigma_y+\frac{1}{1+\nu}\frac{\partial^2\sigma}{\partial y^2}&=0\\
\nabla^2\sigma_z+\frac{1}{1+\nu}\frac{\partial^2\sigma}{\partial z^2}&=0\\
\nabla^2\tau_{yz}+\frac{1}{1+\nu}\frac{\partial^2\sigma}{\partial y\partial z}&=0\\
\nabla^2\tau_{zx}+\frac{1}{1+\nu}\frac{\partial^2\sigma}{\partial z\partial x}&=0\\
\nabla^2\tau_{xy}+\frac{1}{1+\nu}\frac{\partial^2\sigma}{\partial x\partial y}&=0
\end{aligned}\right\} \quad\text{(5-14)}$$

或

$$\nabla^2\sigma_{ij} + \frac{1}{1+\nu}\sigma_{,ij} = 0 \qquad (5\text{-}14')$$

由此可知,用应力法解弹性力学问题,就归结为求满足平衡方程(5-1),协调方程(5-13)及边界条件的应力分量 σ_x,σ_y,σ_z,τ_{xy},τ_{yz},τ_{zx} 的数学问题。因三个平衡方程中含有 6 个未知量,在给定边界条件下,尚需增加协调方程,使 6 个应力分量对 9 个方程同时满足。

3. 逆解法与半逆解法

由以上讨论可以看出,对于弹性力学问题需要在严格的边界条件下解复杂的微分方程组。在一般情况下,这是一件很不容易的事,因为往往难以克服数学上的困难。因而,人们研究了各种解题方法,如**逆解法**、**半逆解法**等。

所谓**逆解法**,就是选取一组位移或应力的函数,由此求出应变与应力,然后验证是否满足基本方程。若满足,则求出与之对应的边界上的位移或面力,再与实际边界条件比较。如果相同或可认为相近,就可把所选取的解作为所要求的解。所谓**半逆解法**又叫**凑合解法**,就是在未知量中,先根据问题的特点假设一部分为已知,然后在基本方程和边界条件中,求另一部分,这样便得到了全部未知量。此外,尚有近似解法、数值解法等。

在研究弹性力学问题解的时候,自然会提出问题的解是否存在和是否唯一的问题,回答是肯定的:**解是存在的,而且在小变形条件下,对于受一组平衡力系作用的物体应力和应变的解是唯一的。其位移的解则含有 6 个表征物体作刚体移动和转动的任意常数。**就是说,对于基本方程(5-1)、(5-2)、(5-4)(或(5-5)),在给定边界条件下,不但有解,而且只有唯一的解。解的存在定理证明过程冗长,不拟介绍[①]。以下以应力解为例,对解的唯一性做一些讨论。

设问题的解不唯一,$\sigma_{ij}^{(1)}$ 和 $\sigma_{ij}^{(2)}$ 是同一问题的两组不同的应力解,与之对应的位移为 $u_i^{(1)}$ 和 $u_i^{(2)}$,它们的差为 $\sigma_{ij}^* = \sigma_{ij}^{(1)} - \sigma_{ij}^{(2)}$ 及 $u_i^* = u_i^{(1)} - u_i^{(2)}$。

因为应力 $\sigma_{ij}^{(1)}$ 和 $\sigma_{ij}^{(2)}$ 都满足平衡方程和协调方程,由于体力是相同的,故代入平衡方程(5-1)和协调方程(5-13)后,得

$$\sigma_{ij,j} = 0$$
$$\nabla^2\sigma_x + \frac{1}{1+\nu}\frac{\partial^2\sigma}{\partial x^2} = 0$$
$$\cdots$$

如 $\sigma_{ij}^{(1)}$,$\sigma_{ij}^{(2)}$ 满足同一边界条件

$$\sigma_{ij}^{(1)}n_j = P_i, \quad \sigma_{ij}^{(2)}n_j = P_i$$

则必有

---

① 见文献[19]。

$$(\sigma_{ij}^{(1)} - \sigma_{ij}^{(2)})n_j = 0$$

由此可知,在给定面力的边界上,有

$$\sigma_{ij}^* = 0$$

这就是说,σ_{ij}^* 对应于一个无面力、无体力的自然状态。在第 1 章曾经定义,无面力、无体力作用的自然状态是无应力、无应变状态。由此得出,在全部体积内有

$$\sigma_{ij}^* = 0$$

或

$$\sigma_{ij}^{(1)} = \sigma_{ij}^{(2)}$$

于是,解的唯一性得证。

塑性力学问题唯一性定理的叙述和证明见文献[41]。

5.4 圣维南原理

上述解的唯一性定理告诉我们,两组静力等效载荷分别作用于同一物体同一部分时,因各自构成的边界条件不同,所以两种情况下物体中的内力是不同的。但是,由材料力学知道,若有静力等效的两组力与力矩,作用在不同的面上,则由此所求得的应力场,只在面力作用点附近才有显著的不同,而离受力点较远地方的应力分布基本相同,这一事实被总结为圣维南原理。事实上,在边界上我们往往不知道应力的确实分布,而只知道某一段边界上的合力和合力矩。因而圣维南原理对解决实际问题是必要的,实践证明也是符合实际的。其数学证明已得到一定程度的进展[①]。

圣维南原理   如作用在弹性体表面上某一不大的局部面积上的力系,为作用在同一局部面积上的另一静力等效力系所代替,则载荷的这种重新分布,只在离载荷作用处很近的地方,才使应力的分布发生显著的变化,在离载荷较远处只有极小的影响。

用钳子夹截一直杆是阐明圣维南原理的一个生动的实例(图 5-1)。

由图可见,杆在 A 处受钳夹紧以后,就等于在该处加了一对平衡力系,无论作用力的大小如何,在夹住部分 A 以外,几乎没有应力产生,甚至杆被钳子截断后,A 处以外仍几乎不受影响。这个例子生动地说明了圣维南原理的真实性。研究表明,影响区的大小,大致与外力作用区的大小相当。

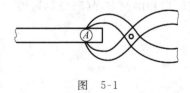

图 5-1

---

① 圣维南原理的数学证明,可参看:Sternberg E. ,Quart, Appl. Math. 11, NO, 4, 1954, Sternberg E. and Koiter W. T. ,J. Appl. Mech. ,25,575-581,(1958),还可参考:Flavin,J. N. ,ZAMP,vol. 29,(1978),328-332。

圣维南(A. J. C. Barre de Saint-Venant) 1797 年生于法国，
1886 年逝世。1825 年毕业于巴黎桥梁公路学校后从事工程设计
工作，1837 年回该校任教。1868 年当选为法国科学院院士。在
弹塑性力学方面有很多贡献。他的力作用的局部性思想被称为
"圣维南原理"。

Barre de Saint-Venant

5.5 叠 加 原 理

如前所述，弹性力学边值问题的解，必须满足基本方程与边界条件。如采用应力法，则
所得应力分量 σ_{ij} 必须满足平衡方程(5-1)，协调方程(5-13)和边界条件。设某一弹性体在
面力和体力为 p_i，F_{bi} 作用下的应力分量为 σ_{ij}，在同一弹性体内由另一组面力 p_i' 和体力 F_{bi}'
所引起的另一组应力分量为 σ_{ij}'，则 $\sigma_{ij}+\sigma_{ij}'$ 就一定是由于面力 p_i+p_i' 和体力 $F_{bi}+F_{bi}'$ 的共同
作用所引起的应力。这是因为定解条件和泛定方程都是线性的。在这种情况下，

$$\sigma_{ij,j}+F_{bi}=0$$

$$\sigma_{ij,j}'+F_{bi}'=0$$

成立，以上两式相加后，有

$$(\cdot\cdot)_{,j}(\sigma_{ij}+\sigma_{ij}')_{,j}+F_{bi}+F_{bi}'=0 \tag{5-15}$$

此外，由于

$$\left.\begin{array}{l}p_i=\sigma_{ij}n_j\\p_i'=\sigma_{ij}'n_j\end{array}\right\} \tag{5-16}$$

故在边界上有

$$p_i+p_i'=(\sigma_{ij}+\sigma_{ij}')n_j$$

同样，协调方程也可以合并。显然，$(\sigma_{ij}+\sigma_{ij}')$ 满足由 p_i+p_i' 和 $F_{bi}+F_{bi}'$ 作用下的边值问题。
这就是**叠加原理**。

叠加原理成立的条件为：小变形、线性弹性本构方程。对于大变形情况，物体的变形将
影响外力的作用，如受纵向和横向外力作用的梁，就必须考虑变形的影响，此时，叠加原理便

不再适用。此外，对于弹性稳定问题和弹塑性力学问题，叠加原理都不适用。

5.6　塑性力学问题的提法

塑性力学边值问题的提法与弹性力学问题相同，也必须使定解问题是适用的，即要求所提问题：①有解；②解是唯一的；③解是稳定的。就是说，如定解条件(边界条件和初始条件)有微小变化，只引起解做微小变化。以下分别讨论增量理论和全量理论的情况。

弹塑性力学边值问题的基本方程为

（1）平衡方程

对增量理论为

$$\dot{\sigma}_{ij,j} + \dot{F}_{bi} = 0 \qquad 在 V 内 \tag{5-17}$$

对全量理论为

$$\sigma_{ij,j} + F_{bi} = 0 \qquad 在 V 内 \tag{5-18}$$

（2）几何方程

对增量理论为

$$\dot{\varepsilon}_{ij} = \frac{1}{2}(\dot{u}_{i,j} + \dot{u}_{j,i}) \qquad 在 V 内 \tag{5-19}$$

对全量理论为

$$\varepsilon_{ij} = \frac{1}{2}(u_{i,j} + u_{j,i}) \qquad 在 V 内 \tag{5-20}$$

（3）本构关系

对弹塑性材料的增量理论为

$$\dot{\varepsilon}_{ij} = \frac{1}{2G}\dot{\sigma}_{ij} + d\lambda \dot{s}_{ij} \qquad 在 V 内 \tag{5-21}$$

对刚塑性材料

$$\cdot_{ij} = d\lambda \dot{s}_{ij} \qquad 在 V 内 \tag{5-22}$$

其中

$$d\lambda = \frac{3}{2}\frac{d\varepsilon_i}{\sigma_i} \tag{5-23}$$

$$s_{ij} = \frac{\partial f}{\partial \sigma_{ij}} \tag{5-24}$$

而 $f=0$ 则为应力空间的屈服面或加载面

$$\begin{cases} f(\sigma_{ij}) - f(\overline{W}^p) = 0 \\ f(\sigma_{ij} - \alpha\,\varepsilon_{ij}^p) = 0 \end{cases} \qquad 在 V 内 \tag{5-25}$$

对全量理论为

$$e_{ij} = \frac{3}{2} \frac{\varepsilon_i}{\sigma_i} s_{ij} \left. \begin{matrix} \\ \\ \end{matrix} \right\}$$
$$\sigma_m = 3K\varepsilon_m$$

$$(5\text{-}26)$$

及 $\sigma_i = A\varepsilon_i^m$，$A$ 是材料常数。

（4）边界条件

对增量理论为

$$\dot{\sigma}_{ij} n_j = \dot{\bar{p}}_i \qquad 在 S_\sigma 上 \left. \begin{matrix} \\ \\ \end{matrix} \right\}$$
$$\dot{u}_i = \dot{\bar{u}}_i \qquad 在 S_u 上$$

$$(5\text{-}27)$$

对全量理论为

$$\sigma_{ij} n_j = \bar{p}_i \qquad 在 S_\sigma 上 \left. \begin{matrix} \\ \\ \end{matrix} \right\}$$
$$u_i = \bar{u}_i \qquad 在 S_u 上$$

$$(5\text{-}28)$$

此处带横线段的量为给定量（下同）。

以下分别讨论采用增量理论和采用全量理论解题时，塑性力学边值问题的提法。

1. 采用增量理论时问题的提法

在这种情况下，若物体的加载历史为已知，则在 t 时刻的位移场 u_i、应变场 ε_{ij} 和应力场 σ_{ij} 以及该时刻物体各点的加载面方程均为已知。此外，在此时刻给定物体的体力率 $\dot{F}_{bi}$ 在表面 S_σ 上的面力率 $\dot{p}_i$ 和表面 S_u 上的速度场 $\dot{u}_i$，则可由以上给定的平衡方程（5-17）、几何方程（5-19）、本构方程（5-21）~（5-25）、屈服条件以及边界条件（5-27）等，求出该时刻 $t+\Delta t$ 相应的位移场、应变场和应力场。

我们知道，上述应力场不仅与应变场有关，而且与变形历史有关，而物体的变形和材料的内部结构的变化有关。因而，描述物体的变形历史通常采用一组称为内变量 $\xi_\alpha (\alpha = 1, 2, \cdots, n)$ 的参量来描述这一现象。因此应力可表示为

$$\sigma_{ij} = \sigma_{ij}(\varepsilon_{kl}, \xi_\alpha)$$

内变量的演化方程为

$$\dot{\xi}_\alpha = g_\alpha(\varepsilon_{ij}, \xi_\alpha) = g_\alpha[\varepsilon_{ij}(\sigma_{ij}, \xi_\alpha), \xi_\alpha]$$
$$= g_\alpha'(\sigma_{ij}, \xi_\alpha)$$

当 $\dot{\xi}_\alpha = 0$，即在局部为平衡状态，此时（时刻 t）的应力与应变有一一对应关系。

显然，$(t+\Delta t)$ 时刻位移场可近似地写为

$$u_i \big|_{t+\Delta t} = u_i \big|_t + \dot{u}_i \Delta t$$

以及应变场和应力场分别为

$$\sigma_{ij} \big|_{t+\Delta t} = \sigma_{ij} \big|_t + \dot{\sigma}_{ij} \Delta t$$
$$\varepsilon_{ij} \big|_{t+\Delta t} = \varepsilon_{ij} \big|_t + \dot{\varepsilon}_{ij} \Delta t$$

该时刻的内变量为

$$\xi_a \big|_{t+\Delta t} = \xi_a \big|_t + \dot{\xi}_a \Delta t$$

故新的加载面为

$$f(\sigma_{ij} + \dot{\sigma}_{ij}\Delta t, \xi_a + \dot{\xi}_a \Delta t) = 0$$

有了以上关系式,在求解实际问题时,可将加载过程划分为小段增量,分步加载,步长的划分应考虑计算的工作量、精度要求以及解的稳定性等有关问题。

最后我们指出[①],用增量理论求解塑性力学边值问题,所得应力率是唯一的,除对理想塑性材料以外,应变率也是唯一的。从而,在给定加载历史的情况下,所得应力也是唯一的。

2. 采用全量理论对问题的提法和弹性解方法

在物体加载过程中,如外载荷为比例加载,物体中每一点的应力(或应变)的路径都满足简单加载路径[②],则应力与应变之间有一一对应关系,于是,在给定体力 $\bar{F}_{bi}$、物体表面上的面力 $\bar{p}_i$ 和位移 $\bar{u}_i$ 后,便可由平衡方程(5-18)、几何方程(5-20)、本构方程(5-26)和边界条件(5-28)求出位移场 u_i、应力场 σ_{ij} 和应变场 ε_{ij}。

用全量理论求得的问题的解,只要物体内的每一点都满足简单加载条件,则不难证明应变可由应力唯一确定[③]。

弹性解方法是一种用于全量理论有效的解题方法,其主要思路是,将平衡方程和边界条件用位移表示,逐步求渐近解,且采用解弹性力学的办法。主要步骤为:

(1) 令本构关系 $s_{ij} = 2G[1-\omega(\varepsilon_i)]e_{ij}$ 中的 $\omega(\varepsilon_i)=0$,因而问题化为线性弹性问题,求零次近似解;

(2) 用零次近似解解得的 e_{ij} 及 ε_i 计算出 ω';

(3) 将位移表示的平衡方程和边界条件写成以下形式

$$\left. \begin{array}{ll} L[u_i] + F_{bi}/G - 2[\omega(\varepsilon_i)e_{ij}]_{,j} + 2[\omega(\varepsilon_i)e_m]_{,i} = 0 & \text{(在 } V \text{ 内)} \\ L'[u_i] = p_i/G + 2\omega(\varepsilon_i)e_{ij}n_j - 2\omega(\varepsilon_i)e_m n_i & \text{(在 } S_\sigma \text{ 上)} \end{array} \right\} \tag{5-29}$$

此处 L 和 L' 是拉梅(Lame)线性弹性问题算子。

$$\left. \begin{array}{l} L[u_i] = \Delta u_i + \left(\dfrac{3k}{G}+1\right)e_{m,i} = u_{i,kk} + \dfrac{1}{3}\left(\dfrac{3k}{G}+1\right)u_{k,ki} \\[3mm] L'[u_i] = (u_{i,j}+u_{j,i})n_j + \dfrac{1}{3}\left(\dfrac{3k}{G}-2\right)u_{j,j}n_i \end{array} \right\} \tag{5-30}$$

(4) 将零次近似解的结果(例如 ω' 等)代入式(5-29)等号右边作为已知项,于是解一个弹性力学问题,得一次近似解。

---

① 有关增量理论中解的唯一性问题的证明可参考有关参考书,见参考文献[33,35]。

② J. B. Martin 指出,若应力和应变按极值路径变化,则全量理论的本构关系成立,见参考文献[41]。

③ 见参考文献[34,35]。

（5）重复以上步骤，直至得到相邻两次解的值相差甚小，即可认为是满意的弹塑性解。

5.7 简 例

例 5-1 设有图 5-2 所示的柱体，两端受集中力 P 作用，柱体表面为自由表面。求其应力场与位移场。

1. 确定体力和面力

对于上述问题，首先选取坐标系 $Oxyz$，如图 5-2 所示。两端 $z=0, z=l$ 处，有外力作用，其合力为 P，假定体力略去不计，柱体侧面的面力等于零。

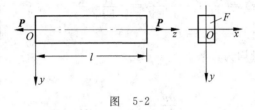

图 5-2

2. 写出边界条件

在柱体侧面，因任一点的外法线方向 n 均垂直于 z 轴，故 $l_3 = \cos(n,z)=0$，柱体侧面的边界条件为

$$\begin{cases} \sigma_x l_1 + \tau_{xy} l_2 = 0 \\ \tau_{xy} l_1 + \sigma_y l_2 = 0 \\ \tau_{xz} l_1 + \tau_{zy} l_2 = 0 \end{cases}$$

在两端部，因 $l_1 = \cos(z,x) = l_2 = \cos(z,y) = 0, l_3 = 1$，设 σ_z 在端部均匀分布，则边界条件化为

$$\sigma_z l_3 F = P$$

其中 F 为杆的截面面积。

3. 选择解题方法

选用应力法，则未知应力函数应满足式(5-1)和式(5-13)，即

$$\left.\begin{array}{l} \sigma_{ij,j} = 0 \\ \nabla^2 \sigma_{ij} + \dfrac{1}{1-\nu} \sigma_{,ij} = 0 \end{array}\right\} \tag{a}$$

现用逆解法求解。根据解的唯一性知道，如能给出一个既满足全部方程，又满足边界条

件的解，则这个解就是本问题的唯一解。

4. 解边值问题

取

$$\sigma_x = \sigma_y = \tau_{xy} = \tau_{yz} = \tau_{zx} = 0, \quad \sigma_z = A \tag{b}$$

此处 A 为待定常数，将式(b)代入式(a)可见恒满足。

由边界条件得出 $\sigma_z = P/F$，故有

$$A = P/F, \quad \sigma_z = P/F, \quad \sigma = \sigma_x + \sigma_y + \sigma_z = P/F \tag{c}$$

由广义胡克定律

$$\left. \begin{aligned} \varepsilon_z &= \frac{1+\nu}{E}\left(\sigma_z - \frac{\nu}{1+\nu}\sigma\right) = \sigma_z\left(\frac{1+\nu}{E} - \frac{\nu}{E}\right) = \frac{P}{EF} \\ \varepsilon_x &= \varepsilon_y = \frac{1+\nu}{E} \cdot \frac{-\nu\sigma_z}{1+\nu} = -\frac{\nu P}{EF} \\ \gamma_{xy} &= \gamma_{yz} = \gamma_{zx} = 0 \end{aligned} \right\} \tag{d}$$

由上式可见，各应变分量均为常数。

由式(d)有

$$\frac{\partial u}{\partial x} = \varepsilon_x = -\frac{\nu P}{EF}$$

积分上式，得在无刚体位移情况下的解为

$$u = -\frac{\nu P}{EF}x$$

同理得

$$v = -\frac{\nu P}{EF}y$$

$$w = \frac{P}{EF}z$$

如给定位移边界条件，则在上面的积分中便包含了积分常数，它反映了杆件的刚体位移。如给定 $x=0, u=\bar{u}_0$ 则上述位移解为

$$u = -\frac{\nu P}{EF}x + \bar{u}_0$$

$\bar{u}_0$ 即 x 方向的刚体位移。

5. 校核

将所得结果代入平衡方程、应变协调方程、边界条件等公式均满足。

在本例题中，各应力分量都是常数，对于这种情况，各位移分量为坐标的线性函数，通常称为弹性力学的最简单问题，而一般的问题要复杂得多。

例 5-2 设有受均布载荷作用的简支梁(图 5-3),试采用初等理论的简化假定讨论梁的弹塑性弯曲。

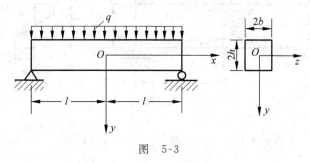

图 5-3

解 在此情况下有

$$\sigma_y = \sigma_z = \tau_{yz} = \tau_{xz} = 0$$

即只考虑 $\sigma_x = \sigma$,$\tau_{xy} = \tau$。此外,认为梁的弯曲为小变形,剪应力 τ 与 σ 相比为小量,可以忽略。在弯曲过程中,梁的截面仍保持平面且与变形后的梁轴垂直。于是,应力偏量为

$$s_x = \frac{2}{3}\sigma, \quad s_y = -\frac{1}{3}\sigma, \quad s_z = -\frac{1}{3}\sigma \tag{a}$$

畸变能条件为

$$|\sigma| = k\sqrt{3} \tag{b}$$

k 为纯剪屈服极限。

由材料力学知识可知梁的轴向应变为

$$\varepsilon_x = -y\frac{\mathrm{d}^2 v}{\mathrm{d}x^2} \tag{c}$$

其中 v 为梁的 y 方向的位移。

在弹性区各点的应力为

$$\sigma = -Ey\frac{\mathrm{d}^2 v}{\mathrm{d}x^2} \tag{d}$$

而在塑性区,则为

$$\sigma = \pm k\sqrt{3} \tag{e}$$

由式(d)可见,$y = \pm h$,应力同时达到最大值,即塑性区将自上下两边开始对称地扩展。两式中的正负号相互对应,因 y 为负值时 σ 为正,式(d)中取正号对应于式(e)中的正号。

令 $y = \pm\xi(x)$($0 \leqslant \xi \leqslant h$)表示弹性与塑性区的分界面,如图 5-4 所示。

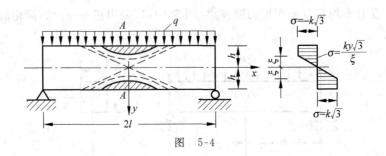

$$\text{图} \quad 5\text{-}4$$

当 $-h \leqslant y \leqslant -\xi$ 时，$\quad \sigma = -k\sqrt{3}$

当 $-\xi \leqslant y \leqslant \xi$ 时，$\quad \sigma = \dfrac{ky\sqrt{3}}{\xi}$ $\qquad\qquad$ (f)

当 $\xi \leqslant y \leqslant h$ 时，$\qquad \sigma = k\sqrt{3}$

如截面全部处于弹性状态，则

$$M = -\frac{4}{3} E b h^3 \frac{\mathrm{d}^2 v}{\mathrm{d}x^2}$$

如整个截面处于塑性状态，则此时的弯矩称为塑性极限弯矩，记作 M_0，即

$$M = 2\sqrt{3}bkh^3 = M_0$$

如截面处于弹塑性状态，则由图 5-4 可知

$$M = \frac{2}{3}\sqrt{3}kb(3h^2 - \xi^2)$$

但已知

$$M(x) = \frac{1}{2}q(l^2 - x^2)$$

故有

$$\frac{1}{3}\left(\frac{\xi}{h}\right)^2 - \rho\left(\frac{x}{l}\right)^2 = 1 - \rho \qquad\qquad \text{(g)}$$

其中

$$\rho = \frac{q}{q'}\left(\frac{l}{h}\right)^2, \quad q' = 4\sqrt{3}kb \qquad\qquad \text{(h)}$$

方程 (g) 为一双曲线方程，可见弹塑性区交界为一双曲线(图 5-5)，当 $\rho = 1$ 时为双曲线的渐近线。因 ξ 必须满足 $0 < \xi < h$，故 ρ 必须满足

$$\frac{2}{3} < \rho < 1$$

显然，ρ 的下限对应于梁中点上下边缘处刚刚开始进入塑性状态时的载荷值 q^*，而 ρ 的上限

则对应于梁中点处全截面进入塑性状态。

在全截面进入塑性状态以前(对应的外载荷为 q_1),因梁的变形(挠度 v)受弹性区的约束,故变形仍可认为同弹性变形量级(图5-6),梁的挠度 v 也还较小,可认为梁处于弹塑性小挠度状态。当载荷继续增加,一直到 q_0,这时梁的某个截面(此处为中央截面)全部进入塑性状态,梁的变形有可能出现无限制的塑性流动,就好像该截面变成一个铰一样。不过此处的弯矩不是零而是 M_0(塑性极限弯矩),所以叫塑性铰。这时梁形成一个机构,失去了正常工作的能力,与这种状态对应的外载荷叫做极限载荷 q_0。

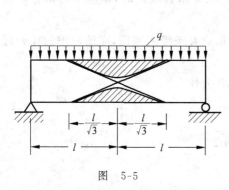

图 5-5

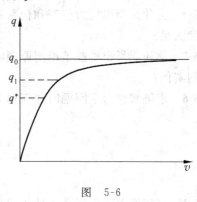

图 5-6

在我们讨论的问题中,极限载荷 q_0 为

$$q_0 = 4\sqrt{3}\,kb\left(\frac{h}{l}\right)^2 = \frac{3}{2}q^* \tag{i}$$

在梁的上下侧最大塑性区的长度为 $l/\sqrt{3}$。

本章复习要点

1. 弹性力学的基本方程和弹性力学问题的提法是,给定作用在物体全部边界或内部的外界作用,求解物体内由此而产生的应力场与位移场。

2. 弹性力学边值问题可分三类:①第一类边值问题,宜用应力法求解;②第二类边值问题,宜用位移法求解;③第三类边值问题,宜用混合法求解。

3. 拉梅-纳维方程

$$(\lambda + \mu)u_{j,ji} + \mu\, u_{i,jj} = 0$$

包括了平衡方程,几何方程和本构方程。

4. 贝尔特拉米-米歇尔方程实际上是应力协调方程。

5. 圣维南原理与叠加原理。

6. 塑性力学问题的弹性解方法。

思 考 题

5-1　所给边界条件的数目为什么很重要？

5-2　为什么线性弹性力学问题可以用叠加原理？而其他情况不行？

5-3　逆解法，半逆解法的理论根据是什么？为什么？

5-4　为什么当以应力应变和位移这 15 个量作未知函数求解时，则应变协调方程就可以自然满足？

5-5　你还能举出哪些圣维南原理的实例？如果放弃圣维南原理，应该考虑怎样处理你举出的实例？

5-6　求解塑性力学问题时如何选取求解方法？为什么？

习 题

5-1　试用逆解法求圆截面柱体扭转问题的解。

提示参考初等问题的解答。如柱体的轴线为轴，则假定

$$\sigma_x = \sigma_y = \sigma_z = \tau_{xy} = 0$$

答案：位移分量 $u = -\varphi yz, v = \varphi xz, w = 0$

5-2　设一物体内的位移分量为 $u = v = 0, w = w(z)$。试求位移函数 $w(z)$。

答案：$w = Cz, C$ 为常数

5-3　试求解例 5-2 中的梁在中点受集中力作用时的弹塑性弯曲问题。

第6章
弹塑性平面问题

6.1　平面问题的基本方程

在第 5 章中介绍了求解弹性力学问题的两种基本解法,现在讨论平面问题相应的公式,并分别给出平面应力和平面应变两种情况的应力法基本方程和解法示例。

1. 平面应力问题

在这种情况下,已知

$$\sigma_z = \tau_{zx} = \tau_{yz} = 0 \tag{6-1}$$

及

$$\left.\begin{aligned} \sigma_x &= \sigma_x(x,y) \\ \sigma_y &= \sigma_y(x,y) \\ \tau_{xy} &= \tau_{xy}(x,y) \end{aligned}\right\} \tag{6-2}$$

平衡方程为

$$\left.\begin{aligned} \frac{\partial \sigma_x}{\partial x} + \frac{\partial \tau_{xy}}{\partial y} + F_{bx} &= 0 \\ \frac{\partial \tau_{xy}}{\partial x} + \frac{\partial \sigma_y}{\partial y} + F_{by} &= 0 \end{aligned}\right\} \tag{6-3}$$

边界条件为

$$p_x = \sigma_x l_1 - \tau_{xy} l_2 \\ p_y = \tau_{xy} l_1 + \sigma_y l_2 \Bigg\} \tag{6-4}$$

其中 p_x, p_y 为面力在 x, y 方向的分量(图 6-1)。

$$l_1 = \cos(n, x)$$
$$l_2 = \cos(n, y)$$

弹性本构方程为

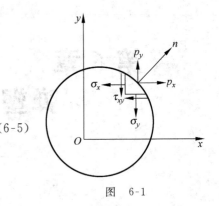

图 6-1

$$\varepsilon_x = \frac{1}{E}(\sigma_x - \nu\,\sigma_y) \\[2mm] \varepsilon_y = \frac{1}{E}(\sigma_y - \nu\,\sigma_x) \\[2mm] \gamma_{xy} = \frac{\tau_{xy}}{G} = \frac{2(1+\nu)}{E}\tau_{xy} \Bigg\} \tag{6-5}$$

及

$$\gamma_{xz} = \gamma_{yz} = 0 \\[2mm] \varepsilon_z = -\frac{\nu}{E}(\sigma_x + \sigma_y) \Bigg\} \tag{6-6}$$

此处 ε_z 为薄片在 z 方向的应变分量,因在平面应力问题的方程中并不包含 ε_z,它可以从式(6-6)中独立地求出。应变协调方程为

$$\frac{\partial^2 \varepsilon_x}{\partial y^2} + \frac{\partial^2 \varepsilon_y}{\partial x^2} = \frac{\partial^2 \gamma_{xy}}{\partial x \partial y} \tag{6-7}$$

在应力法中要把上式改用应力分量表示。为此,将方程(6-3)第一式对 x 取导数,第二式对 y 取导数,有

$$\frac{\partial^2 \tau_{xy}}{\partial x \partial y} = -\frac{\partial^2 \sigma_x}{\partial x^2} - \frac{\partial F_{bx}}{\partial x}$$

$$\frac{\partial^2 \tau_{xy}}{\partial x \partial y} = -\frac{\partial^2 \sigma_y}{\partial y^2} - \frac{\partial F_{by}}{\partial y}$$

将以上两式相加后,得

$$\frac{\partial^2 \tau_{xy}}{\partial x \partial y} = -\frac{1}{2}\left(\frac{\partial^2 \sigma_x}{\partial x^2} + \frac{\partial^2 \sigma_y}{\partial y^2}\right) - \frac{1}{2}\left(\frac{\partial F_{bx}}{\partial x} + \frac{\partial F_{by}}{\partial y}\right)$$

因

$$\frac{\partial^2 \gamma_{xy}}{\partial x \partial y} = \frac{2(1+\nu)}{E}\frac{\partial^2 \tau_{xy}}{\partial x \partial y} = \frac{1+\nu}{E}\left(\frac{\partial^2 \sigma_x}{\partial x^2} + \frac{\partial^2 \sigma_y}{\partial y^2} + \frac{\partial F_{bx}}{\partial x} + \frac{\partial F_{by}}{\partial y}\right)$$

将式(6-7)中的 ε_x,ε_y 用胡克定律(6-5)代入,$\dfrac{\partial^2 \gamma_{xy}}{\partial x \partial y}$ 以上式代换,则得

$$\frac{\partial^2 \sigma_x}{\partial y^2} - \nu \frac{\partial^2 \sigma_y}{\partial y^2} + \frac{\partial^2 \sigma_y}{\partial x^2} - \nu \frac{\partial^2 \sigma_x}{\partial x^2} + (1+\nu)\left(\frac{\partial^2 \sigma_x}{\partial x^2} + \frac{\partial^2 \sigma_y}{\partial y^2} + \frac{\partial F_{bx}}{\partial x} + \frac{\partial F_{by}}{\partial y}\right) = 0$$

化简后,得

$$\frac{\partial^2 \sigma_x}{\partial x^2} + \frac{\partial^2 \sigma_y}{\partial y^2} + \frac{\partial^2 \sigma_x}{\partial y^2} + \frac{\partial^2 \sigma_y}{\partial x^2} = -(1+\nu)\left(\frac{\partial F_{bx}}{\partial x} + \frac{\partial F_{by}}{\partial y}\right)$$

或写成

$$\left(\frac{\partial^2}{\partial x^2} + \frac{\partial^2}{\partial y^2}\right)(\sigma_x + \sigma_y) = -(1+\nu)\left(\frac{\partial F_{bx}}{\partial x} + \frac{\partial F_{by}}{\partial y}\right) \tag{6-8}$$

式(6-8)即为用应力分量表示的应变协调方程。若不计体力或体力为常数,则式(6-8)化为

$$\left(\frac{\partial^2}{\partial x^2} + \frac{\partial^2}{\partial y^2}\right)(\sigma_x + \sigma_y) = 0 \tag{6-9}$$

或写成

$$\nabla^2(\sigma_x + \sigma_y) = 0 \tag{6-9'}$$

此处 ∇^2 为拉普拉斯算子。式(6-9)称为**莱维方程**。

2. 平面应变问题

在平面应变条件下,由于 z 方向的约束(z 方向的无限延伸,相当于刚性约束),则有

$$w = 0$$

由于沿长度方向几何形状不变(如图 2-7),载荷也沿 z 方向不变,故位移 u,v 仅为 x,y 的函数,而与 z 无关。由此可沿长度方向任取一个与 Oxy 平面平行且厚度等于 1 的薄片作为模型来分析而不失代表性。于是有

$$\varepsilon_x = \frac{\partial u}{\partial x}, \quad \varepsilon_y = \frac{\partial v}{\partial y}, \quad \gamma_{xy} = \frac{\partial u}{\partial y} + \frac{\partial v}{\partial x}$$

及

$$\varepsilon_z = \gamma_{xz} = \gamma_{yz} = 0$$

将以上关系式代入本构方程,可得

$$\left.\begin{array}{l} \sigma_x = 2G\varepsilon_x + \lambda(\varepsilon_x + \varepsilon_y) \\ \sigma_y = 2G\varepsilon_y + \lambda(\varepsilon_x + \varepsilon_y) \\ \tau_{xy} = G\gamma_{xy} \end{array}\right\} \tag{6-10}$$

及

$$\left.\begin{array}{l} \tau_{xz} = \tau_{yz} = 0 \\ \sigma_z = \lambda(\varepsilon_x + \varepsilon_y) = \nu(\sigma_x + \sigma_y) \end{array}\right\} \tag{6-11}$$

因 σ_z 不包含在基本方程中,故 σ_z 不是独立的未知量,而在求得 σ_x 和 σ_y 后,可由式(6-11)单独求解。

由于应力分量只是 x，y 的函数，故平面应变问题的平衡方程同样为式(6-3)。应用从平面应力变换到平面应变的对应关系，平面应变问题的协调方程可直接从式(6-8)中得出

$$\left(\frac{\partial^2}{\partial x^2}+\frac{\partial^2}{\partial y^2}\right)(\sigma_x+\sigma_y)=-\frac{1}{1-\nu}\left(\frac{\partial F_{bx}}{\partial x}+\frac{\partial F_{by}}{\partial y}\right) \tag{6-12}$$

比较式(6-8)和式(6-12)可知，式(6-12)和式(6-8)只差一个常数系数，此外，在边界上，应力应满足边界条件(6-4)。

这样一来，平面应力和平面应变问题的解，除共同必须满足同一组平衡方程外，还应分别满足变形协调方程(6-8)和(6-12)。但是，如果体力 F_{bx}，F_{by} 都是常数的话，则以上两个协调方程都化为(6-9)。

如果考虑的问题为 D 上的调和函数，则 $(\sigma_x+\sigma_y)$ 是在区域 D 上直到二阶导数都连续的连续函数。在这种情况下，平面应力和平面应变问题的应力分量 σ_x，σ_y，τ_{xy} 的分布是相同的，或者说，他们在 Oxy 平面内应力场一致。

从以上的讨论中可以发现，方程(6-3)和(6-9)以及边界条件(6-4)中均不含材料常数。这就是说，**不同材料的物体只要它们的几何条件、载荷条件相同，则不论其为平面应力或平面应变问题，它们在平面内的应力分布规律是相同的**。这一结论，给模型试验(例如光弹性试验等)提供了理论基础。应当注意，以上两种情况的应力 σ_z、应变和位移是不相同的。

6.2 应力函数

由以上讨论可知，平面问题的弹性解，要求积分平衡方程(6-3)和应变协调方程(6-12)，并满足边界条件(6-4)。在不计体力时，这些方程简化为

$$\left.\begin{array}{l}\dfrac{\partial \sigma_x}{\partial x}+\dfrac{\partial \tau_{xy}}{\partial y}=0 \\[2mm] \dfrac{\partial \tau_{xy}}{\partial x}+\dfrac{\partial \sigma_y}{\partial y}=0\end{array}\right\} \tag{6-13}$$

和式(6-9)

$$\left(\frac{\partial^2}{\partial x^2}+\frac{\partial^2}{\partial y^2}\right)(\sigma_x+\sigma_y)=0$$

以及边界条件(6-4)。

方程(6-13)和协调方程(6-9)是用应力分量 σ_x，σ_y，τ_{xy} 写出的弹性平面问题的基本方程组，如边值问题属于第一类，即面力已知问题，则可由以上方程组按应力求解，而不需要考虑位移。进一步观察可以发现，如果引进一个函数 $\varphi(x,y)$，使得

$$\left.\begin{array}{l} \sigma_x = \dfrac{\partial^2 \varphi}{\partial y^2} \\[2mm] \sigma_y = \dfrac{\partial^2 \varphi}{\partial x^2} \\[2mm] \tau_{xy} = -\dfrac{\partial^2 \varphi}{\partial x \partial y} \end{array}\right\} \tag{6-14}$$

代入平衡方程,可知恒满足。于是有

$$\sigma_x + \sigma_y = \frac{\partial^2 \varphi}{\partial x^2} + \frac{\partial^2 \varphi}{\partial y^2} = \nabla^2 \varphi \tag{6-15}$$

由应变协调方程可得

$$\left(\frac{\partial}{\partial x^2} + \frac{\partial}{\partial y^2}\right)\left(\frac{\partial^2 \varphi}{\partial x^2} + \frac{\partial^2 \varphi}{\partial y^2}\right) = 0$$

展开为

$$\frac{\partial^4 \varphi}{\partial x^4} + 2\frac{\partial^4 \varphi}{\partial x^2 \partial y^2} + \frac{\partial^4 \varphi}{\partial y^4} = 0 \tag{6-16}$$

或简写为

$$\nabla^4 \varphi = 0 \tag{6-16'}$$

函数 φ 称为**应力函数**,是由艾里(G. B. Airy, 1862)所引进,故又称为**艾里应力函数**。方程(6-16)称为双调和方程。由此可知,平面问题的应力分量可用应力函数 φ 来表示,而函数 φ 应满足双调和函数,也就是说,φ 为双调和函数。显然,函数 φ 的选取应使其满足边界条件。

现在考虑有体力的情况。假定体力是有势的[①],即

$$F_{bx} = -\frac{\partial V}{\partial x}, \quad F_{by} = -\frac{\partial V}{\partial y} \tag{a}$$

其中 V 为势函数。此时,平衡微分方程(6-3)化为

$$\left.\begin{array}{l} \dfrac{\partial \tau_{xy}}{\partial y} + \dfrac{\partial}{\partial x}(\sigma_x - V) = 0 \\[3mm] \dfrac{\partial \tau_{xy}}{\partial x} + \dfrac{\partial}{\partial y}(\sigma_y - V) = 0 \end{array}\right\} \tag{b}$$

比较式(b)与式(6-13)可知,如令

---

① 由理论力学知道,如果作用在点 M 的力 F 的投影是坐标的函数,且可用对某一单值函数 $V(x, y, z)$ 取偏微商并冠以负号表示,则该力场称为是有势的,或称为势场。力 F 所做的功由其起始位置与终止位置的势差所决定,而完全与点 M 所走过的轨迹无关。重力场是势场的例子。

$$
\left.
\begin{array}{l}
\sigma_x - V = \dfrac{\partial^2 \varphi}{\partial y^2} \\[2mm]
\sigma_y - V = \dfrac{\partial^2 \varphi}{\partial x^2} \\[2mm]
\tau_{xy} = -\dfrac{\partial^2 \varphi}{\partial x \partial y}
\end{array}
\right\}
\tag{6-17}
$$

则平衡微分方程(b)可满足,将式(6-17)代入应变协调方程(6-8)及(6-12)后,分别得出

对于平面应力情况

$$
\nabla^4 \varphi = -(1-\nu)\nabla^2 V \tag{6-18}
$$

对于平面应变情况

$$
\nabla^4 \varphi = -\frac{1-2\nu}{1-\nu}\nabla^2 V \tag{6-19}
$$

前已述及,直接求解弹性力学问题往往是很困难的。因此有时不得不采用逆解法或半逆解法等来求解。

当用逆解法时,要先假定满足双调和方程(6-16)的某种形式的应力函数 φ,然后用式(6-14)求出应力分量 σ_x, σ_y, τ_{xy} 等,再根据应力边界条件来分析所得应力分量对应于什么样的面力。由此判定所选应力函数 φ 可以解什么样的问题。如用半逆解法则针对所要求的问题,假定部分或全部应力分量为某种形式的双调和函数,留下足够多的待定参数,从而导出应力函数 φ。然后来分析所得应力函数是否满足应变协调方程,判断假定的以及由应力函数导出的应力分量是否满足边界条件。如不满足则应重新假定。

应当指出,双调和方程是四阶的,故低于四阶的多项式都是双调和函数。但必须至少是二次和二次以上,以保证得出非零的应力解。例如,如取应力函数 φ 为下列一次式

$$
\varphi = C_0 + C_1 x + C_2 y
$$

则双调和方程可以满足,而应力分量为

$$
\sigma_x = \frac{\partial^2 \varphi}{\partial y^2} = 0
$$

$$
\sigma_y = \frac{\partial^2 \varphi}{\partial x^2} = 0
$$

$$
\tau_{xy} = \tau_{yx} = -\frac{\partial^2 \varphi}{\partial x \partial y} = 0
$$

显然,这是一个无应力状态。由此得出,**在应力函数中增添或除去 x 和 y 的一次式,并不影响应力分量**。

不难验证,当应力函数取二次多项式时可得均匀应力状态,取三次多项式时得线性分布的应力场。

6.3 梁的弹性平面弯曲

作为用直角坐标解题的示例,讨论下述悬臂梁的平面弯曲。设悬臂梁自由端有集中力 F 作用,略去梁的自重,梁的高度为 $2h$,厚度为 t,跨度为 l(图 6-2)。

以下首先讨论梁内应力分布。在此情况下,边界条件为

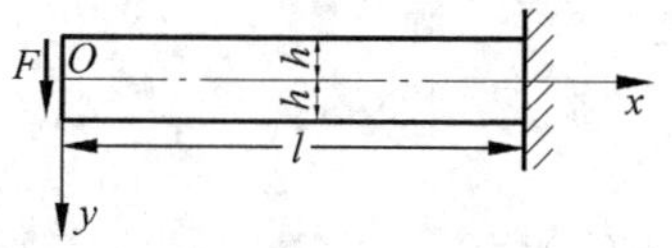

图 6-2

$$\left.\begin{array}{r}(\sigma_x)_{x=0}=0 \\ (\tau_{xy})_{y=\pm h}=0 \\ (\sigma_y)_{y=\pm h}=0 \\ F=-\displaystyle\int_{-h}^{+h}\tau_{xy}t\,\mathrm{d}y\end{array}\right\} \qquad (\mathrm{a})$$

上述边界条件表示:自由端没有轴向水平力,顶部和底部没有载荷作用,及自由端的剪应力之和应等于 F。式(a)中第四式的符号是根据第 2 章对剪应力的正负号约定得来的,因此处剪应力是作用在外法线方向与 x 轴反向的平面内,剪应力方向与 y 轴同向,故为负。

1. 选取应力函数

由材料力学知道,任一截面上由 F 产生的弯矩随 x 作线性变化,而且截面上任一点的正应力 σ_x 与 y 成比例,故可假定 σ_x 为

$$\sigma_x=\frac{\partial^2\varphi}{\partial y^2}=C_1xy \qquad (\mathrm{b})$$

其中 C_1 为一常数。将上式对 y 积分两次,得

$$\varphi(x,y)=\frac{1}{6}C_1xy^3+yf_1(x)+f_2(x) \qquad (\mathrm{c})$$

此处 $f_1(x)$,$f_2(x)$ 为 x 的待定函数。将 φ 代入双调和方程(6-16)可得

$$y\frac{\mathrm{d}^4f_1}{\mathrm{d}x^4}+\frac{\mathrm{d}^4f_2}{\mathrm{d}x^4}=0 \qquad (\mathrm{d})$$

由于上式(d)中的第二项与 y 无关,故上式成立时,必有

$$\frac{\mathrm{d}^4f_1}{\mathrm{d}x^4}=0, \qquad \frac{\mathrm{d}^4f_2}{\mathrm{d}x^4}=0$$

积分此二式得

$$f_1=C_2x^3+C_3x^2+C_4x+C_5$$
$$f_2=C_6x^3+C_7x^2+C_8x+C_9$$

其中 $C_2,C_3,\cdots,C_9$ 为积分常数。将上面两函数 $f_1(x)$,$f_2(x)$ 代入式(c),得

$$\varphi = \frac{1}{6} C_1 x y^3 + y(C_2 x^3 + C_3 x^2 + C_4 x + C_5) + (C_6 x^3 + C_7 x^2 + C_8 x + C_9) \qquad (6\text{-}20)$$

将式(6-20)代入式(6-14)可得应力分量 σ_y，τ_{xy} 为

$$\sigma_y = \frac{\partial^2 \varphi}{\partial x^2} = 6(C_2 xy + C_6 x) + 2(C_3 y + C_7) \qquad (e)$$

$$\tau_{xy} = -\frac{\partial^2 \varphi}{\partial x \partial y} = -\frac{1}{2} C_1 y^2 - 3 C_2 x^2 - 2 C_3 x - C_4 \qquad (f)$$

2. 系数的确定

根据边界条件(a)的第二、三式有

$$(\sigma_y)_{y=\pm h} = 6(\pm C_2 h + C_6) x + 2(\pm C_3 h + C_7) = 0$$

即

$$6(C_2 h + C_6) x + 2(C_3 h + C_7) = 0$$

$$6(-C_2 h + C_6) x + 2(-C_3 h + C_7) = 0$$

上式对所有的 x 都成立，故有

$$\begin{cases} C_2 h + C_6 = 0 \\ C_3 h + C_7 = 0 \\ -C_2 h + C_6 = 0 \\ -C_3 h + C_7 = 0 \end{cases}$$

解此方程组，得

$$C_2 = C_3 = C_6 = C_7 = 0$$

而

$$(\tau_{xy})_{y=\pm h} = -\frac{1}{2} C_1 h^2 - 3 C_2 x^2 - 2 C_3 x - C_4 = 0$$

故有

$$C_4 = -\frac{1}{2} C_1 h^2$$

由方程(a)的第四式得

$$-\int_{-h}^{h} \tau_{xy} t \, \mathrm{d}y = \int_{-h}^{h} \frac{1}{2} C_1 t (y^2 - h^2) \, \mathrm{d}y = F$$

由此

$$C_1 = -\frac{3F}{2th^3} = -\frac{F}{J}$$

其中 $J = \frac{2}{3} th^3$ 为截面对中性轴的惯性矩。

至此，所有常数均已求出，于是由方程(b)、(e)和(f)得各应力分量为

$$\left.\begin{array}{l} \sigma_x = -\dfrac{Fxy}{J} \\[2mm] \sigma_y = 0 \\[2mm] \tau_{xy} = -\dfrac{F}{2J}(h^2 - y^2) \end{array}\right\} \tag{6-21}$$

由此可见,所得结果与材料力学所得结果完全一致。并可得出结论,当端部剪力是按抛物线分布,σ_x 在固定端是按线性分布的话,这一解是精确解。如果不是这样,则根据圣维南原理,这一解在梁内远离端部的截面还是足够精确的,其所影响的区段大约只有截面尺寸那样大小的长度。

3. 位移的计算

现在讨论梁的变形。应用应变位移关系及胡克定律,由式(6-21)可得出

$$\left.\begin{array}{l} \dfrac{\partial u}{\partial x} = -\dfrac{Fxy}{EJ} \\[3mm] \dfrac{\partial v}{\partial y} = \dfrac{\nu Fxy}{EJ} \\[3mm] \dfrac{\partial u}{\partial y} + \dfrac{\partial v}{\partial x} = \dfrac{2(1+\nu)}{E}\tau_{xy} = -\dfrac{(1+\nu)F}{EJ}(h^2 - y^2) = -\dfrac{F(h^2 - y^2)}{2GJ} \end{array}\right\} \tag{g}$$

将式(g)中的前两式积分得

$$\left.\begin{array}{l} u = -\dfrac{Fx^2 y}{2EJ} + u_i(y) \\[3mm] v = \dfrac{\nu Fxy^2}{2EJ} + v_1(x) \end{array}\right\} \tag{h}$$

将式(h)中两式分别对 y 和 x 微分

$$\dfrac{\partial u}{\partial y} = \dfrac{\mathrm{d}u_1}{\mathrm{d}y} - \dfrac{Fx^2}{2EJ}$$

$$\dfrac{\partial v}{\partial x} = \dfrac{\mathrm{d}v_1}{\mathrm{d}x} - \dfrac{\nu Fy^2}{2EJ}$$

将此结果代入式(g)中第三式得

$$\dfrac{\mathrm{d}u_1}{\mathrm{d}y} - \dfrac{F(2+\nu)}{2EJ}y^2 = -\dfrac{\mathrm{d}v_1}{\mathrm{d}x} + \dfrac{F}{2EJ}x^2 - \dfrac{1+\nu}{EJ}Fh^2$$

上式等号两边分别为 y 与 x 的函数,故各边均等于同一常数 C_1,即

$$\dfrac{\mathrm{d}u_1}{\mathrm{d}y} - \dfrac{F(2+\nu)}{2EJ}y^2 = C_1$$

$$\dfrac{\mathrm{d}v_1}{\mathrm{d}x} - \dfrac{F}{2EJ}x^2 + \dfrac{1+\nu}{EJ}Fh^2 = -C_1$$

积分后代入式(h)得位移表达式为

$$u=-\frac{F}{2EJ}x^2y+\frac{F}{6EJ}(2+\nu)y^3+C_1y+C_2$$

$$v=\frac{\nu F}{2EJ}xy^2+\frac{F}{6EJ}x^3-\frac{F}{EJ}(1+\nu)xh^2-C_1x+C_3$$

常数 C_1,C_2,C_3 由阻止梁在 Oxy 面内作刚体运动所必需的三个约束条件来确定,如在固定端($x=l,y=0$ 处)有

$$u=v=\frac{\partial u}{\partial y}=0$$

代入位移表达式求出

$$C_1=\frac{Fl^2}{2EJ}-\frac{F(1+\nu)}{EJ}h^2,\quad C_2=0,\quad C_3=\frac{Fl^3}{3EJ}$$

于是梁的位移为

$$\left.\begin{array}{l}u=\dfrac{F}{2EJ}(l^2-x^2)y+(2+\nu)\dfrac{Fy^3}{6EJ}\\[2mm]v=\dfrac{F}{EJ}\left[\dfrac{x^3}{6}+\dfrac{l^3}{3}+\dfrac{x}{2}(\nu y^2-l^2)+h^2(1+\nu)(l-x)\right]\end{array}\right\}\tag{6-22}$$

由此得出:u 和 v 都是 x、y 的非线性函数,就是说,梁的任一截面变形后不再保持平面,这一点和材料力学初等理论所得到的结果是不同的。如在固定端($x=l$ 处)则由式(6-22)得

$$(v)_{x=l}=\frac{F}{EJ}\left(\frac{l^3}{2}+\frac{\nu l y^2}{2}-\frac{l^3}{2}\right)=\frac{\nu Fl}{2EJ}y^2$$

$$\left(\frac{\partial v}{\partial x}\right)_{x=l}=\frac{F}{EJ}\left[\frac{\nu y}{2}-h^2(1+\nu)\right],\quad\left(\frac{\partial v}{\partial x}\right)_{\substack{x=l\\y=0}}=-\frac{Fh^2(1+\nu)}{EJ}=-\frac{Fh^2}{2GJ}$$

即由固定端条件得到的固定端的水平线元有一个转角 $Fh^2/2GJ$(图 6-3)。如用另外的条件,如 $x=l,y=0$ 处,$u=v=0$,$\frac{\partial v}{\partial x}=0$,即固定端在 $y=0$ 处水平线元被固定,则可得类似的结果。

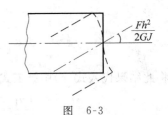

图 6-3

实际上,固定端的水平线元与竖直线元都不能转动,端部效应的详细分析是比较复杂的。不过,由圣维南原理知道,端部效应的影响范围是不大的(约与梁高相当)。

梁轴的竖向位移为

$$(v)_{y=0}=\frac{Fx^3}{6EJ}-\frac{Fl^2x}{2EJ}+\frac{Fl^3}{3EJ}+\frac{F(1+\nu)}{EJ}h^2(l-x)\tag{6-23}$$

而端部的挠度

$$(v)_{x=y=0} = \frac{Fl^3}{3EJ} + \frac{Fh^2(1+\nu)l}{EJ} = \frac{Fl^3}{3EJ} + \frac{Flh^2}{2GJ}$$

上式等号右边第二项,显然是剪力对挠度的影响。而这部分与弯曲的影响之比,为

$$\frac{Fh^2l/2GJ}{Fl^3/3EJ} = \frac{3}{4}(1+\nu)\left(\frac{2h}{l}\right)^2 \approx \left(\frac{2h}{l}\right)^2$$

如 $l = 10(2h)$,则此比值为 $1/100$。所以当 $2h \ll l$ 时,梁的挠度主要由于弯曲所引起。由此可见,在材料力学中得到的结果,对于细长梁是精确的。

应当指出,在高而短的梁中,以及在梁的高频振动和在波的传播问题中,剪力效应是非常重要的。

例 6-1 求图 6-4 中受均匀载荷作用的两端简支梁的应力分布与中点位移(不计体力)。

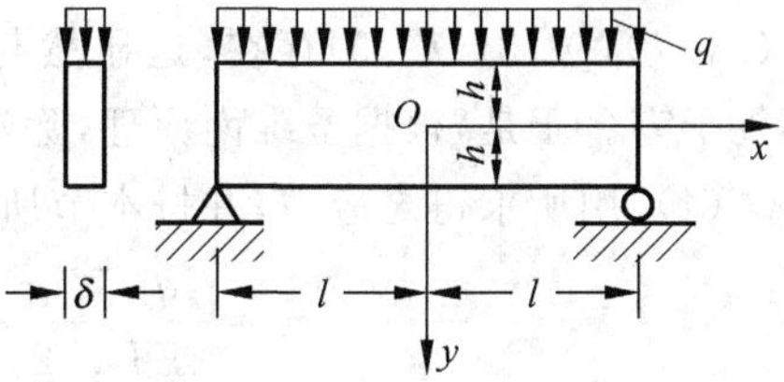

解 (1)取应力函数

$$\varphi = C_1 x^2 + C_2 x^2 y + C_3 y^3 + C_4 \left(x^2 y^3 - \frac{y^5}{5} \right) \qquad \text{(a)}$$

容易证明 φ 满足双调和方程。

(2)由边界条件确定各常数。边界条件为

图 6-4

$$(\tau_{xy})_{y=\pm h} = 0 \qquad \text{(b)}$$

$$(\sigma_y)_{y=-h} = -q \qquad \text{(c)}$$

$$(\sigma_y)_{y=h} = 0 \qquad \text{(d)}$$

在 $x = \pm l$ 处有

$$\int_{-h}^{h} \sigma_x y \, \mathrm{d}y = 0 \qquad \text{(e)}$$

$$l \int_{-h}^{h} \tau_{xy} \, \mathrm{d}y = \pm ql\delta \qquad \text{(f)}$$

根据以上条件得

$$C_2 + 3C_4 h^2 = 0$$

$$2(C_1 + C_2 h + C_4 h^3) = 0$$

$$2(C_1 - C_2 h - C_4 h^3) = -q$$

$$C_3 + C_4 l^2 - \frac{2}{5}C_4 h^2 = 0$$

$$4(C_2 h + C_4 h^3) = q$$

上式分两组求解后得

$$\varphi = q\left[-\frac{x^2}{4} + \frac{3}{8}\frac{x^2 y}{h} + \frac{y^3}{8h^3}\left(l^2 - \frac{2h^2}{5}\right) - \frac{1}{8h^3}\left(x^2 y^3 - \frac{y^5}{5}\right)\right] \tag{g}$$

（3）求应力分量

$$\sigma_x = \frac{q}{2J}\left[(l^2 - x^2) + 2y\left(\frac{y^2}{3} - \frac{h^2}{5}\right)\right] \tag{h}$$

$$\sigma_y = -\frac{q}{2J}\left(\frac{y^3}{3} - h^2 y + \frac{2}{3}h^3\right) \tag{i}$$

$$\tau_{xy} = -\frac{q}{2J}(h^2 - y^2)x \tag{j}$$

其中 $J = \frac{2}{3}\delta h^3$。与材料力学中的结果相比较，式(h)的等号右边多出了第二项，此项与 x 无关，在 $h = l/10$ 时这项仅为全部 σ_x 的 1/1500。仍由式(h)看出，在两端面($x = \pm l$)上，有 $\sigma_x = (qy/J)(y^2/3 - h^2/5)$ 存在，这显然与原题意不符，但在两端面的这些力的合力和合力偶都等于零。于是，根据圣维南原理，除端部附近以外，对全梁来说，此解是准确的。

（4）用所求得之应力，并按本节所述的方法求 $y = 0$ 处的位移 v_0，为

$$v_0 = \frac{q}{2EJ}\left[\frac{l^2 x^2}{2} - \frac{x^4}{12} - \frac{h^2 x^2}{5} + \left(1 + \frac{\nu}{2}\right)h^2 x^2\right]$$

曲率为

$$\frac{\mathrm{d}^2 v_0}{\mathrm{d}x^2} = \frac{q}{EJ}\left[\frac{l^2 - x^2}{2} + \left(\frac{4}{5} + \frac{\nu}{2}\right)h^2\right]$$

上式方括号中的第二项为材料力学结果的修正项。

6.4   深梁的三角级数解法

矩形截面梁，在受连续分布载荷作用的情况下，应力函数取多项式来解题是方便的。如果情况比较复杂，特别是载荷不连续时，则应采用三角级数形式的应力函数。现在就以图 6-5 所示的梁为例来讨论弹性平面问题的三角级数解答。取应力函数为

$$\varphi(x, y) = f(y)\sin\frac{n\pi x}{l} \tag{6-24}$$

其中 n 为任意整数，$2l$ 为梁的长度。

若应力函数 φ 满足双调和方程

$$\nabla^4 \varphi = 0$$

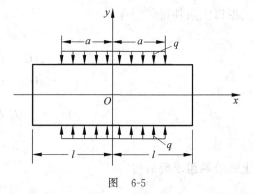

图   6-5

令 $\alpha = \dfrac{n\pi}{l}$，有

$$\varphi = f(y)\sin\alpha x$$

$$\frac{\partial^4 \varphi}{\partial x^4} = \alpha^4 f(y)\sin\alpha x$$

$$\frac{\partial^4 \varphi}{\partial x^2 \partial y^2} = -\alpha^2 f''(y)\sin\alpha x$$

$$\frac{\partial^4 \varphi}{\partial y^4} = f^{(4)}(y)\sin\alpha x$$

于是得常微分方程

$$f^{(4)}(y) - 2\alpha^2 f''(y) + \alpha^4 f(y) = 0 \tag{6-25}$$

这一常系数线性微分方程的通解，可用双曲线函数表示为

$$f(y) = C_1 \mathrm{ch}\alpha y + C_2 \mathrm{sh}\alpha y + C_3 y\mathrm{ch}\alpha y + C_4 y\mathrm{sh}\alpha y \tag{6-26}$$

将此式代入式(6-24)，得应力函数为

$$\varphi = (C_1 \mathrm{ch}\alpha y + C_2 \mathrm{sh}\alpha y + C_3 y\mathrm{ch}\alpha y + C_4 y\mathrm{sh}\alpha y)\sin\alpha x \tag{6-27}$$

相应的应力分量为

$$\left.\begin{aligned}
\sigma_x &= \frac{\partial^2 \varphi}{\partial y^2} = \sin\alpha x[C_1\alpha^2 \mathrm{ch}\alpha y + C_2\alpha^2 \mathrm{sh}\alpha y + C_3\alpha(2\mathrm{sh}\alpha y + \alpha y\mathrm{ch}\alpha y) \\
&\quad + C_4\alpha(2\mathrm{ch}\alpha y + \alpha y\mathrm{sh}\alpha y)] \\
\sigma_y &= \frac{\partial^2 \varphi}{\partial x^2} = -\alpha^2 \sin\alpha x(C_1 \mathrm{ch}\alpha y + C_2 \mathrm{sh}\alpha y + C_3 y\mathrm{ch}\alpha y + C_4 y\mathrm{sh}\alpha y) \\
\tau_{xy} &= -\frac{\partial^2 \varphi}{\partial x \partial y} = -\alpha\cos\alpha x[C_1\alpha \mathrm{sh}\alpha y + C_2\alpha \mathrm{ch}\alpha y + C_3(\mathrm{ch}\alpha y + \alpha y\mathrm{sh}\alpha y) \\
&\quad + C_4(\mathrm{sh}\alpha y + \alpha y\mathrm{ch}\alpha y)]
\end{aligned}\right\} \tag{6-28}$$

不难证明，如取应力函数 φ 为

$$\varphi = \cos\alpha x[C_5 \mathrm{sh}\alpha y + C_6 \mathrm{ch}\alpha y + C_7 y\mathrm{sh}\alpha y + C_8 y\mathrm{ch}\alpha y] \tag{6-29}$$

也能满足双调和方程。此外 n 为任意整数，因而可得无穷多的特解。这样，应力函数 φ 可写为下列无穷级数的形式

$$\begin{aligned}
\varphi(x, y) &= \sum_{n=1}^{\infty} \sin\alpha x(C_1 \mathrm{sh}\alpha y + C_2 \mathrm{ch}\alpha y + C_3 y\mathrm{sh}\alpha y + C_4 y\mathrm{ch}\alpha y) \\
&\quad + \sum_{n=1}^{\infty} \cos\alpha x(C_5 \mathrm{sh}\alpha y + C_6 \mathrm{ch}\alpha y + C_7 y\mathrm{sh}\alpha y + C_8 y\mathrm{ch}\alpha y)
\end{aligned} \tag{6-30}$$

式(6-30)中的系数 $C_i(i=1,2,\cdots,8)$ 应根据边界条件来确定。这时应力边界条件也应展开为无穷级数的形式

$$q(x) = A_0 + \sum_{n=1}^{\infty} A_n \cos\alpha x + \sum_{n=1}^{\infty} B_n \sin\alpha x \tag{6-31}$$

由数学分析可知，某一在区域$[-l,l]$上的函数展成傅里叶级数(6-31)时，其系数(称为傅里叶系数)为

$$\left.\begin{aligned}
A_0 &= \frac{1}{2l}\int_{-l}^{l} q(x)\,\mathrm{d}x \\
A_n &= \frac{1}{l}\int_{-l}^{l} q(x)\cos\frac{n\pi x}{l}\,\mathrm{d}x \\
B_n &= \frac{1}{l}\int_{-l}^{l} q(x)\sin\frac{n\pi x}{l}\,\mathrm{d}x
\end{aligned}\right\} \tag{6-32}$$

对于在梁的上下边界上有宽度为 $2a$ 的均布载荷作用时(图 6-5)，傅里叶系数为

$$A_0 = \frac{1}{2l}\int_{-l}^{l} q(x)\,\mathrm{d}x = \frac{q_1}{2l}\int_{-a}^{a}\mathrm{d}x = \frac{q_1 a}{l}$$

$$A_n = \frac{1}{l}\int_{-l}^{l} q(x)\cos\alpha x\,\mathrm{d}x = \frac{2q_1}{\alpha l}\sin\alpha a$$

$$B_n = \frac{1}{l}\int_{-l}^{l} q(x)\sin\alpha x\,\mathrm{d}x = \frac{q_1}{l}\int_{-a}^{a}\sin\alpha x\,\mathrm{d}x = 0$$

这样，对于上边界有

$$q(x) = 2q_1\left(\frac{a}{2l} + \sum_{n=1}^{\infty}\frac{\sin\alpha x}{\alpha l}\cos\alpha x\right) \tag{6-33}$$

对于下边界也得同样的表达式。

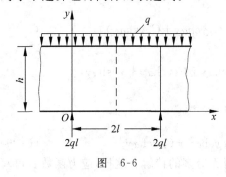

图 6-6

现在我们研究有足够多跨的连续墙梁的弹性分析。所谓墙梁是指高度与跨度相近的一类墙板结构。载荷的作用只在板面以内(图 6-6)，墙梁是深梁的一种。

设梁的高度为 h，跨度为 $2l$，梁的上边界有均布 q 载荷作用，略去边跨的效应，取中间某一跨为代表来讨论，如图 6-6 所示。

墙梁的支座往往是一系列的柱，现在将其反力均简化为集中力，在上述情况下为 $2ql$。

现在考虑用三角级数形式的应力函数来求解。

(1) 选取应力函数

因正弦函数项是反对称函数($\sin(-x)=-\sin x$)，而 σ_x，σ_y 应对 y 轴为对称，故应力函数应取只包含余弦函数项的级数。此外从以后的分析可知仅有三角级数尚难满足全部边界条件，应补充二次多项式，于是应力函数取下列形式：

$$\varphi = \sum_{n=1}^{\infty}\cos\alpha x(C_1\,\mathrm{sh}\,\alpha y + C_2\,\mathrm{ch}\,\alpha y + C_3\,y\,\mathrm{sh}\,\alpha y + C_4\,y\,\mathrm{ch}\,\alpha y)$$

$$+ D_1 x^2 + D_2 xy + D_3 y^2 \tag{6-34}$$

此外 $\alpha = n\pi/l$，D 为常数。应当指出，由于 $\cos\alpha(x+2l) = \cos\alpha x$，故所研究的一跨，具有代表性，它和下一跨有相同的条件。

（2）计算应力分量

$$
\begin{aligned}
\sigma_x = \frac{\partial^2 \varphi}{\partial y^2} &= \sum_{n=1}^{\infty} \alpha^2 \cos\alpha x [\alpha(C_1 \mathrm{sh}\alpha y + C_2 \mathrm{ch}\alpha y + C_3 y\mathrm{sh}\alpha y + C_4 y\mathrm{ch}\alpha y) \\
&\quad + 2(C_3 \mathrm{ch}\alpha y + C_4 \mathrm{sh}\alpha y)] + 2D_3 \\
\sigma_y = \frac{\partial^2 \varphi}{\partial x^2} &= -\sum_{n=1}^{\infty} \alpha^2 \cos\alpha x (C_1 \mathrm{sh}\alpha y + C_2 \mathrm{ch}\alpha y + C_3 y\mathrm{sh}\alpha y \\
&\quad + C_4 y\mathrm{ch}\alpha y) + 2D_1 \\
\tau_{xy} = -\frac{\partial^2 \varphi}{\partial x \partial y} &= \sum_{n=1}^{\infty} \alpha \sin\alpha x [\alpha(C_1 \mathrm{ch}\alpha y + C_2 \mathrm{sh}\alpha y + C_3 y\mathrm{ch}\alpha y \\
&\quad + C_4 y\mathrm{sh}\alpha y) + C_3 \mathrm{sh}\alpha y + C_4 y\mathrm{ch}\alpha y] - D_2
\end{aligned}
\tag{6-35}
$$

剪应力分量 τ_{xy} 应为反对称，故应有

$$D_2 = 0$$

（3）写出边界条件与平衡条件

① 当 $\tau_{xy} = 0$，$x=0$，$x=l$

② $\displaystyle\int_0^h \sigma_y \,\mathrm{d}x = -ql$

③ 当 $\tau_{xy} = 0$，$\sigma_y = 0$，$y=0$，$x \neq 0$，$x \neq 2l$

④ 当 $\tau_{xy} = 0$，$\sigma_y = -q$，$y=h$

⑤ 对任意竖向截面有

$$\int_0^h \sigma_x \,\mathrm{d}y = 0$$

（4）确定常数，求应力分布规律

以上共 8 个条件，将式（6-35）代入后求解，不难得到

$$D_1 = -q/2, \quad D_2 = 0, \quad D_3 = 0$$

$$C_1 = -\frac{2q}{\alpha} \frac{\alpha h + \mathrm{sh}\alpha h \mathrm{ch}\alpha h}{\mathrm{sh}^2 \alpha h} \approx -\frac{2q}{\alpha}$$

$$C_2 = \frac{2q}{\alpha^2}$$

$$C_3 = -\frac{2q}{\alpha} \frac{\mathrm{sh}^2 \alpha h}{\mathrm{sh}^2 \alpha h - \alpha^2 h^2} \approx -\frac{2q}{\alpha}$$

$$C_4 = \frac{2q}{\alpha} \frac{h + \mathrm{sh}\alpha h \mathrm{ch}\alpha h}{\mathrm{sh}^2 \alpha h - \alpha^2 h^2} \approx \frac{2q}{\alpha}$$

将以上常数代入式(6-35),并注意到

$$\mathrm{ch}\alpha y - \mathrm{sh}\alpha y = \mathrm{e}^{-\alpha y}$$

得

$$\left.\begin{array}{l}
\sigma_x = -2q\sum_{n=1}^{\infty}\cos\alpha x(1-\alpha y)\mathrm{e}^{-\alpha y} \\[2mm]
\sigma_y = -2q\sum_{n=1}^{\infty}\cos\alpha x(1+\alpha y)\mathrm{e}^{-\alpha y} - q \\[2mm]
\tau_{xy} = -2q\sum_{n=1}^{\infty}\sin\alpha x(\alpha y)\mathrm{e}^{-\alpha y}
\end{array}\right\} \tag{6-36}$$

各应力分量的分布规律如图 6-7 所示。

（5）求位移分量

将所得各应力分量的表达式代入下式：

$$\frac{\partial u}{\partial x} = \varepsilon_x = \frac{1}{E}(\sigma_x - \nu\sigma_y)$$

$$\frac{\partial v}{\partial y} = \varepsilon_y = \frac{1}{E}(\sigma_y - \nu\sigma_x)$$

之后积分,可得各位移分量 u 和 v。

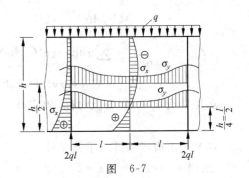

图　6-7

6.5　用极坐标表示的基本方程

在解某些工程问题时,采用极坐标是很方便
的。例如厚(薄)壁筒,圆弧形曲梁、圆盘以及弹性半无限体边界受集中力作用等问题。以下
给出极坐标的有关公式。

极坐标系(r,θ)与直角坐标系(x,y)间的关系为(图 6-8)

$$\left.\begin{array}{l}
x = r\cos\theta \\
y = r\sin\theta
\end{array}\right\} \tag{6-37}$$

$$\left.\begin{array}{l}
r^2 = x^2 + y^2 \\[2mm]
\theta = \arctan\dfrac{y}{x}
\end{array}\right\} \tag{6-38}$$

平衡方程

考虑单位厚度的微小单元 $abcd$,其中在 r,θ 方向的体力分量分别为 F_{br},$F_{b\theta}$,以下推导径向
的平衡方程,于是由径向力的平衡得(图 6-9)

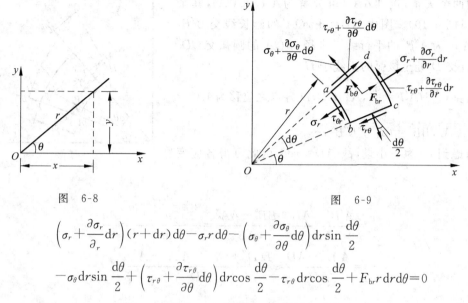

图 6-8   图 6-9

$$\left(\sigma_r + \frac{\partial \sigma_r}{\partial r} dr\right)(r+dr)d\theta - \sigma_r r d\theta - \left(\sigma_\theta + \frac{\partial \sigma_\theta}{\partial \theta} d\theta\right) dr \sin \frac{d\theta}{2}$$

$$-\sigma_\theta dr \sin \frac{d\theta}{2} + \left(\tau_{r\theta} + \frac{\partial \tau_{r\theta}}{\partial \theta} d\theta\right) dr \cos \frac{d\theta}{2} - \tau_{r\theta} dr \cos \frac{d\theta}{2} + F_{br} r dr d\theta = 0$$

由于 $d\theta$ 是个小量,故 $\sin\dfrac{d\theta}{2}$ 及 $\cos\dfrac{d\theta}{2}$ 分别可用 $\dfrac{d\theta}{2}$ 和 1 来代替,略去高次项,化简后并以类似的步骤可得周向列平衡方程,整理后可得

$$\left.\begin{array}{l} \dfrac{\partial \sigma_r}{\partial r} + \dfrac{1}{r}\dfrac{\partial \tau_{r\theta}}{\partial \theta} + \dfrac{\sigma_r - \sigma_\theta}{r} + F_{br} = 0 \\[3mm] \dfrac{1}{\rho}\dfrac{\partial \sigma_\theta}{\partial \theta} + \dfrac{\partial \tau_{r\theta}}{\partial r} + \dfrac{2\tau_{r\theta}}{r} + F_{b\theta} = 0 \end{array}\right\} \tag{6-39}$$

在不计体力时,由极坐标与直角坐标的关系,可导出满足平衡方程(6-39)的用应力函数 $\varphi(r,\theta)$ 表示的应力分量 $\sigma_r,\sigma_\theta,\tau_{r\theta}$ 为[1]

$$\left.\begin{array}{l} \sigma_r = \dfrac{1}{r}\dfrac{\partial \varphi}{\partial r} + \dfrac{1}{r^2}\dfrac{\partial^2 \varphi}{\partial \theta^2} \\[3mm] \sigma_\theta = \dfrac{\partial^2 \varphi}{\partial r^2} \\[3mm] \tau_{r\theta} = \dfrac{1}{r^2}\dfrac{\partial \varphi}{\partial \theta} - \dfrac{1}{r}\dfrac{\partial^2 \varphi}{\partial r \partial \theta} = -\dfrac{\partial}{\partial r}\left(\dfrac{1}{r}\dfrac{\partial \varphi}{\partial \theta}\right) \end{array}\right\} \tag{6-40}$$

应变位移关系

现在考虑微小 $ABCD$ 的变形,将 r,θ 方向的位移分别记作 u 和 v,图 6-10 中的微小扇形 $ABCD$ 为变形前的状态,虚线 $A'B'C'D'$ 为变形后的状态。各点的位移可以分解为径向

---

① 利用直角坐标系和极坐标系的关系式(6-37),(6-38)便不难得到,读者可进行校核。

与周向两个矢量，例如 $\overrightarrow{AA'}$，可分解为 $\overrightarrow{AA''}$ 和 $\overrightarrow{A''A'}$，其余类同（见图 6-10）。图中 $AB=\mathrm{d}r,OA'$ 的延长线交 $B''B'$ 于 $F,A'E$ 为 $A''B''$ 的平行线。半径为 OA' 的圆弧交 OD'' 于 G，且交 D' 处至该弧的垂线于 H。

可见，$\angle HA'F=\dfrac{\pi}{2},A,B,C,D$ 各点之位移为 $\overrightarrow{AA'}=$ $\overrightarrow{AA''}+\overrightarrow{A''A'},\overrightarrow{BB'}=\overrightarrow{BB''}+\overrightarrow{B''B'},\cdots$。

考虑到 $\mathrm{d}\theta$ 为一小量，故 $AD\approx r\mathrm{d}\theta$，由此可得各应变分量为

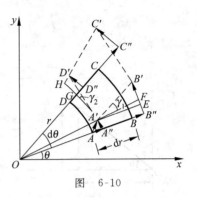

图 6-10

$$\varepsilon_r=\frac{A'B'-AB}{AB}\approx\frac{BB''-AA''}{AB}=\frac{u+\dfrac{\partial u}{\partial r}\mathrm{d}r-u}{\mathrm{d}r}=\frac{\partial u}{\partial r}$$

$$\varepsilon_\theta=\frac{A'D'-AD}{AD}\approx\frac{D'D''+GA''-A'A''-AD}{AD}$$

$$=\frac{v+\dfrac{\partial v}{\partial\theta}\mathrm{d}\theta+(r+u)\mathrm{d}\theta-v-r\mathrm{d}\theta}{r\mathrm{d}\theta}=\frac{\partial v}{r\partial\theta}+\frac{u}{r}$$

$$\gamma_{r\theta}=\gamma_1+\gamma_2=\angle B'A'F+\angle D'A'H\approx\frac{B'E-EF}{A''B''}+\frac{D'H}{A'H}$$

$$=\frac{B'E}{A''B''}-\frac{A''A'}{OA''}+\frac{DD''-AA''}{A'H}$$

$$=\frac{\dfrac{\partial v}{\partial r}\mathrm{d}r}{\mathrm{d}r+\dfrac{\partial u}{\partial r}\mathrm{d}r}-\frac{v}{r+u}+\frac{u+\dfrac{\partial u}{\partial\theta}\mathrm{d}\theta-u}{r\mathrm{d}\theta+\dfrac{\partial v}{\partial\theta}\mathrm{d}\theta}$$

$$=\frac{\partial v}{\partial r}-\frac{v}{r}+\frac{\partial u}{r\partial\theta}$$

于是有

$$\varepsilon_r=\frac{\partial u}{\partial r} \tag{6-41}$$

$$\varepsilon_\theta=\frac{\partial v}{r\partial\theta}+\frac{u}{r} \tag{6-42}$$

$$\gamma_{r\theta}=\frac{\partial v}{\partial r}-\frac{v}{r}+\frac{\partial u}{r\partial\theta} \tag{6-43}$$

式(6-41)～式(6-43)即用极坐标表示的应变位移关系式。

胡克定律

用极坐标表示的胡克定律与用直角坐标表示时形式不变,因局部一点的 r,θ 坐标仍是一个直角坐标系,而只需将直角坐标系的公式中的 x,y 分别换成 r,θ,于是

对于平面应力情况为

$$\left.\begin{aligned}\varepsilon_r &= \frac{1}{E}(\sigma_r - \nu\sigma_\theta) \\ \varepsilon_\theta &= \frac{1}{E}(\sigma_\theta - \nu\sigma_r) \\ \gamma_{r\theta} &= \frac{1}{G}\tau_{r\theta}\end{aligned}\right\} \tag{6-44}$$

对于平面应变情况为

$$\left.\begin{aligned}\varepsilon_r &= \frac{1+\nu}{E}\big[(1-\nu)\sigma_r - \nu\sigma_\theta\big] \\ \varepsilon_\theta &= \frac{1+\nu}{E}\big[(1-\nu)\sigma_\theta - \nu\sigma_r\big] \\ \gamma_{r\theta} &= \frac{1}{G}\tau_{r\theta}\end{aligned}\right\} \tag{6-45}$$

应变协调方程

采用导出直角坐标系应变协调方程的方法,不难导出以极坐标表示的应变协调方程为

$$\frac{\partial^2 \varepsilon_\theta}{\partial r^2} + \frac{1}{r^2}\frac{\partial^2 \varepsilon_r}{\partial \theta^2} + \frac{2}{r}\frac{\partial \varepsilon_\theta}{\partial r} - \frac{1}{r}\frac{\partial \varepsilon_r}{\partial r} = \frac{1}{r}\frac{\partial^2 \gamma_{r\theta}}{\partial r \partial \theta} + \frac{1}{r^2}\frac{\partial \gamma_{r\theta}}{\partial \theta} \tag{6-46}$$

在轴对称情况(物体和外载荷,从而应力和位移均对称于经过物体中心(也是重心)而垂直于 x,y 平面的轴线,此时各量均与 θ 无关,故称为轴对称),不计体力时,通过胡克定律,将式(6-46)写成以应力表示的应变协调方程为

$$\nabla^2(\sigma_r + \sigma_\theta) = \frac{\mathrm{d}^2(\sigma_r + \sigma_\theta)}{\mathrm{d}r^2} + \frac{1}{r}\frac{\mathrm{d}(\sigma_r + \sigma_\theta)}{\mathrm{d}r} = 0 \tag{6-47}$$

在用应力函数求解时,应将应变协调方程改用应力函数表示,为此,须将 $\dfrac{\partial^2 \varphi}{\partial x^2}$ 和 $\dfrac{\partial^2 \varphi}{\partial y^2}$ 改用 r,θ 表示。根据式(6-15)可导出拉普拉斯算符为

$$\nabla^2 \varphi = \frac{\partial^2 \varphi}{\partial x^2} + \frac{\partial^2 \varphi}{\partial y^2} = \frac{\partial^2 \varphi}{\partial r^2} + \frac{1}{r}\frac{\partial \varphi}{\partial r} + \frac{1}{r^2}\frac{\partial^2 \varphi}{\partial \theta^2} \tag{6-48}$$

于是极坐标表示的应变协调方程为

$$\nabla^4 \varphi = \left(\frac{\partial^2}{\partial r^2} + \frac{1}{r}\frac{\partial}{\partial r} + \frac{1}{r^2}\frac{\partial^2}{\partial \theta^2}\right)\left(\frac{\partial^2 \varphi}{\partial r^2} + \frac{1}{r}\frac{\partial \varphi}{\partial r} + \frac{1}{r^2}\frac{\partial^2 \varphi}{\partial \theta^2}\right) = 0 \tag{6-49}$$

有了以上基本方程,便可按下列步骤求解边值问题:

(1) 确定体力和面力;

    （2）写出边界条件；

    （3）选择解题方法；

    （4）解方程（满足边界条件）；

    （5）校核（代回基本方程和边界条件）。

6.6　厚壁筒的弹塑性解

    作为弹塑性力学问题的第一个例子，我们讨论一类最简单的问题，即应力和应变只与一个坐标有关，而且在塑性阶段考虑了材料的不可压缩性后，可以得到封闭形式的解答。本节讨论的受内外压力作用的厚壁筒，属于这类问题。此外还有整球形容器等。

1. 弹性解

    现在研究受内压 P_1 和外压 P_2 作用的厚壁圆筒（图 6-11）。圆筒的内径为 $2a$，外径为 $2b$。设圆筒的长度比起圆筒的直径来说足够大，以致可以认为离两端足够远处的应力和应

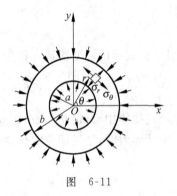

图　6-11

变分布沿筒长方向没有差异。由对称性可知，原来的任一横截面变形后仍保持平面（如图 6-11）。因而，应力与应变的分布对称于圆筒的中心轴线。如取图 6-11 所示的坐标，则 Oz 为对称轴。每一点的位移将只有 r 方向的分量 u 和 z 方向的分量 w，即 u、w 均与 θ 无关。由于，垂直于 Oz 轴的平面变形后仍为平面，沿圆筒长度一样，故知 u 只依赖于 r，w 只依赖于 z。于是各应变分量由式(6-41)~式(6-43)得

$$\left.\begin{aligned}\varepsilon_r &= \frac{\mathrm{d}u}{\mathrm{d}r}\\[4pt]\varepsilon_\theta &= \frac{u}{r}\\[4pt]\gamma_{r\theta} &= \gamma_{\theta z} = \gamma_{rz} = 0\end{aligned}\right\} \tag{6-50}$$

及

$$\varepsilon_z = \frac{\mathrm{d}w}{\mathrm{d}z}$$

由此，相对体积变形 e 为

$$e = \varepsilon_r + \varepsilon_\theta + \varepsilon_z = \frac{\mathrm{d}u}{\mathrm{d}r} + \frac{u}{r} + \frac{\mathrm{d}w}{\mathrm{d}z} \tag{6-51}$$

将应变位移关系式代入广义胡克定律，得

$$\left.\begin{aligned}
\sigma_r &= 2G\left(\varepsilon_r + \frac{\nu}{1-2\nu}e\right) = \frac{2G(1-\nu)}{1-2\nu}\left(\frac{\mathrm{d}u}{\mathrm{d}r} + \frac{\nu}{1+\nu}\frac{u}{r} + \frac{\nu}{1-\nu}\frac{\mathrm{d}w}{\mathrm{d}z}\right) \\
\sigma_\theta &= 2G\left(\varepsilon_\theta + \frac{\nu}{1-2\nu}e\right) = \frac{2G(1-\nu)}{1-2\nu}\left(\frac{u}{r} + \frac{\nu}{1-\nu}\frac{\mathrm{d}u}{\mathrm{d}r} + \frac{\nu}{1-\nu}\frac{\mathrm{d}w}{\mathrm{d}z}\right) \\
\sigma_z &= 2G\left(\varepsilon_z + \frac{\nu}{1-2\nu}e\right) = \frac{2G(1-\nu)}{1-2\nu}\left(\frac{\mathrm{d}w}{\mathrm{d}z} + \frac{\nu}{1-\nu}\frac{u}{r} + \frac{\nu}{1-\nu}\frac{\mathrm{d}u}{\mathrm{d}r}\right)
\end{aligned}\right\} \tag{6-52}$$

$$\tau_{r\theta} = \tau_{\theta z} = \tau_{rz} = 0$$

假定体力略去不计,则平衡方程(6-39)化为

$$\frac{\partial \sigma_r}{\partial r} + \frac{\sigma_r - \sigma_\theta}{r} = 0 \tag{6-53}$$

如对任一微小楔形六面体单元列出 z 方向的平衡条件(图 6-12),则由于 $\tau_{rz} = \tau_{\theta z} = 0$,可得

$$\frac{\partial \sigma_z}{\partial z} = 0 \tag{6-54}$$

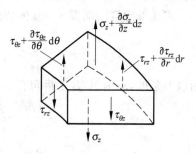

将式(6-52)中的 σ_z 表达式代入式(6-54)得

$$\frac{\mathrm{d}^2 w}{\mathrm{d}z^2} = 0 \tag{6-55}$$

于是得

$$\varepsilon_z = \frac{\mathrm{d}w}{\mathrm{d}z} = \mathrm{const} \tag{6-56}$$

图 6-12

将式(6-52)代入式(6-53),化简后可得

$$\frac{\mathrm{d}^2 u}{\mathrm{d}r^2} + \frac{1}{r}\frac{\mathrm{d}u}{\mathrm{d}r} - \frac{u}{r^2} = 0 \tag{6-57}$$

式(6-57)为欧拉二阶线性齐次微分方程,其特解为

$$u = r^n \tag{6-58}$$

将式(6-58)代入式(6-57),并除以 r^{n-2} 后得特征方程

$$n^2 - 1 = 0 \tag{6-59}$$

方程(6-59)的根为

$$n_1 = 1, \quad n_2 = -1$$

其相应的特解为 r 和 $\dfrac{1}{r}$,而其通解应为这两个特解的线性组合,即

$$u = C_1 r + C_2 \frac{1}{r} \tag{6-60}$$

将此结果代入式(6-52)得各应力分量为

$$\sigma_r = \frac{2G}{1-2\nu}(C_1 + \nu\varepsilon_z) - 2GC_2\frac{1}{r^2} = A - B\frac{1}{r^2}$$

$$\sigma_\theta = \frac{2G}{1-2\nu}(C_1 + \nu\varepsilon_z) + 2GC_2\frac{1}{r^2} = A + B\frac{1}{r^2}$$

$$\sigma_z = \frac{4G\nu C_1}{1-2\nu} + \frac{2G(1-\nu)}{1-2\nu}\varepsilon_z = 2\nu A + E\varepsilon_z$$

其中

$$A = \frac{2G}{1-2\nu}(C_1 + \nu\varepsilon_z), \quad B = 2GC_2, \quad E = \frac{2G}{1-2\nu}$$

均为常数,应由边界条件来确定。我们知道因 σ_z 为一常数,故所得结果在圆筒两端也是均匀拉力(或压力)时是精确的。

现在考虑自由端即 $\sigma_z = 0$ 的情况。此时,边界条件为

$$\left. \begin{array}{l} 当\ r = a, \quad \sigma_r = -p_1 \\ 当\ r = b, \quad \sigma_r = -p_2 \end{array} \right\} \tag{6-61}$$

用以上条件,求出 A, B 之后可得下列弹性解的公式:

$$\left. \begin{array}{l} \sigma_r = \dfrac{p_1 a^2 - p_2 b^2}{b^2 - a^2} - \dfrac{(p_1 - p_2)a^2 b^2}{(b^2 - a^2)r^2} \\[3mm] \sigma_\theta = \dfrac{p_1 a^2 - p_2 b^2}{b^2 - a^2} + \dfrac{(p_1 - p_2)a^2 b^2}{(b^2 - a^2)r^2} \\[3mm] u = \dfrac{1-\nu}{E}\dfrac{(p_1 a^2 - p_2 b^2)r}{b^2 - a^2} + \dfrac{1+\nu}{E}\dfrac{(p_1 - p_2)a^2 b^2}{(b^2 - a^2)r} \end{array} \right\} \tag{6-62}$$

当 $r = a$,即在筒内侧,有

$$\left. \begin{array}{l} \sigma_r = -p_1 \\[3mm] \sigma_\theta = \dfrac{b^2 + a^2}{b^2 - a^2}p_1 - \dfrac{2b^2 p_2}{b^2 - a^2} \\[3mm] u = \dfrac{a}{E}\left(\dfrac{b^2 + a^2}{b^2 - a^2} + \nu\right)p_1 - \dfrac{2ab^2 p_2}{E(b^2 - a^2)} \end{array} \right\} \tag{6-63}$$

当 $r = b$,即在筒外侧,有

$$\left. \begin{array}{l} \sigma_r = -p_2 \\[3mm] \sigma_\theta = \dfrac{2a^2 p_1}{b^2 - a^2} - \dfrac{b^2 + a^2}{b^2 - a^2}p_2 \\[3mm] u = \dfrac{2a^2 b p_1}{E(b^2 - a^2)} - \dfrac{b}{E}\left(\dfrac{b^2 + a^2}{b^2 - a^2} - \nu\right)p_2 \end{array} \right\} \tag{6-64}$$

如外侧压力为零,即 $p_2 = 0$,则式(6-62)化为

$$
\left.
\begin{array}{l}
\sigma_r = \dfrac{p_1 a^2}{b^2 - a^2} - \dfrac{p_1 a^2 b^2}{(b^2 - a^2) r^2} \\[3mm]
\sigma_\theta = \dfrac{a^2 p_1}{(b^2 - a^2)} + \dfrac{a^2 b^2}{(b^2 - a^2) r^2} p_1 \\[3mm]
u = \dfrac{1-\nu}{E} \dfrac{a^2 r p_1}{b^2 - a^2} + \dfrac{1+\nu}{E} \dfrac{p_1 a^2 b^2}{(b^2 - a^2) r}
\end{array}
\right\} \qquad (6\text{-}65)
$$

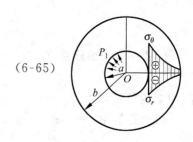

应力分布情况如图 6-13 所示。

图　6-13

2. 弹塑性解

在无外侧压力（$p_2 = 0$）的情况下，材料的屈服一定首先从内侧开始。如采用最大剪应力条件，将 $r = a$ 代入(6-65)前两式则有

$$
\tau_{\max} = \frac{1}{2}(\sigma_\theta - \sigma_r) = \frac{p_1 b^2}{b^2 - a^2} = k \qquad (6\text{-}66)
$$

此处 $k = \dfrac{\sigma_0}{2}$，σ_0 为简单拉伸屈服应力。式(6-66)可改写成

$$
\frac{p_1}{\sigma_0} = \frac{b^2 - a^2}{2 b^2} \qquad (6\text{-}67)
$$

如采用畸变能条件式(4-47)，则因

$$
(\sigma_\theta - \theta_r)^2 + (\sigma_r - \sigma_z)^2 + (\sigma_z - \sigma_\theta)^2 = \left(\frac{p_1 a^2}{b^2 - a^2}\right)^2 \left[\frac{6 b^4}{r^4} + 2(1 - 2\nu)^2\right] = 2\sigma_0^2
$$

则筒内侧（$r = a$）开始屈服时有

$$
\frac{p_1}{\sigma_0} = \frac{b^2 - a^2}{\left[3 b^4 + (1 - 2\nu)^2 a^4\right]^{\frac{1}{2}}} \qquad (6\text{-}68)
$$

如取 $\nu = \dfrac{1}{2}$，则有

$$
\frac{p_1}{\sigma_0} = \frac{b^2 - a^2}{\sqrt{3} b^2} \qquad (6\text{-}68')
$$

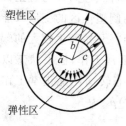

图　6-14

当 p_1 继续增加，塑性区将逐渐向外扩展，形成一个环状塑性区（图 6-14）。此时，圆筒截面分为两部分，外层为弹性区，内层为塑性区（由于对称，弹塑性区交界线必为一个半径为某一数值 c 的圆）。在塑性区内平衡方程仍然成立

$$
\frac{\mathrm{d}\sigma_r}{\mathrm{d}r} + \frac{\sigma_r - \sigma_\theta}{r} = 0
$$

如材料服从最大剪应力条件(6-66)，则平衡方程可化为

$$\frac{\mathrm{d}\sigma_r}{\mathrm{d}r} - \frac{\sigma_0}{r} = 0 \tag{6-69}$$

对式(6-69)积分后,有

$$\sigma_r = \sigma_0 \ln r + C$$

其中 C 为待定常数。

由边界条件,$r=a$,$\sigma_r=-p_1$,得

$$\sigma_r = \sigma_0 \ln \frac{r}{a} - p_1 \tag{6-70}$$

当 $r=c$ 时

$$\sigma_c = \sigma_0 \ln \frac{c}{a} - p_1 \tag{6-71}$$

因而,对于外层弹性区来说,σ_c 就是作用到该区内侧的径向压力,此时问题化为内半径为 $(b-c)$ 的圆筒受压力 $p_1 = -\sigma_c$ 作用的弹性问题。于是,由式(6-67),有

$$\sigma_0 = -\sigma_c \frac{2b^2}{b^2-c^2}$$

因在 $r=c$ 处 σ_r 必连续,故可由上式及式(6-71)消去 σ_c,可得

$$\frac{p_1}{\sigma_0} = \ln\left(\frac{c}{a}\right) + \frac{1}{2}\left(1 - \frac{c^2}{b^2}\right) \tag{6-72}$$

这是弹性交界 c 处应满足的方程,此为一超越方程,当给定 p_1 时,可用数值方法求出 c 值。

综上所述,塑性区的应力解为

$$\left.\begin{aligned} \sigma_r &= \sigma_0 \ln \frac{r}{a} - p_1 \ (a \leqslant r \leqslant c) \\ \sigma_\theta &= \sigma_r + \sigma_0 \\ \tau_{r\theta} &= 0 \end{aligned}\right\} \tag{6-73}$$

而弹性交界面的半径 c 由式(6-72)确定之。

以上结果说明,σ_r,σ_θ 的确定无须使用变形条件和本构关系,而直接由平衡方程、屈服条件即可得到各应力分量。这种问题是所谓"静定"问题。

当塑性区前沿一直扩展到圆筒的外侧时,整个厚壁筒全部处于塑性状态,称为**全塑性状态**或**极限状态**。在极限状态以前,由于有外侧弹性区的约束,圆筒内侧塑性区的变形只能与弹性变形为同量级。从极限状态开始,上述这种约束就已解除,圆筒将开始产生较大的塑性变形,故称称为无约束塑性流动。极限状态以前,圆筒可认为尚能正常工作,极限状态以后就不再认为是正常工作阶段了。所以说,极限状态是从正常工作状态转向不能正常工作的一种临界状态。与之对应的外力称为**极限载荷**,记作 p_0,由式(6-72)p_0 为

$$p_0 = \sigma_0 \ln\left(\frac{b}{a}\right) \tag{6-74}$$

以上分析是根据最大剪应力条件作出的。如采用畸变能条件则由 4.4 节可知 σ_0 应为 $\frac{2}{\sqrt{3}}\sigma_0$。此外,进一步可给出弹塑性变形的分析。

6.7 半无限平面体问题

当作为建筑物地基的土体视为弹性体考虑时,地表面受带状载荷作用的问题可化为弹性半平面受垂直载荷作用的问题。此外,大尺寸薄板边界受作用于板的中面,且平行于板面的外力作用时也是这类问题。不过前者为平面应变问题,后者为平面应力问题。以下我们按平面应力的情况来讨论,最后将说明,所得结果对于平面应变情况的应力分量部分仍然适用,位移与应变部分只需更换一下弹性常数。

1. 楔形尖顶承受集中载荷

下面首先考虑图 6-15 所示三角形截面的长柱体在顶端受载荷作用时的应力分布。取应力函数为

$$\varphi = Ar\theta\sin\theta$$

其中 A 为常数,则由式(6-40),得

$$\sigma_r = \frac{1}{r}\frac{\partial\varphi}{\partial r} + \frac{1}{r^2}\frac{\partial^2\varphi}{\partial\theta^2} = \frac{2A}{r}\cos\theta$$

$$\sigma_\theta = \frac{\partial^2\varphi}{\partial r^2} = 0$$

$$\tau_{r\theta} = -\frac{\partial}{\partial r}\left(\frac{1}{r}\frac{\partial\varphi}{\partial\theta}\right) = 0$$

这一应力状态,显然可以满足在楔的外缘斜边上无外力作用的边界条件。

现在我们来确定常数 A。为此,我们取一半径为 r 的弧形面 aa,其上的分布应力(如图 6-15 所示)的合力应与 F 力相平衡,由此条件得:

$$\int_{-\alpha}^{\alpha} \sigma_r \cos\theta \, r\mathrm{d}\theta = F$$

代入 σ_r 并积分得

$$2A = -\frac{F}{\alpha + \frac{1}{2}\sin2\alpha}$$

及

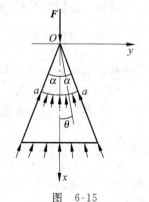

图 6-15

$$\left.\begin{array}{l} \sigma_r = -\dfrac{F}{\alpha+\dfrac{1}{2}\sin2\alpha}\cdot\dfrac{1}{r}\cos\theta \\[4mm] \sigma_\theta = \tau_{r\theta} = \tau_{\theta r} = 0 \end{array}\right\} \qquad (6\text{-}75)$$

在上式中,当 $r\to0$ 时,$\sigma_r\to\infty$。这就说,在载荷 F 的作用点处应力是无穷大,即解答是不适用的。如果外力不是作用在顶点一个点上,而是按式(6-75)的规律,分布在一个小圆弧形面积上,则上面的解为该问题的精确解,否则根据圣维南原理除掉在作用点附近的一个小扇形,所得解答仍然是足够精确的。

2. 集中载荷

在上述问题中,如令 $\alpha=\dfrac{\pi}{2}$,则得在弹性半平面边界上有集中载荷作用的问题(图 6-16)的解答。这就是本节所要讨论的问题。

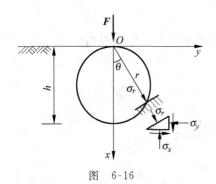

图　6-16

将 $\dfrac{\pi}{2}$ 代入式(6-75)得

$$\left.\begin{array}{l} \sigma_r = -\dfrac{2F\cos\theta}{\pi}\dfrac{1}{r} \\[3mm] \sigma_\theta = \tau_{r\theta} = 0 \end{array}\right\} \qquad (6\text{-}76)$$

下面讨论一下该应力场的特征:

(1) 由式(6-76)知,σ_r 为主应力,并指向 O 点,其大小随 θ 角的变化而变化。

(2) 在直径为 h,圆心在 Ox 轴且相切于 O 点的圆上(图 6-16),任一点都有 $r/\cos\theta=h$,所以在此圆周上各点的正应力 σ_r 均为

$$\sigma_r = -\frac{2F}{\pi h} \qquad (6\text{-}77)$$

这就是说,除载荷作用点外,此圆上各点 σ_r 的应力均等,即此圆为等径向应力轨迹,通常称为**压力泡**。又因此圆上 $\tau_{\max}=\dfrac{1}{2}\sigma_r=$ 常数,故又称**等色线**(因在光弹性试验中等剪应力线的颜色相同而得名)(图 6-17(a))。

(3) 主应力轨迹为一组同心圆和以 O 为中心的放射线[①](图 6-17(b))。

(4) 最大剪应力轨迹为一组与主应力轨迹成 $45°$ 的两组曲线(图 6-17(c))。最大剪应

---

① 因主应力 σ_r 为 O 点出发的一束放射线与这族放射线正交的曲线即 σ_θ 的轨迹(所谓应力轨迹,是描绘物体内各点应力矢量的方向的变化曲线,它并不表示应力大小的变化),显然这是以 O 点为圆心的一族同心半圆。

力轨迹为**对数螺线**①。

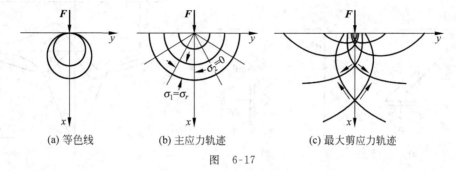

(a) 等色线 (b) 主应力轨迹 (c) 最大剪应力轨迹

图 6-17

上述用极坐标表示的各应力分量式(6-76),不难转变到直角坐标系上去。实际上,由图 6-18 得

$$
\left.
\begin{aligned}
\sigma_x &= \sigma_r \cos^2\theta = -\frac{2F\cos^3\theta}{\pi r} \\
\sigma_y &= \sigma_r \sin^2\theta = -\frac{2F\sin^2\theta\cos\theta}{\pi r} \\
\tau_{xy} &= \sigma_r \sin\theta\cos\theta = -\frac{2F\sin\theta\cos^2\theta}{\pi r}
\end{aligned}
\right\}
\tag{6-78}
$$

或

$$
\left.
\begin{aligned}
\sigma_x &= -\frac{2F}{\pi}\frac{x^3}{(x^2+y^2)^2} \\
\sigma_y &= -\frac{2F}{\pi}\frac{xy^2}{(x^2+y^2)^2} \\
\tau_{xy} &= -\frac{2F}{\pi}\frac{x^2 y}{(x^2+y^2)^2}
\end{aligned}
\right\}
\tag{6-78'}
$$

由以上可得,距自由边为 a 的平面上的应力为(图 6-19)

$$
\left\{
\begin{aligned}
\sigma_x &= -\frac{2F}{\pi}\frac{a^3}{(a^2+y^2)^2} \\
\sigma_y &= -\frac{2F}{\pi}\frac{ay^2}{(a^2+y^2)^2} \\
\tau_{xy} &= -\frac{2F}{\pi}\frac{a^2 y}{(a^2+y^2)^2}
\end{aligned}
\right.
$$

---

① 任一点的最大剪应力均与主应力轨迹成 $45°$,由此可建立微分方程 $\dfrac{r\mathrm{d}\theta}{\mathrm{d}r}=\tan\dfrac{\pi}{4}=1$,积分后得 $r=Ce^{\theta}$,因而,最大剪应力轨迹是一族对数螺线。

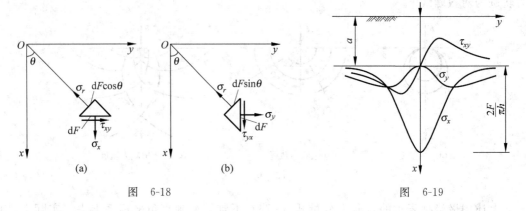

图　6-18　　　　　　　　　　　　　　　图　6-19

位移计算

现在来求位移分量。将广义胡克定律

$$\left.\begin{aligned}
\varepsilon_r &= \frac{1}{E}(\sigma_r - \nu\sigma_\theta) \\[2mm]
\varepsilon_\theta &= \frac{1}{E}(\sigma_\theta - \nu\sigma_r) \\[2mm]
\gamma_{r\theta} &= \frac{2(1+\nu)}{E}\ \tau_{r\theta} = 0
\end{aligned}\right\} \tag{a}$$

代入应变位移关系式,得

$$\left.\begin{aligned}
\varepsilon_r &= \frac{\partial u}{\partial r} = -\frac{2F}{\pi E}\frac{\cos\theta}{r} \\[2mm]
\varepsilon_\theta &= \frac{u}{r} + \frac{1}{r}\frac{\partial v}{\partial \theta} = \frac{2\nu F}{\pi E}\frac{\cos\theta}{r} \\[2mm]
\nu_{r\theta} &= \frac{\partial u}{r\,\partial\theta} + \frac{\partial v}{\partial r} - \frac{v}{r} = 0
\end{aligned}\right\} \tag{b}$$

将式(b)第一式积分,得

$$u = -\frac{2F}{\pi E}\cos\theta\cdot\ln r + f(\theta) \tag{c}$$

将式(c)代入式(b)第二式得

$$\frac{\partial v}{\partial \theta} = \frac{2\nu F}{\pi E}\cos\theta + \frac{2F}{\pi E}\cos\theta\ln r - f(\theta) \tag{d}$$

积分上式得

$$v = \frac{2\nu F}{\pi E}\sin\theta + \frac{2F}{\pi E}\sin\theta\ln r - \int f(\theta)\,\mathrm{d}\theta + f_1(r) \tag{e}$$

将式(c)、(e)代入式(b)第三式,简化并乘以 r 后,得

$$f_1(r) - r\frac{\mathrm{d}f_1(r)}{\mathrm{d}r} = \frac{\mathrm{d}f(\theta)}{\mathrm{d}\theta} + \int f(\theta)\mathrm{d}\theta + \frac{2(1-\nu)F}{\pi E}\sin\theta = F = \mathrm{const} \qquad (\mathrm{f})$$

由此得下列两个方程

$$\left. \begin{array}{l} f_1(r) - r\dfrac{\mathrm{d}f_1(r)}{\mathrm{d}r} = Q \\[3mm] \dfrac{\mathrm{d}f(\theta)}{\mathrm{d}\theta} + \displaystyle\int f(\theta)\mathrm{d}\theta + \dfrac{2(1-\nu)F}{\pi E}\sin\theta = Q \end{array} \right\} \qquad (\mathrm{g})$$

解微分积分方程(g),得

$$\left\{ \begin{array}{l} f_1(r) = Hr + Q \\[2mm] f(\theta) = I\sin\theta + K\cos\theta - \dfrac{(1-\nu)F}{\pi E}\theta\sin\theta \end{array} \right.$$

其中 Q,H,I,K 均为任意常数,考虑到对轴的对称性,有下列边界条件(图 6-20):

(1) 沿 x 轴,r 为任意值时均有

$$(v)_{\theta=0} = 0$$

(2) 在图中 A 点有

$$(u)_{\substack{\theta=0 \\ r=h}} = 0$$

由此得

$$I=0, \quad H=0, \quad Q=0$$

$$K = \frac{2F}{\pi E}\ln h$$

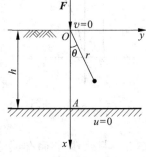

图 6-20

于是得各位移分量为

$$\left. \begin{array}{l} u = \dfrac{2F}{\pi E}\cos\theta\ln\dfrac{h}{r} - \dfrac{(1-\nu)F}{\pi E}\theta\sin\theta \\[3mm] v = -\dfrac{2F}{\pi E}\sin\theta\ln\dfrac{h}{r} - \dfrac{(1-\nu)F}{\pi E}\theta\cos\theta + \dfrac{(1+\nu)F}{\pi E}\sin\theta \end{array} \right\} \qquad (6\text{-}79)$$

由此,自由边界处的位移 v 为

$$(-v)_{\theta=\frac{\pi}{2}} = \frac{2F}{\pi E}\ln\frac{h}{r} - \frac{(1+\nu)F}{\pi E}$$

此处 v 以沿 θ 正方向为正。

$$\eta = \frac{2F}{\pi E}\ln\frac{s}{r} \qquad (6\text{-}80)$$

应当指出,当 $h\to\infty$ 时,由上式(6-79)得 $(v)_{\theta=\pi/2}\to\infty$,这显然是与实际不符的。为了实际应用的目的(例如在土力学中求地基的沉陷),我们可以取自由边界上的一点作为基点(例如图 6-21 中 B 点),求任意 M 对该点的相对位移 η

$$\eta=\left[\frac{2F}{\pi E}\ln\frac{h}{r}-\frac{(1+\nu)F}{\pi E}\right]-\left[\frac{2F}{\pi E}\ln\frac{h}{s}-\frac{(1+\nu)F}{\pi E}\right]$$

即

$$\eta=\frac{2F}{\pi E}\ln\frac{s}{r}$$

前面曾提到,对于平面应变问题,以上所得结果仍然适用,只需将位移分量公式中的 E 换为 $\frac{E}{1-\nu^2}$,ν 应换为 $\frac{\nu}{1-\nu}$。例如,在平面应变的情况下式(6-80)应改写为

$$\eta=\frac{2(1-\nu^2)F}{\pi E}\ln\frac{s}{r} \tag{6-81}$$

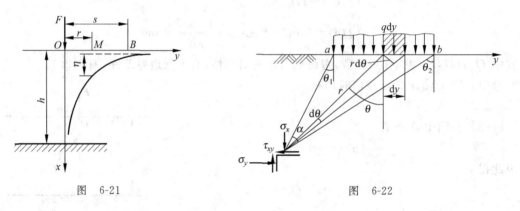

图 6-21   图 6-22

3. 半无限平面体边界上受分布载荷

以上结果不难用叠加原理推广到自由边有多个集中力及分布载荷作用的情况。设在自由边有分布载荷作用(图 6-22),则由图得出

$$\mathrm{d}y=\frac{r\mathrm{d}\theta}{\cos\theta}$$

于是有

$$q\mathrm{d}y=\frac{qr\mathrm{d}\theta}{\cos\theta}$$

以此代替式(6-78)中 F,便得到 $q\mathrm{d}y$ 作用下各点之应力。如载荷从 a 均匀分布(q=常数)到 b,则任一点的应力由下列公式确定:

$$\left.\begin{array}{l}\sigma_x=-\dfrac{2}{\pi}\displaystyle\int_{\theta_1}^{\theta_2}q\cos^2\theta\mathrm{d}\theta=-\dfrac{q}{2\pi}(2\theta+\sin2\theta)\Big|_{\theta_1}^{\theta_2}\\[4mm]\sigma_y=-\dfrac{2}{\pi}\displaystyle\int_{\theta_1}^{\theta_2}q\sin^2\theta\mathrm{d}\theta=-\dfrac{q}{2\pi}(2\theta-\sin2\theta)\Big|_{\theta_1}^{\theta_2}\\[4mm]\tau_{xy}=-\dfrac{2}{\pi}\displaystyle\int_{\theta_1}^{\theta_2}q\sin\theta\cos\theta\mathrm{d}\theta=-\dfrac{q}{2\pi}(2\sin^2\theta)\Big|_{\theta_1}^{\theta_2}\end{array}\right\} \tag{6-82}$$

如令 $\alpha=\theta_2-\theta_1$（图 6-22），则主应力为

$$\left.\begin{aligned}\sigma_1 &= -\frac{q}{\pi}(\alpha-\sin\alpha)\\\sigma_2 &= -\frac{q}{\pi}(\alpha+\sin\alpha)\end{aligned}\right\} \tag{6-83}$$

由此得最大剪应力为

$$\tau_{max}=\frac{1}{2}(\sigma_1-\sigma_2)=-\frac{q}{\pi}\sin\alpha \tag{6-84}$$

当 $\alpha=\dfrac{\pi}{2}$ 时，最大剪应力达到最大值。

以上为弹性解。如果外载荷不断增加，则必将在载荷达到某一数值时，在介质中的某一点处，开始出现塑性区。由式(6-82)第三式可知，材料的屈服首先在 a,b 两点发生（图 6-23）。因为 a,b 点可能因应力集中产生很大的应力而导致屈服。应当指出，有些介质（例如土体）由于自重的作用使得应力 σ_y 远小于应力 σ_x，则有可能在对称轴 x 上的某一深度处开始屈服。这一问题的进一步分析及极限平衡的讨论将在以后给出。

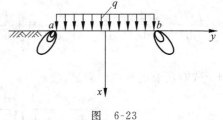

图 6-23

6.8 圆孔孔边应力集中

本节讨论对边受均匀拉力作用的带孔平板。设孔为圆形，半径为 a，且与板的尺寸相比很小（图 6-24）。则孔边的应力将远大于无孔时的应力，这种现象称为应力集中。

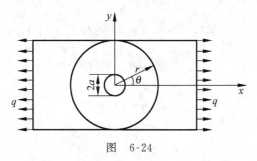

图 6-24

由圣维南原理可知，在远离小孔的地方，孔边局部应力集中的影响将消失。对于无孔板来说，板中应力为

$$\sigma_x=q,\quad \sigma_y=0,\quad \tau_{xy}=0$$

与之相应的应力函数为

$$\varphi_0 = \frac{1}{2} q y^2 \tag{6-85}$$

用极坐标表示为

$$\varphi_0 = \frac{1}{2} q r^2 \sin^2\theta = \frac{1}{4} q r^2 (1 - \cos 2\theta) \tag{6-86}$$

现在要找一个应力函数 φ,使它适用于有圆孔的板,且在 r 值足够大时给出的应力与 φ_0 给出的应力相同。

我们取应力函数为下列形式:

$$\varphi = f_1(r) + f_2(r)\cos 2\theta \tag{6-87}$$

将式(6-87)代入式(6-49),得

$$\left(\frac{\mathrm{d}^2}{\mathrm{d}r^2} + \frac{1}{r}\frac{\mathrm{d}}{\mathrm{d}r} \right)\left(\frac{\mathrm{d}^2 f_1}{\mathrm{d}r^2} + \frac{1}{r}\frac{\mathrm{d}f_1}{\mathrm{d}r} \right) + \left(\frac{\mathrm{d}^2}{\mathrm{d}r^2} + \frac{1}{r}\frac{\mathrm{d}}{\mathrm{d}r} - \frac{4}{r^2} \right) \cdot \left(\frac{\mathrm{d}^2 f_2}{\mathrm{d}r^2} + \frac{1}{r}\frac{\mathrm{d}f_2}{\mathrm{d}r} - \frac{4 f_2}{r^2} \right)\cos 2\theta = 0 \tag{6-88}$$

因上式对所有的 θ 均应满足,故有

$$\left. \begin{aligned} \left(\frac{\mathrm{d}^2}{\mathrm{d}r^2} + \frac{1}{r}\frac{\mathrm{d}}{\mathrm{d}r} \right)\left(\frac{\mathrm{d}^2 f_1}{\mathrm{d}r^2} + \frac{1}{r}\frac{\mathrm{d}f_1}{\mathrm{d}r} \right) = 0 \\[2mm] \left(\frac{\mathrm{d}^2}{\mathrm{d}r^2} + \frac{1}{r}\frac{\mathrm{d}}{\mathrm{d}r} - \frac{4}{r^2} \right)\left(\frac{\mathrm{d}^2 f_2}{\mathrm{d}r^2} + \frac{1}{r}\frac{\mathrm{d}f_2}{\mathrm{d}r} - \frac{4 f_2}{r^2} \right) = 0 \end{aligned} \right\} \tag{6-89}$$

式(6-89)第一式为欧拉线性方程,其特解为

$$f_1 = r^n \tag{6-90}$$

于是得

$$\frac{\mathrm{d}^2 f_1}{\mathrm{d}r^2} + \frac{1}{r}\frac{\mathrm{d}f_1}{\mathrm{d}r} = [n(n-1)+n]r^{n-2} = n^2 r^{n-2} \tag{6-91}$$

$$\left(\frac{\mathrm{d}^2}{\mathrm{d}r^2} + \frac{1}{r}\frac{\mathrm{d}}{\mathrm{d}r} \right)n^2 r^{n-2} = n^2[(n-2)(n-3)+(n-2)]r^{n-4}$$

$$= n^2(n-2)^2 r^{n-4} = 0 \tag{6-92}$$

特征方程为

$$n^2(n-2)^2 = 0 \tag{6-93}$$

其 4 个根为

$$n_{1,2} = 0, \quad n_{3,4} = 2$$

从而得式(6-89)第一式的通解为

$$f_1 = C_1 + C_2 \ln r + C_3 r^2 + C_4 r^2 \ln r \tag{6-94}$$

式(6-89)第二式也是欧拉线性方程,其特解同样为

$$f_2 = r^n$$

类似地有

$$\frac{d^2 f_2}{dr^2} + \frac{1}{r}\frac{df_2}{dr} - \frac{4f_2}{r^2} = [n(n-1)+(n-4)]r^{n-2} = (n+2)(n-2)r^{n-2} \quad (6\text{-}95)$$

$$\left(\frac{d^2}{dr^2} + \frac{1}{r}\frac{d}{dr} - \frac{4}{r^2}\right)(n+2)(n-2)r^{n-2}$$

$$= (n+2)(n-2)[(n-1)(n-3)+n-2-4]r^{n-4}$$

$$= (n+2)(n-2)n(n-4)r^{n-4} = 0 \quad (6\text{-}96)$$

因而 n 的 4 个值为

$$n_1 = -2, \quad n_2 = 0, \quad n_3 = 2, \quad n_4 = 4$$

于是得式(6-89)第二式的通解为

$$f_2 = \frac{C_5}{r^2} + C_6 + C_7 r^2 + C_8 r^4 \quad (6\text{-}97)$$

于是

$$\varphi = f_1 + f_2\cos2\theta$$

$$= C_1 + C_2\ln r + C_3 r^2 + C_4 r^2 \ln r + \left(\frac{C_5}{r^2} + C_6 + C_7 r^2 + C_8 r^4\right)\cos2\theta \quad (6\text{-}98)$$

代入式(6-40)有

$$\left.\begin{array}{l}\sigma_r = C_2\dfrac{1}{r^2} + 2C_3 + C_4(1+2\ln r) - \left(\dfrac{6C_5}{r^4} + \dfrac{4C_6}{r^2} + 2C_7\right)\cos2\theta \\[3mm] \sigma_\theta = -C_2\dfrac{1}{r^2} + 2C_3 + C_4(3+2\ln r) + \left(\dfrac{6C_5}{r^4} + 2C_7 + 12C_8 r^2\right)\cos2\theta \\[3mm] \tau_{r\theta} = \left(-\dfrac{6C_5}{r^4} - \dfrac{2C_6}{r^2} + 2C_7 + 6C_8 r^2\right)\sin2\theta\end{array}\right\} \quad (6\text{-}99)$$

上式中的常数,应根据下列条件确定:

(1) 当 $r \to \infty$ 时,应力应保持有限;

(2) 当 $r = a$ 时,$\sigma_r = \tau_{r\theta} = 0$。

由第一个条件,因当 $r \to \infty$ 时,以 C_4,C_8 为系数的项无限增长,故 $C_4 = C_8 = 0$。

由第二个条件,当 $r = a$ 时,$\sigma_r = 0$,有

$$2C_3 + \frac{C_2}{a^2} = 0, \quad 2C_7 + \frac{6C_5}{a^4} + \frac{4C_6}{a^2} = 0 \quad (a)$$

及当 $r = a$ 时,$\tau_{r\theta} = 0$,有

$$2C_7 - \frac{6C_5}{a^4} - \frac{2C_6}{a^2} = 0 \quad (b)$$

此外,应力函数 φ 在 r 足够大时给出的应力应与 φ_0 给出的应力相同。因 $\varphi_0 = \dfrac{1}{4}qr^2 -$

$\dfrac{1}{4}qr^2\cos2\theta$,故由 φ_0 确定的应力分量为

$$\left.\begin{array}{l} \sigma_r^0 = \dfrac{1}{2}q(1+\cos2\theta) \\[2mm] \sigma_\theta^0 = \dfrac{1}{2}q(1-\cos2\theta) \\[2mm] \tau_{r\theta}^0 = -\dfrac{1}{2}q\sin2\theta \end{array}\right\} \tag{6-100}$$

于是,以上要求即在 $r \to \infty$ 的条件下,式(6-99)应与式(6-100)相等。

由此,得

$$2C_7 = -\frac{1}{2}q, \quad 2C_3 = \frac{1}{2}q \tag{c}$$

解式(a)、(b)、(c)后,得

$$C_2 = -\frac{1}{2}qa^2, \quad C_3 = \frac{1}{4}q, \quad C_5 = -\frac{1}{4}qa^4$$

$$C_6 = \frac{1}{2}qa^2, \quad C_7 = -\frac{1}{4}q$$

将以上结果代入式(6-98),并弃去 C_1(因它对应力分量没有影响),得应力函数为

$$\varphi = \frac{1}{4}q\left[r^2 - 2a^2\ln r - \left(r^2 - 2a^2 + \frac{a^4}{r^2}\right)\cos2\theta\right] \tag{6-101}$$

各应力分量为

$$\left.\begin{array}{l} \sigma_r = \dfrac{1}{2}q\left[1 - \dfrac{a^2}{r^2} + \left(1 - \dfrac{4a^2}{r^2} + \dfrac{3a^4}{r^4}\right)\cos2\theta\right] \\[3mm] \sigma_\theta = \dfrac{1}{2}q\left[1 + \dfrac{a^2}{r^2} - \left(1 + \dfrac{3a^4}{r^4}\right)\cos2\theta\right] \\[3mm] \tau_{r\theta} = -\dfrac{1}{2}q\left(1 + \dfrac{2a^2}{r^2} - \dfrac{3a^4}{r^4}\right)\sin2\theta \end{array}\right\} \tag{6-102}$$

人们关心的是圆边(即 $r=a$ 和 $\theta=\pm\pi/2$)处的应力。实际上,由式(6-102)可得出(图 6-25)

当 $r=a$,$\sigma_r=0$,$\tau_{r\theta}=0$,

$$\sigma_\theta = q(1-2\cos2\theta) \tag{6-103}$$

而当 $r=a$,$\theta=\pm\pi/2$,$\sigma_\theta=3q$;当 $\theta=0$ 或 $\theta=\pi$,$\sigma_\theta=-q$。

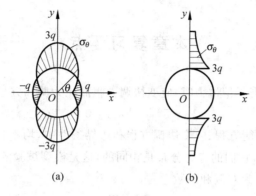

图　6-25

当 $\theta = \pm\pi/2$，σ_θ 随 r 的变化而变化的关系为(图6-25)：

$$\sigma_\theta = q\left(1 + \frac{a^2}{2r^2} + \frac{3a^4}{2r^4}\right) \tag{6-104}$$

当 $r = a$ 时，$\sigma_\theta = 3q$，这就是说，板条拉伸时孔边的最大拉应力为平均拉应力的三倍。而当 $\theta = 0°$ 或 $\theta = \pi$ 时，$\sigma_\theta = -q$ 为压应力。再由式(6-104)可知，当 $r = 2a$ 时，$\sigma_\theta = 1.22q$，$r = 3a$ 时，$\sigma_\theta = 1.07q$，当 r 足够大时，$\sigma_\theta \to q$，即应力集中现象只发生在孔边附近，远离孔边即迅速衰减下去。

应当指出，在孔的尺寸 $2a$(图6-26)与平板尺寸 d 相比为很小($2a \ll d$)时，可采用下列近似公式

$$(\sigma_\theta)_{\max} = 3q\frac{d}{d-a} \tag{6-105}$$

对于椭圆形的孔，当椭圆的一个主轴($2b$)与受拉方向一致时(图6-27)，则在另一主轴($2a$)端部产生的应力为

$$(\sigma_\theta)_{\max} = q\left(1 + \frac{2a}{b}\right) \tag{6-106}$$

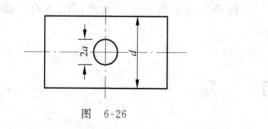

图　6-26

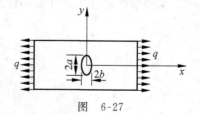

图　6-27

由此可见，如 $a > b$，则 $(\sigma_\theta)_{\max} > 3q$，且当 $b \to 0$，即椭圆孔趋于一条裂纹时，裂纹尖端的应力是相当大的。这种情况说明，垂直于受拉方向的裂纹首先在端部扩展。为防止裂纹的扩展，常在裂纹尖端钻一小孔以降低应力集中系数。

本章复习要点

1. 在平面问题中,当不记体力时,应变协调方程简化为调和方程(称为莱维方程)

$$\nabla^2(\sigma_x+\sigma_y)=0$$

2. 在平面问题的平衡方程、应变协调方程和边界条件中,均不含材料常数,故平面应力问题或是平面应变问题,它们的应力分布是相同的,这是模型试验的理论基础。

3. 艾里应力函数 φ 为双调和函数

$$\nabla^4\varphi=0$$

及其特性。

4. 逆解法与半逆解法的技巧。

5. 适用于直角坐标和极坐标解题的特点。

6. 讨论物体的塑性状态必须引入屈服条件后解题的步骤。

思 考 题

6-1 为什么平面应力和平面应变问题的应力分布是相同的?

6-2 应力函数的选取有哪些注意点?

6-3 在半平面表面受集中力作用时,物体中的最大切应力轨迹为什么是一族对数螺线?

6-4 什么样的问题可以简化成平面应力问题或平面应变问题?

6-5 用应力函数解问题时,应有哪些步骤?

6-6 什么是塑性极限状态?

6-7 梁的塑性区首先在什么部位产生?讨论几种载荷和不同支承情况下的可能性和必然性。

习 题

6-1 求下图中给出的圆弧曲梁内的应力分布。

提示:(1) 选用极坐标;

(2) 应力函数取 $\varphi=f(r)\sin\theta$。

答案：

$$\sigma_r = \frac{F}{N}\left(r + \frac{a^2 b^2}{r^3} - \frac{a^2 + b^2}{r}\right)\sin\theta$$

$$\sigma_\theta = \frac{F}{N}\left(3r - \frac{a^2 b^2}{r^3} - \frac{a^2 + b^2}{r}\right)\sin\theta$$

$$\tau_{r\theta} = -\frac{F}{N}\left(r + \frac{a^2 b^2}{r^3} - \frac{a^2 + b^2}{r}\right)\cos\theta$$

$$N = a^2 - b^2 + (a^2 + b^2)\ln\frac{a}{b}$$

6-2 试分析下列应力函数可解什么样的平面应力问题

$$\varphi = \frac{3F}{4c}\left(xy - \frac{xy^3}{3c^2}\right) + \frac{q}{2}y^2$$

6-3 悬臂梁$(-c<y<c, 0<x<l)$沿下边受均布剪力，而上边和$x=l$的一端不受载荷时，可用应力函数

$$\varphi = s\left(\frac{1}{4}xy - \frac{xy^2}{4c} - \frac{xy^3}{4c^2} + \frac{ly^2}{4c} + \frac{ly^3}{4c^2}\right)$$

得出解答。并说明，此解答在哪些方面是不完善的。

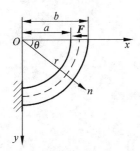

习题　6-1 图

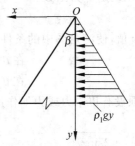

习题　6-4 图

6-4 已求得三角形坝体的应力场为

$$\sigma_x = ax + by$$
$$\sigma_y = cx + dy$$
$$\tau_{xy} = \tau_{yx} = -dx - ay - \gamma x$$
$$\tau_{xz} = \tau_{yz} = \sigma_z = 0$$

其中γ为坝体材料比重，γ_1为水的比重，试根据边界条件求常数a, b, c, d的值。

答案：$a = 0$，$b = -\gamma$，

$$c = \gamma\cot\beta - 2\gamma_1\cot^3\beta, \quad d = \gamma_1\cot^3\beta - \gamma$$

6-5 试以简支梁受均布载荷作用为例,求当泊松比 $\gamma=0.3$ 时,用初等理论给出的结果的误差不超过 2.5% 时的跨长 l 与梁高 h 之比。

答案: $h/l \leqslant 0.1085$

6-6 图中的悬臂梁受均布载荷 $q=100\mathrm{kN/m}$ 作用,试求其最大应力

(a) 用应力函数

$$\varphi=\frac{q}{2\left(1-\frac{\pi}{4}\right)}\left[-x^2+xy+(x^2+y^2)\left(\frac{\pi}{4}-\arctan\frac{y}{x}\right)\right]$$

(b) 用初等理论求,并比较以上结果。

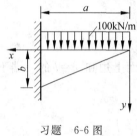
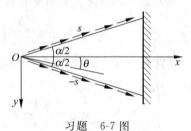

习题 6-6 图   习题 6-7 图

6-7 试确定应力函数

$$\varphi=cr^2(\cos 2\theta-\cos 2\alpha)$$

中的常数 c 值,使满足图中的条件

$$在 \theta=\alpha 面上,\qquad \sigma_\theta=0,\qquad \tau_{r\theta}=s$$
$$在 \theta=-\alpha 面上,\qquad \sigma_\theta=0,\qquad \tau_{r\theta}=-s$$

并证明楔顶没有集中力或力偶作用。

答案: $c=\dfrac{s}{2\sin 2\alpha}$

6-8 试求内外径之比为 $1/2$ 的厚壁筒在受内外相等压力(即 $p_1=p_2$)时的极限载荷。并讨论之。

答案: $p_0=\sigma_0$

6-9 试求只有外压作用的厚壁筒的应力分布及塑性区应力公式。

6-10 试求悬臂梁受均布载荷作用时的弹塑性分界层的曲线形式。

答案: 为一椭圆方程

第7章
理想刚塑性平面应变问题

7.1 基本关系式

本章讨论理想刚塑性材料的平面应变问题,这种材料的特性为屈服前处于无变形刚体状态,一旦屈服,即进入塑性流动状态。

容易理解,刚塑性材料假定是为了简化分析的目的而提出的一种假想的材料。根据这种假定做出的分析,只有在物体内某一方向可以开始发生无约束的塑性流动后,才比较真实地接近弹塑性材料的分析结果。对于工程中常见的塑性极限平衡问题,如压延、金属成型等问题,刚塑性分析不会引起大的误差。

由前面的讨论可知,平面塑性应变状态是物体中各点的塑性流动都平行于给定的 xy 平面,与 z 无关。在体积不可压缩和小变形条件下,任一微小单元在塑性应变状态下的畸变增量是一个纯剪变形。所以,每一点的应力状态为一个纯剪应力 τ 加一个静水压力 σ_m。由此,垂直于流动平面的应力 σ_z 应等于 σ_m,实际上,对于平面应变问题有

$$\varepsilon_x = \varepsilon_x(x,y), \quad \varepsilon_y = \varepsilon_y(x,y), \quad \varepsilon_z = 0 \tag{7-1}$$

应力分量也只与 x,y 有关,故

$$\tau_{xz} = \tau_{yz} = 0$$

由此得出,z 方向为一主方向,σ_z 为一主应力。

增量理论的本构方程给出

$$d\varepsilon_{ij} = d\lambda s_{ij} = \frac{3d\varepsilon_i}{2\sigma_i}s_{ij} \tag{7-2}$$

或

$$
\left.
\begin{aligned}
\mathrm{d}\varepsilon_x &= \frac{2}{3}\mathrm{d}\lambda\left[\sigma_x - \frac{1}{2}(\sigma_y + \sigma_z)\right] \\[4pt]
\mathrm{d}\varepsilon_y &= \frac{2}{3}\mathrm{d}\lambda\left[\sigma_y - \frac{1}{2}(\sigma_x + \sigma_z)\right] \\[4pt]
\mathrm{d}\varepsilon_z &= \frac{2}{3}\mathrm{d}\lambda\left[\sigma_z - \frac{1}{2}(\sigma_x + \sigma_y)\right] \\[4pt]
\mathrm{d}\gamma_{xy} &= \mathrm{d}\lambda\tau_{xy}
\end{aligned}
\right\}
\tag{7-2$'$}
$$

由 $\mathrm{d}\varepsilon_z = 0$ 得

$$
\sigma_z = \frac{1}{2}(\sigma_x + \sigma_y)
\tag{7-3}
$$

于是,对于平面应变(在 Oxy 平面内)有

$$
\sigma_z = \sigma_\mathrm{m} = \frac{1}{2}(\sigma_x + \sigma_y)
\tag{7-4}
$$

畸变能条件为

$$
(\sigma_x - \sigma_y)^2 + (\sigma_y - \sigma_z)^2 + (\sigma_z - \sigma_x)^2 + 6(\tau_{xy}^2 + \tau_{yz}^2 + \tau_{zx}^2) = 6k^2
\tag{7-5}
$$

其中 k 为纯剪屈服应力,将式(7-4)及 $\tau_{xz} = \tau_{yz} = 0$ 代入式(7-5)得

$$
(\sigma_x - \sigma_y)^2 + \left[\sigma_y - \frac{1}{2}(\sigma_x + \sigma_y)\right]^2 + \left[\frac{1}{2}(\sigma_x + \sigma_y) - \sigma_x\right]^2 + 6\tau_{xy}^2 = 6k
$$

化简后为

$$
\frac{1}{4}(\sigma_x - \sigma_y)^2 + \tau_{xy}^2 = k^2
\tag{7-6}
$$

已知 σ_z 为一主应力,其他两个主应力由下式确定:

$$
\sigma_{1,3} = \frac{\sigma_x + \sigma_y}{2} \pm \frac{1}{2}\sqrt{(\sigma_x - \sigma_y)^2 + 4\tau_{xy}^2}
$$

于是,在塑性区内主应力为

$$
\left.
\begin{aligned}
\sigma_1 &= \frac{\sigma_x + \sigma_y}{2} + \frac{1}{2}\sqrt{(\sigma_x - \sigma_y)^2 + 4\tau_{xy}^2} \\[4pt]
\sigma_2 &= \frac{\sigma_x + \sigma_y}{2} \\[4pt]
\sigma_3 &= \frac{\sigma_x + \sigma_y}{2} - \frac{1}{2}\sqrt{(\sigma_x - \sigma_y)^2 + 4\tau_{xy}^2}
\end{aligned}
\right\}
\tag{7-7}
$$

最大剪应力为[①]

$$
\tau_{\max} = k = \frac{1}{2}(\sigma_1 - \sigma_3) = \frac{1}{2}\sqrt{(\sigma_x - \sigma_y)^2 + 4\tau_{xy}^2}
\tag{7-8}
$$

于是主应力可写为

---

① 　由此式可见,如采用最大剪应力条件,$\tau_{\max} = k$,则得与畸变能条件(7-6)相同的结果。

$$\left.\begin{aligned} \sigma_1 &= \sigma_m + k \\ \sigma_2 &= \sigma_m \\ \sigma_3 &= \sigma_m - k \end{aligned}\right\} \tag{7-9}$$

这就是说,在塑性区内任一点的应力状态,可用静水压力 σ_m 与纯剪压力 $\tau = k$ 两个分量来表示。

在不计体力的情况下,平衡方程为

$$\left.\begin{aligned} \frac{\partial \sigma_x}{\partial x} + \frac{\partial \tau_{xy}}{\partial y} &= 0 \\ \frac{\partial \tau_{xy}}{\partial x} + \frac{\partial \sigma_y}{\partial y} &= 0 \end{aligned}\right\} \tag{7-10}$$

式(7-10)和方程(7-6)共有三个方程,含有三个未知函数 σ_x,σ_y,τ_{xy},所以在给定应力边界条件时,是可以求解的。当还需要求出位移、速度时,则需补充条件。这类不需要本构关系就可以求出应力分布的问题,称为"静定"问题,如边界上给定位移边界条件,则须考虑位移速度问题,这将在第 7.6 节中讨论。

7.2　滑移线场理论

由以上讨论知道,物体中任一点 P 在 Oxy 平面内的应力状态如图 7-1(a)所示。在垂直于纸面 z 方向,则只有 $\sigma_z = \sigma_m = \sigma_2$ 作用。过 P 点的另两个主平面内主应力为 σ_1、σ_3(图 7-1(b))。由第 2 章的讨论知道,最大剪应力所在的面与主轴方向呈 $\pm\frac{\pi}{4}$ 角(图 7-1(c))。我们用面元的外法线方向来表示各个平面,则这两个相互正交的平面记作(Ⅰ)和(Ⅱ),在平面(Ⅰ)和(Ⅱ)上,剪应力达最大值 k,正应力为 σ_m。图 7-1(c)中(Ⅰ)、(Ⅱ)平面的方向将随 P 点的位置不同而不同。当 P 点位置连续变化时,与 P 点的最大剪应力面的法线相切的线元,则连成相互正交的两条曲线,就叫做第一、第二**最大剪应力线**。显然,过该线上的任一点都有这样两条相互正交的最大剪应力线。

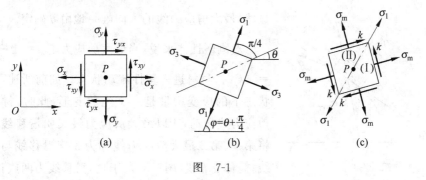

图　7-1

现在来确定过任一点处的最大剪应力线的方向。

令最大主应力的方向与 x 轴成 ϕ 角(图 7-1(b)),则由第 2 章给出的公式有

$$\tan2\varphi = \frac{2\tau_{xy}}{\sigma_x - \sigma_y} \tag{7-11}$$

最小主应力所在的面与 σ_1 所在的面为正交,而第一最大剪应力线与 x 轴夹角为 θ,并以由 x 轴逆时针旋转为正(图 7-2),于是有

$$\tan2\theta = \frac{\sigma_y - \sigma_x}{2\tau_{xy}} \tag{7-12}$$

比较式(7-11)与式(7-12),得

$$\tan2\theta = -\frac{1}{\tan2\varphi}$$

由于平面应变的屈服条件为

$$(\sigma_x - \sigma_y)^2 + 4\tau_{xy}^2 = 4k^2$$

将式(7-12)代入后有

$$(2\tau_{xy}\tan2\theta)^2 + 4\tau_{xy}^2 = 4k^2$$

即

$$\tau_{xy} = k\cos2\theta$$

此外,由于

$$\sigma_y - \sigma_x = 2\tau_{xy}\tan2\theta$$

$$\frac{1}{2}(\sigma_x + \sigma_y) = \sigma_m$$

所以

$$\sigma_x = \sigma_m - \tau_{xy}\tan2\theta = \sigma_m - k\sin2\theta$$

于是得

$$\left.\begin{array}{l} \cos2\theta = \dfrac{\tau_{xy}}{k} \\[2mm] \sin2\theta = \dfrac{\sigma_y - \sigma_x}{2k} \end{array}\right\} \tag{7-13}$$

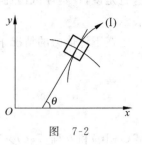

图　7-2

显然,最大剪应力线的方向唯一地由 θ 确定。

对刚塑性体来说,当最大剪应力 $\tau_{\max} = \pm\dfrac{1}{2}(\sigma_1 - \sigma_3) = \pm k$ 时,材料进入塑性流动状态。如前所述,塑性应变状态下的应变增量是一个纯剪变形,此时,材料沿最大剪应力线滑动,所以最大剪应力线又叫**滑移线**。并分别将第一、第二最大剪应力线称为 α 族滑移线与 β 族滑移线,简称 α、β 线(图7-3)。于是,滑移线为两族正交曲线。

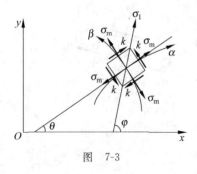

图　7-3

滑移线上每一点的切线方向就是最大剪应力方向。因为,α 族滑移线的切线与 x 轴所成的角度为 θ(图 7-3),如最大主应力 σ_1 与 x 轴所成的角度为 φ(φ 同 θ 均由 x 轴正方向算起,逆时针旋转为正)。由于 α 线方向(最大剪应力方向)与最大主应力方向相差 $45°$ 角,故在某一点已知主应力方向时,该点 α 线方向可由最大主应力方向顺时针旋转 $45°$ 得到,β 线可由最小主应力方向以同样方式得到,图 7-4 中标出的量都是正的。这样,当以 $\alpha\beta$ 为一右手坐标系时,最大主应力过其第一、三象限。

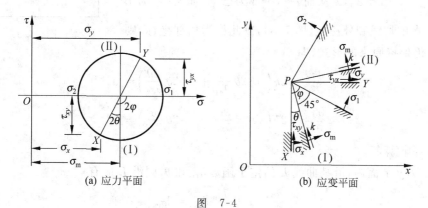

(a) 应力平面 (b) 应变平面

图　7-4

在 Oxy 平面内,α、β 线的微分方程为

$$\left.\begin{aligned}\alpha \text{ 族}:\frac{\mathrm{d}y}{\mathrm{d}x} &= \tan\theta \\[2mm] \beta \text{ 族}:\frac{\mathrm{d}y}{\mathrm{d}x} &= -\cot\theta\end{aligned}\right\} \tag{7-14}$$

任一点 P 的应力 σ_x,σ_y,τ_{xy} 可用 σ_m,k 来表示。实际上,由莫尔应力圆作图法便不难得到。图 7-4(a)是在应力平面 σ,τ 内的莫尔圆,其相应的物理平面如图 7-4(b)所示。

图中给出了任一点 P 各特定平面上的应力。物理平面上的 X 面对应于莫尔圆上的一点 X,第一最大剪应力面(I)对应于莫尔圆上的(I)点,(I)面的方向恰恰是 α 线的方向,(II)面的方向则恰与 β 方向相同。根据材料力学的知识,不难理解图中指出的相互关系,由图可得下列关系式:

$$\left.\begin{aligned}\sigma_x &= \sigma_\mathrm{m} - k\sin2\theta \\ \sigma_y &= \sigma_\mathrm{m} + k\sin2\theta \\ \tau_{xy} &= k\cos2\theta\end{aligned}\right\} \tag{7-15}$$

式(7-15)显然满足屈服条件(7-6),代入平衡方程(7-10)后,可得

$$\left.\begin{aligned}\frac{\partial\sigma_\mathrm{m}}{\partial x} - 2k\left(\cos2\theta\,\frac{\partial\theta}{\partial x} + \sin2\theta\,\frac{\partial\theta}{\partial y}\right) &= 0 \\[2mm] \frac{\partial\sigma_\mathrm{m}}{\partial y} - 2k\left(\sin2\theta\,\frac{\partial\theta}{\partial x} - \cos2\theta\,\frac{\partial\theta}{\partial y}\right) &= 0\end{aligned}\right\} \tag{7-16}$$

式(7-16)是一个关于 $\sigma_{\mathrm{m}}=\sigma_{\mathrm{m}}(x,y)$ 和 $\theta=\theta(x,y)$ 的双曲线型拟线性偏微分方程组。求这一
方程组的解,就是要在 Oxy 平面的某一区域内求具有一阶连
续偏导数并满足方程(7-16)的函数 $\sigma_{\mathrm{m}}(x,y)$ 和 $\theta(x,y)$(见附
录Ⅱ)。

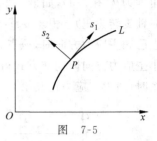

图　7-5

　　假定在 Oxy 平面内沿某一曲线 L(其参数方程是 $x=$
$x(s)$,$y=y(s)$)已知 σ_{m},θ,从而 $\dfrac{\partial\sigma_{\mathrm{m}}}{\partial s}$,$\dfrac{\partial\theta}{\partial s}$ 亦为已知,如 s_1,s_2 为 L
曲线上 P 点的切线和外法线(图 7-5),以此作为局部坐标,则
式(7-16)仍保持原来的形式,即

$$\begin{rcases}\dfrac{\partial\sigma_{\mathrm{m}}}{\partial s_1}-2k\left(\cos2\theta\,\dfrac{\partial\theta}{\partial s_1}+\sin2\theta\,\dfrac{\partial\theta}{\partial s_2}\right)=0\\[3mm]\dfrac{\partial\sigma_{\mathrm{m}}}{\partial s_2}-2k\left(\sin2\theta\,\dfrac{\partial\theta}{\partial s_1}-\cos2\theta\,\dfrac{\partial\theta}{\partial s_2}\right)=0\end{rcases}\tag{7-17}$$

此处 θ 由 s_1 轴算起。

　　若在 Oxy 平面内,沿某曲线 L 给定了函数 σ_{m} 和 θ,则沿 L 应有

$$\begin{rcases}\dfrac{\partial\sigma_{\mathrm{m}}}{\partial x}\mathrm{d}x+\dfrac{\partial\sigma_{\mathrm{m}}}{\partial y}\mathrm{d}y=\mathrm{d}\sigma_{\mathrm{m}}\\[3mm]\dfrac{\partial\theta}{\partial x}\mathrm{d}x+\dfrac{\partial\theta}{\partial y}\mathrm{d}y=\mathrm{d}\theta\end{rcases}\tag{7-18}$$

于是式(7-16)和式(7-18)都是以 $\dfrac{\partial\sigma_{\mathrm{m}}}{\partial x}$,$\dfrac{\partial\sigma_{\mathrm{m}}}{\partial y}$,$\dfrac{\partial\theta}{\partial x}$,$\dfrac{\partial\theta}{\partial y}$ 作为未知量的代数方程组,此方程组的
解为

$$\begin{rcases}\dfrac{\partial\sigma_{\mathrm{m}}}{\partial x}=\dfrac{D_1}{D},\quad\dfrac{\partial\sigma_{\mathrm{m}}}{\partial y}=\dfrac{D_2}{D}\\[3mm]\dfrac{\partial\theta}{\partial x}=\dfrac{D_3}{D},\quad\dfrac{\partial\theta}{\partial y}=\dfrac{D_4}{D}\end{rcases}\tag{7-19}$$

其中

$$D=\begin{vmatrix}1 & 0 & -2k\cos2\theta & -2k\sin2\theta\\0 & 1 & -2k\sin2\theta & +2k\cos2\theta\\\mathrm{d}x & \mathrm{d}y & 0 & 0\\0 & 0 & \mathrm{d}x & \mathrm{d}y\end{vmatrix}\tag{7-20}$$

而 D_1,D_2,D_3,D_4 分别为将 D 中的第一列、二列、三列、四列各元素代之以 $0,0,\mathrm{d}\sigma_{\mathrm{m}},\mathrm{d}\theta$(即
式(7-16)和式(7-18)右端项组成的列元素)之后所成的行列式。当行列式 D 不等于零时,
式(7-19)有唯一确定的值,但当

$$D=0\tag{7-21}$$

时,式(7-19)诸值就不能唯一确定。此时,越过 L 线,导数可能不连续,即已知 L 线一侧的

导数,若无其他条件,就不能求出 L 线另一侧的导数。具有这种性质的曲线叫做**特征线**,式(7-21)叫做**特征方程**。

由式(7-21)得

$$\left(\frac{\mathrm{d}y}{\mathrm{d}x}\right)^2 + 2\cot2\theta\left(\frac{\mathrm{d}y}{\mathrm{d}x}\right) - 1 = 0$$

上式的两个根为

$$\frac{\mathrm{d}y}{\mathrm{d}x} = \tan\theta, \qquad \frac{\mathrm{d}y}{\mathrm{d}x} = -\cot\theta$$

此即特征线的微分方程式,且称第一式所表示的曲线为正特征线,第二式所表示的曲线为负特征线,它们与前面得出的滑移线的微分方程式(7-14)相同。所以,**特征线与滑移线相重合**。实际上,如在特征线 L 上取一微小弧段 $AB = \mathrm{d}s$(图 7-6),则在 AB 上的剪应力 τ 为

$$\tau\mathrm{d}s = \tau_{xy}\cos\theta\mathrm{d}x - \tau_{xy}\sin\theta\mathrm{d}y + \sigma_y\sin\theta\mathrm{d}x - \sigma_x\cos\theta\mathrm{d}y$$

$$= \left[\tau_{xy}\cos2\theta + \frac{1}{2}(\sigma_y - \sigma_x)\sin2\theta\right]\mathrm{d}s$$

于是由式(7-15)可得上式括号中的量等于 k,从而有

$$\tau = k$$

这就是说,L 线是最大剪应力轨迹,即所谓滑移线。这就进一步证明,**微分方程(7-16)的特征线恰为滑移线,且 α 族滑移线与正特征线相重合,β 族滑移线与负特征线相重合**。

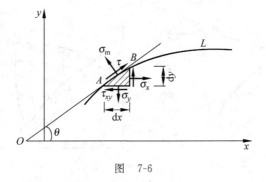

图 7-6

如坐标轴 s_1, s_2(图 7-5)与滑移线的切线重合,则式(7-17)化为

$$\left.\begin{array}{l} \dfrac{\partial}{\partial s_\alpha}(\sigma_m - 2k\theta) = 0 \\[2mm] \dfrac{\partial}{\partial s_\beta}(\sigma_m + 2k\theta) = 0 \end{array}\right\} \tag{7-22}$$

其中 $\dfrac{\partial}{\partial s_\alpha}$, $\dfrac{\partial}{\partial s_\beta}$ 为沿 α、β 线的导数,由此沿 α、β 族滑移线有

$$\left.\begin{aligned}
\frac{\mathrm{d}y}{\mathrm{d}x} &= \tan\theta \qquad (\text{沿 } \alpha \text{ 线}) \\
\sigma_{\mathrm{m}} - 2k\theta &= \xi \\
\frac{\mathrm{d}y}{\mathrm{d}x} &= -\cot\theta \qquad (\text{沿 } \beta \text{ 线}) \\
\sigma_{\mathrm{m}} + 2k\theta &= \eta
\end{aligned}\right\} \qquad (7\text{-}23)$$

其中 ξ,η 均为常数,但由一族的某一条特征线转移到本族另一条特征线时,这些常数是要变化的。在上式中,

$$\left.\begin{aligned}
\sigma_{\mathrm{m}} - 2k\theta &= \xi \qquad \text{沿 } \alpha \text{ 线} \\
\sigma_{\mathrm{m}} + 2k\theta &= \eta \qquad \text{沿 } \beta \text{ 线}
\end{aligned}\right\} \qquad (7\text{-}24)$$

称为**亨基方程**(**Hencky's equation**)。

如已知滑移线场及其 ξ,η 值,则各点的 $\sigma_{\mathrm{m}},\theta$ 已知,从而 $\sigma_x,\sigma_y,\tau_{xy}$ 即为已知。在数学物理方程中,根据边界条件的不同,建立滑移线场的问题可分为以下三类:

第一类边值问题,称为**初值问题**或**柯西问题**。此问题的特点是在 xy 平面内的一条光滑线段 AB 上给定 σ_{m} 和 θ,该线段处处不和滑移线相切,且和每一条滑移线只有一次相交,则在该线段的任一侧均可建立以线段 AB 为底的曲线三角形 ABC 范围内的唯一的滑移线场(图 7-7)。

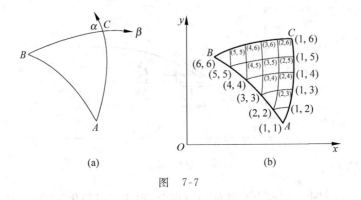

图　7-7

以下给出滑移线场的数值计算法概要。

实际上,如在 AB 上给定 $\sigma_{\mathrm{m}},\theta$,则可将 AB 分成有限个微小线段(图 7-7(b)),并由各分点画出两条特征线。于是,ABC 区被分成许多网格,网格的交点分别记作 $(1,1)$,$(2,2)$,$\cdots$,$(1,2)$,$(1,3)\cdots$(如图 7-7(b)所示),根据亨基方程,可得

$$\left.\begin{aligned}
\sigma_{\mathrm{m}(1,1)} - 2k\theta_{(1,1)} &= \sigma_{\mathrm{m}(1,2)} - 2k\theta_{(1,2)} \\
\sigma_{\mathrm{m}(2,2)} + 2k\theta_{(2,2)} &= \sigma_{\mathrm{m}(1,2)} + 2k\theta_{(1,2)}
\end{aligned}\right\} \qquad (\text{a})$$

由此,有

$$\left.\begin{array}{l} \sigma_{m(1,2)}= \dfrac{1}{2}\left[\sigma_{m(2,2)}+\sigma_{m(1,1)}+2k(\theta_{(2,2)}-\theta_{(1,1)})\right] \\[2mm] \theta_{(1,2)}= \dfrac{1}{2}\left[\sigma_{m(2,2)}-\sigma_{m(1,1)}+2k(\theta_{(2,2)}+\theta_{(1,1)})\right] \end{array}\right\} \tag{b}$$

类似地可求出 $\sigma_{m(2,3)},\sigma_{m(3,4)},\cdots,\theta_{(2,3)},\theta_{(3,4)},\cdots,$在 ABC 区域内各点的 σ_m 和 θ 值均可近似地求出。ABC 域称为**影响区**。

第二类边值问题称为**初特征问题**或**黎曼问题**。在两滑移线线段 OA 和 OB 上,给定函数 σ_m 和 θ(图 7-8(a)),则以此两滑移线段为邻边的曲线四边形 $OACB$ 内可建立唯一的滑移线场,此问题的特例之一是两滑线之一退缩为一点,从而形成一个扇形场(图 7-8(b))。

此时,影响区分别为 $OACB$ 和 OAC。

第三类为**混合问题**,即以上两类问题之混合。在一条特征线上,如 α 线上 OA 段给定 σ_m,θ,即 σ_m,θ 满足沿 OA 的平衡条件,另一条与之相交的非特征线 OB(假定 $\angle AOB$ 为锐角)上给定 θ(图 7-9)。

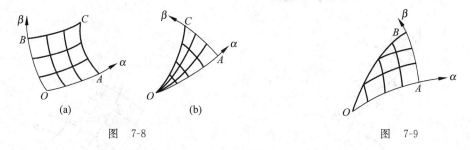

图 7-8 图 7-9

第二类和第三类边值问题都可根据滑移线场的性质用数值法求解。

7.3 滑移线场的主要性质

以下介绍滑移线场几个主要几何特性。

(1) **沿滑移线的压力变化与滑移线和 x 轴所成的角度成比例**。

这是因为沿 α 线有 $\sigma_m=2k\theta+$常数,沿 β 线有 $\sigma_m=-2k\theta+$常数,所以,不管沿线 α 还是沿 β 线,σ_m 的变化总是和 θ 角度成比例。

(2) **如沿 α 族滑移线中的任一条移动,从滑移线 β_1 转到同族滑移线 β_2,则所转过的角度和压力 σ_m 的变化量保持常数**(图 7-10)。

实际上,由

$$\left.\begin{array}{l} \sigma_m-2k\theta=\xi \\[1mm] \sigma_m+2k\theta=\eta \end{array}\right\} \tag{a}$$

可得

$$\left.\begin{array}{l} \sigma_m = \dfrac{1}{2}(\xi + \eta) \\[2mm] \theta = \dfrac{1}{2k}(\eta - \xi) \end{array}\right\} \tag{b}$$

然后将 $\alpha_1, \alpha_2, \beta_1, \beta_2$ 的 $\xi_1, \xi_2, \eta_1, \eta_2$ 值代入式(b),不难求得在交点 a, b, c, d 处有

$$\phi_1 = (\theta_b - \theta_a) = \frac{1}{2k}(\eta_2 - \xi_1) - \frac{1}{2k}(\eta_1 - \xi_1) = \frac{1}{2k}(\eta_2 - \eta_1)$$

$$\phi_2 = (\theta_c - \theta_d) = \frac{1}{2k}(\eta_2 - \xi_2) - \frac{1}{2k}(\eta_1 - \xi_2) = \frac{1}{2k}(\eta_2 - \eta_1)$$

即

$$\phi_1 = \phi_2 \tag{7-25}$$

类似的方法可得

$$\sigma_{mb} - \sigma_{ma} = \sigma_{mc} - \sigma_{md} \tag{7-26}$$

式(7-25)和式(7-26)称为**亨基第一定理**。

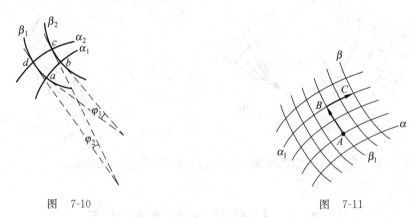

图　7-10　　　　　　　　　　　　　　　　图　7-11

(3) 如已知滑移线网中任一点的 σ_m 值,则可在全场中算出各处的 σ_m 值。实际上如 A 点(图 7-11)的 σ_{mA} 已知,则该点的 θ_A 也已知,则可算出过 A 点的滑移线 β_1 的参数 η_1 值,然后求出

$$\sigma_{mB} = \eta_1 - 2k\theta_B \tag{c}$$

和

$$\xi_1 = \sigma_{mB} - 2k\theta_B \tag{d}$$

从而可得

$$\sigma_{mc} = \xi_1 + 2k\theta_c \tag{e}$$

如此等等。

(4) 如滑移线的某段为直线,则沿此线段 $\sigma_m, \theta, \xi, \eta$ 以及 $\sigma_x, \sigma_y, \tau_{xy}$ 均为常数。进而可知,如在某一区域中两族滑移线均为直线,则此区域内的应力为均匀分布,参数 ξ, η 均为常数。这一性质可由性质(2)得到。

（5）如沿某一滑移线移动，则另一族滑移线在交点处的曲率半径的变化就是沿该线所通过的距离（图 7-12）。

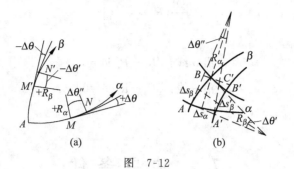

图　7-12

以下证明这一性质。如 α,β 线的曲率半径分别为 R_α,R_β，则

$$\left.\begin{aligned}\frac{1}{R_\alpha}&=\frac{\partial\theta}{\partial s_\alpha}\\[1mm]\frac{1}{R_\beta}&=-\frac{\partial\theta}{\partial s_\beta}\end{aligned}\right\} \tag{f}$$

R_α（或 R_β）的正负规定为曲率中心处于 $s_\beta(s_\alpha)$ 增加方向为正，反之为负。由于我们已经规定了 θ 角以逆时针旋转为正，则由图 7-12(a)可知，式(f)中 β 线的曲率必为负。

式(f)可改写为

$$\left.\begin{aligned}R_\alpha\Delta\theta''&=\Delta s_\alpha\\-R_\beta\Delta\theta'&=\Delta s_\beta\end{aligned}\right\} \tag{g}$$

令 $AB=\Delta s_\beta,A'B'=\Delta s'_\beta$，则

$$\Delta s'_\beta=\Delta s_\beta+\frac{\partial}{\partial s_\alpha}(\Delta s_\beta)\Delta s_\alpha$$

其中

$$\frac{\partial}{\partial s_\alpha}(\Delta s_\beta)\Delta s_\alpha\approx\frac{(R_\beta-\Delta s_\alpha)\Delta\theta'-R_\beta\Delta\theta'}{\Delta s_\alpha}\Delta s_\alpha=-\Delta\theta'\Delta s_\alpha$$

于是有

$$A'B'-AB=-\Delta\theta'\Delta s_\alpha$$

$$\frac{\partial(\Delta s_\beta)}{\Delta s_\alpha}=\Delta\theta'$$

或

$$\frac{\partial}{\partial s_\alpha}(-R_\beta\Delta\theta')=\Delta\theta'$$

根据亨基第一定理，上式中 $\Delta\theta'$ 为一常数，因而有

$$\left.\begin{array}{l}\dfrac{\partial}{\partial s_\alpha}(R_\beta)=-1\\[3mm]\dfrac{\partial}{\partial s_\beta}(R_\alpha)=-1\end{array}\right\}\qquad(7\text{-}27)$$

或

$$\left.\begin{array}{l}\text{沿 }\alpha\text{ 线：}\mathrm{d}R_\beta+R_\alpha\mathrm{d}\theta=0\\[2mm]\text{沿 }\beta\text{ 线：}\mathrm{d}R_\alpha-R_\beta\mathrm{d}\theta=0\end{array}\right\}\qquad(7\text{-}28)$$

此即**亨基第二定理**。

7.4 边 界 条 件

在边界 C 上 P 点处取一微小单元，其外法线方向为 n，n 与 x 轴所成的角度为 φ（图 7-13）。如已知 P 处的正应力为 σ_n，剪应力为 τ_n，且 $\tau_n\leqslant|k|$，则边界条件为

$$\left.\begin{array}{l}\sigma_n=\sigma_x\cos^2\varphi+\sigma_y\sin^2\varphi+\tau_{xy}\sin2\varphi\\[2mm]\tau_n=\dfrac{1}{2}(\sigma_y-\sigma_x)\sin2\varphi+\tau_{xy}\cos2\varphi\end{array}\right\}\qquad(7\text{-}29)$$

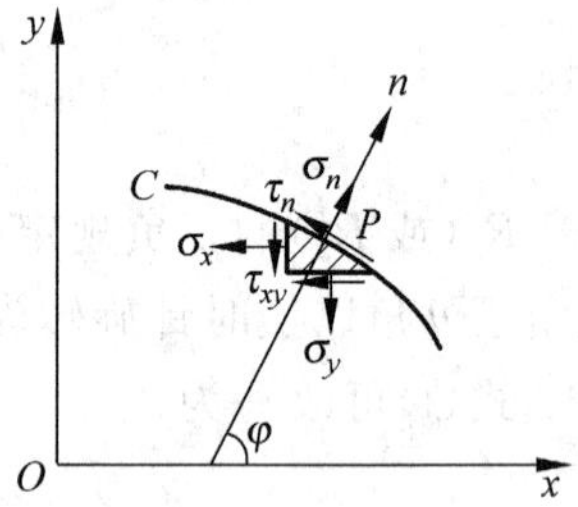

考虑介质处于塑性状态，则可将式（7-15）代入上式，于是得

图　7-13

$$\left.\begin{array}{l}\sigma_n=\sigma_\mathrm{m}-k\sin2(\theta-\varphi)\\[2mm]\tau_n=k\cos2(\theta-\varphi)\end{array}\right\}\qquad(7\text{-}30)$$

式（7-30）即**塑性区的边界条件**。

在边界上，如 σ_n，τ_n 已知，则 σ_m，θ 可按式（7-30）求得。然而，σ_m，θ 并不能唯一确定，由式（7-30）给出

$$\left.\begin{array}{l}\theta=\varphi\pm\dfrac{1}{2}\arccos\dfrac{\tau_n}{k}+m\pi\\[2mm]\sigma_\mathrm{m}=\sigma_n+k\sin2(\theta-\varphi)\end{array}\right\}\qquad(7\text{-}31)$$

其中 $\arccos\dfrac{\tau_n}{k}$ 是 θ 的主值，m 是任一整数。式（7-31）说明，对应于给定的 σ_n，τ_n 可有两对 σ_m，θ 存在。这两个解都满足屈服条件和边界条件，这种情况的产生是由于屈服条件为二次方程所带来的，以后，将根据具体问题的特定边界条件，选取正确的值。

例 7-1 设有处于平面应变状态的单向受压构件，如图 7-14 所示，试讨论其自由直线边界附近滑移线的方向。

解 对于自由边界 AB 有

$$\varphi = \frac{\pi}{2}, \quad \sigma_n = \tau_n = 0$$

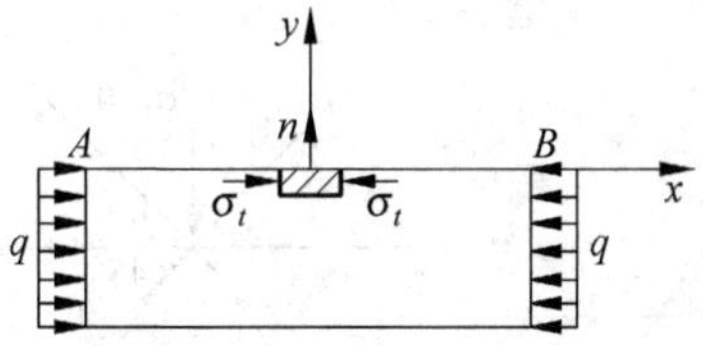

于是,由式(7-31)得

$$\left.\begin{array}{l} \theta = \frac{\pi}{2} \pm \frac{1}{2} \cdot \frac{\pi}{2} + m\pi \\[2mm] \sigma_m = \pm k \end{array}\right\} \qquad (7\text{-}32)$$

图 7-14

如令沿边界 AB 方向的应力分量为 σ_t,则由式(7-4)得

$$\frac{1}{2}(\sigma_t + \sigma_n) = \sigma_m$$

于是有

$$\sigma_t = \pm 2k \qquad (7\text{-}33)$$

式(7-33)表示,在自由(无载荷)边界附近是单向拉伸(或压缩)应力状态,同样说明,自由边界是一个主方向,若另一主应力是压应力时,则 $\sigma_1 = 0$ 即为最大主应力,即式(7-33)中应取负号,于是有 $\sigma_t = -2k$。

任一点的滑移线方向都表示最大剪应力方向,所以滑移线与自由表面成 $\pm\frac{\pi}{4}$ 角。这与式(7-32)给出的结果(只考虑主值)相一致(图 7-15)。如 $\sigma_1 = 0$ 为最大主应力,则 σ_1 位于 $\alpha\beta$ 右手坐标系的第一象限和第三象限(图 7-15)。这样,滑移线的方向也就确定了。

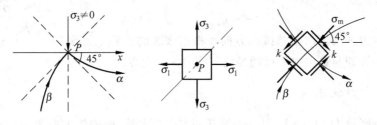

图 7-15

例 7-2 试讨论光滑直线边界处的滑移线方向。

解 光滑的直线边界上只可能有垂直于边界的载荷(图 7-16),在这种情况下

$$\varphi = 0, \quad \tau_n = 0, \quad \sigma_n \neq 0$$

于是,由式(7-31)有

$$\theta = \pm \frac{1}{2}\frac{\pi}{2} + m\pi$$

$$\sigma_m = \sigma_n \pm k$$

在塑性区边界上各点处的应力必须满足屈服条件

$$\sigma_1 - \sigma_3 = 2k$$

如 $\sigma_1 \neq 0$,则 $\sigma_3 > 2k$,于是 σ_1 为最大主应力,σ_3 为最小主应力,而中间主应力为静水压力 σ_m。根据 σ_1 应在 $\alpha\beta$ 右手坐标系第一象限和第三象限的要求,边界上一点的滑移线如图 7-16 所示。

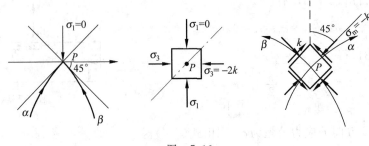

图　7-16

7.5　应 用 简 例

1. 均匀应力状态

如某一区域 D 为均匀应力状态,即 $\sigma_x,\sigma_y,\tau_{xy}$,在 D 内各点均相同,则 σ_m,在 D 内保持常数,于是由亨基方程(7-24)知道,θ 在 D 内均为常数,这就是说,α,β 线为两族相互正交的直线(图 7-17)。

$$\begin{cases} \sigma_m - 2k\theta = \xi \\ \sigma_m + 2k\theta = \eta \end{cases}$$

在均匀应力区内,α,β 滑移线的方向要根据该区的边界条件来确定。自由边界和非自由边界可能是均匀应力区的边界。

图　7-17

2. 简单应力状态

如在某一区域 D 中,静水压力 σ_m 沿某一方向为常数,则当该方向为一最大剪应力方向(例如 α 线方向)时,由亨基方程(7-24)知道,沿此 α 线方向的 θ 也是常数,于是 α 线是一族直线。另一方面,设沿 β 方向静水压力 σ_m 为线性变化,则在 α 线为直线的情况下,由亨基方程知道,β 线为一族同心圆。

实际上,在下式

$$\sigma_m - 2k\theta = \xi, \quad 沿 \alpha 线$$
$$\sigma_m + 2k\theta = \eta, \quad 沿 \beta 线$$

中,因 σ_m 沿 α 线为常数,所以 θ 为常数。今取极坐标系,如图 7-18 所示。在此坐标系中,σ_m 沿 r(即 α 线)为常数,而沿 β 随 θ 成线性变化。由此 σ_m 与 r 无关,且沿一圆形滑移线,β 随 θ 的增加而减小。根据式(7-15)可知,$\sigma_r,\sigma_\theta,\tau_{r\theta}$ 或 $\sigma_x,\sigma_y,\tau_{xy}$ 也都与 r 无关。这就是说,在塑性区,静水压力 σ_m 与径向和周向应力 σ_r,σ_θ 的分布

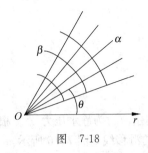

图　7-18

规律相同,它们是 θ 的线性函数。于是,滑移线场是一个中心扇形,中心 O 是应力状态的奇点,因为它是无穷多数值中的任一个值。

3. 刚模压入问题

平底刚性冲模对理想塑性材料的压入问题是一个平面应变问题的典型例子,在土建工程中,长条基础下地基的极限平衡属于这类问题。

应当指出,根据已有的滑移线场的知识,来构造有应力边界条件影响区的滑移线场,一般来说,条件是不充分的,对于混合边值问题,则更困难些。所以,以下的讨论基于试算法。

设基础宽为 $2a$,其压力强度为 q(图 7-19),坐标系如图中所示,地基可作为表面光滑的理想刚塑性材料看待。设载荷 q_0 为极限载荷,是使基底塑性区由 B 和 B' 两点逐渐扩展而最终连成一体,以致产生塑性流动时的临界值。在开始塑性流动的瞬时,可以设想,基础将以速度 v_0 向下运动,塑性区的扩展范围假定是图 7-19 中的虚线所围成的区域。塑性区地基由两侧向外运动。其中 BC 和 $B'C'$ 是自由直线边界,BAB' 是光滑直线边界。

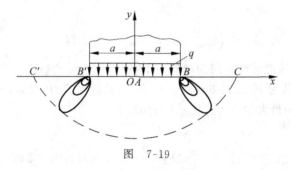

图 7-19

这一问题的解,可先从 BB' 开始求解一个柯西问题,给出该影响区内的解。另外,根据 $B'C'$ 及 BC 两段自由边界的条件,再解柯西问题。然后,进一步考虑两个影响区的过渡和连接。

在自由边界附近,假定是一个均匀应力区,B 点为应力奇点,所以可以推定,与 BC 的影响区相邻的为一个中心扇形区。假定基础下的压应力是常数,则边界 ABC 附近的滑移线场是两族与边界相交成 $45°$ 的正交直线网和一个中心扇形区(图 7-20)。

现在假定 AB 和 $A'B'$ 把影响区分成左右两部分,于是只考虑右半边的塑性变形区。在此情况下滑移线场包括 ABD,DBE 和 BCE 三个塑性变形区(图 7-20(a))。

(1) 在 BCE 区(图 7-20(b)),有

$$\sigma_y = \tau_{xy} = 0$$

于是由屈服条件

$$\left(\frac{\sigma_y - \sigma_x}{2}\right)^2 + \tau_{xy}^2 = k^2$$

得出

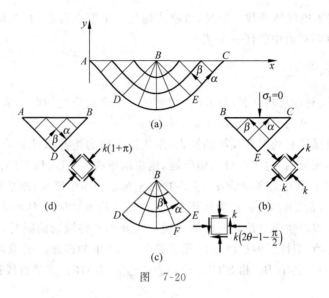

图　7-20

$$\left(\frac{\sigma_x}{2}\right)^2 = k^2, \quad 或 \quad \sigma_x = \pm 2k$$

容易理解，BEC 区的运动方向为向外向上，所以该区受到挤压。又因为 BEC 是一个均匀应力区，因而可以认为 BEC 是处于静水压力（不是静水拉力）状态。这样，$\sigma_x = -2k$，$\sigma_m = -k$。于是，$\sigma_1(=0)$ 为最大主应力。由式(7-15)，有

$$\sin 2\theta = 1, \quad \cos 2\theta = 0$$

从而，$2\theta = \frac{\pi}{2} + 2m\pi$。取 $m = 0$，得 $\theta = \frac{\pi}{4}$，这就确定了 α 线的方向。实际上，由 BCE 区的运动方向容易判定 α 线的方向（如图 7-20(b) 所示）。因沿 BC 处有：$\sigma_m = -k$，$\theta = \frac{\pi}{4}$，故在 BEC 全区内有

$$\sigma_m = -k, \quad \theta = \frac{\pi}{4} \tag{a}$$

(2) 在中心扇形 BDE 区(图 7-20(c))，过 BE 线，应力应当连续，于是 α,β 线应当一致，而 θ 是变化的。沿 BE 时，$\theta = \frac{\pi}{4}$，注意到 θ 以由 x 轴正向算起逆时针旋转为正，则沿 BD，$\theta = -\frac{\pi}{4}$。

由中心扇形区应力状态的特性知道，沿扇形区的放射线（即 β 线），σ_m 为常数。此外，由滑移线场的性质 2 知道，沿任一 α 线，θ 在 DE 间任一点 F(图 7-20(c)) 与 D 之间的变化为一常数。于是有

$$(\sigma_m)_{BF} - 2k\theta_{BF} = -k - 2k \cdot \frac{\pi}{4}$$

或

$$(\sigma_{\mathrm{m}})_{BF} = -k + 2k\left(\theta_{BF} - \frac{\pi}{4}\right)$$

由此得

$$(\sigma_{\mathrm{m}})_{BD} = -k + 2k\left(-\frac{\pi}{4} - \frac{\pi}{4}\right) = -k(1+\pi) \tag{b}$$

(3) 在 ABD 区(图 7-20(d)),由应力沿 BD 的连续性,在全区应有

$$\sigma_{\mathrm{m}} = -k(1+\pi)$$

$$\theta = -\frac{\pi}{4}$$

及

$$\left.\begin{array}{l}\sigma_x = \sigma_{\mathrm{m}} - k\sin2\theta = -k\pi \\ \sigma_y = \sigma_{\mathrm{m}} + k\sin2\theta = -k(2+\pi) \\ \tau_{xy} = k\cos2\theta = 0\end{array}\right\} \tag{c}$$

显然,上式满足 AB 边界的边界条件。

以上对右半部分三个区的滑移线场做了分析,左半部分的分析可类似地做出,最后得到整体滑移线场,如图 7-21 所示。

由 AB 上正应力为常数的条件可得极限载荷 q_0 为

$$q_0 = |\sigma_y|$$

由式(c)得

$$q_0 = k(2+\pi)$$

或

$$Q_0 = 2ak(2+\pi) \tag{d}$$

以上是**希尔得到的解**,这个解并不是唯一的,此外尚有**普朗特解**(图 7-22)。

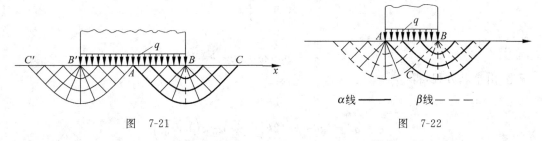

图　7-21　　　　　　　　　图　7-22

由图 7-22 可以看出,普朗特解与希尔解的差异只在于塑性区的大小不同,具体分析方法两者相同。最终得到相同的极限载荷 Q_0 值。当基底摩擦力较大,三角形 ABC 和基础作为一个整体向下运动时,滑移线场和普朗特解接近。在基底光滑的情况下,滑移线场和希尔解接近。而实际情况则往往是介于两种解的中间状态。

4. 短悬臂梁的弯曲

设有矩形截面的悬臂宽梁，端部受均布力作用（图 7-23），现求其极限载荷。

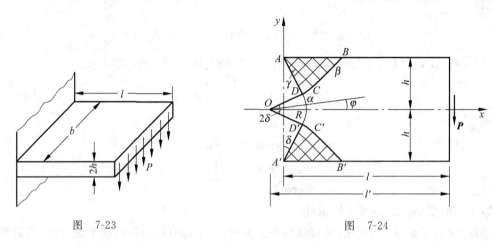

图　7-23　　　　　　　　　　　　图　7-24

当 b 远大于 $2h$ 时，此问题可作为刚塑性平面应变问题处理（要求 b 至少大于梁高六倍以上），其滑移线场的可能情况如图 7-24 所示。此时三角形 ABC 和 $A'B'C'$ 分别为受拉区和受压区，其应力状态分别为简单拉伸和简单压缩，即在 ABC 中有

$$\sigma_x = 2k$$

在 $A'B'C'$ 中有

$$\sigma_x = -2k$$

所以在三角形 ABC 中，由自由边界条件可得

$$\theta = -\frac{\pi}{4}$$

及

$$\sigma_m = \sigma_x + k\sin 2\theta = 2k - k = k$$

于是，由亨基方程，得

沿 α 线

$$\xi_1 = \sigma_m - 2k\theta = k - 2k\left(-\frac{\pi}{4}\right) = k\left(1 + \frac{\pi}{2}\right)$$

沿 β 线

$$\eta_1 = \sigma_m + 2k\theta = k + 2k\left(-\frac{\pi}{4}\right) = k\left(1 - \frac{\pi}{2}\right)$$

在与 ABC 相邻的中心扇形场内，沿 β 线有

$$\eta_1' = \eta_1$$

而沿 α 线（AD）有

$$\theta' = -\frac{\pi}{4} - \gamma$$

此处

$$\gamma = \angle DAC$$

由于 AC 线上应力连续 $\eta_1' = \eta_1$,则有

$$k\left(1 - \frac{\pi}{2}\right) = \sigma_m' + 2k\left(-\frac{\pi}{4} - \gamma\right)$$

于是,沿 AD 有

$$\sigma_m' = k - \frac{\pi}{2}k - 2k\left(-\frac{\pi}{4} - \gamma\right) = k(1 + 2\gamma)$$

在受压区,沿 $A'D'$ 为

$$\theta'' = -\frac{3}{4}\pi + \gamma, \quad \sigma_m'' = -k(1 + 2\gamma)$$

两个中心扇形区 ADC 和 $A'D'C'$ 由一半径为 R 的圆弧 $\overset{\frown}{DD'}$ 相连接。在极限情况下,梁的右边部分沿这条圆弧滑动,弧 $\overset{\frown}{DD'}$ 的展开角用 2δ 表示。由图 7-24 得出

$$2\delta = \frac{\pi}{2} - 2\gamma$$

$ADD'A'$ 为一连续的 α 滑移线,在该线上 $\xi =$ 常数,即

$$\xi_{AD} = \xi_{A'D'}$$

于是得

$$2\gamma = \frac{\pi}{4} - \frac{1}{2} = 16°20'$$

由此

$$2\delta = \frac{\pi}{2} - 2\gamma = 73°40'$$

设 AD 的长度为 d,OD 的长度为 R,则 d 可从下列几何关系确定:

$$R\sin\delta + d\cos\delta = h$$

其中 R 为未知量,为求 R 可从作用在 $ADD'A'$ 弧线右面部分上的全部外力在 y 方向的投影之和等于零的条件 $\left(\sum Y = 0\right)$ 来确定。已知沿 $ADD'A'$ 上切应力为 k,正应力按下式确定:

$$\xi = 常数 = \xi_{AD}$$

因 $\xi = \sigma_m - 2k\left(\varphi - \frac{\pi}{2}\right)$,故沿 DD' 有 $\sigma_m = 2k\varphi$,此处 φ 角由水平线算起(图 7-24),由 $\sum Y = 0$ 得:

$$\frac{P}{2} = kd\cos\delta - k(1 + 2\gamma)d\sin\delta + kR\int_0^\delta \cos\varphi\,d\varphi - 2kR\int_0^\delta \varphi\sin\varphi\,d\varphi$$

或

$$0.0300d + 0.4296R = \frac{P}{2k}$$

由 $\sum M_0 = 0$,得

$$kdR - \frac{1}{2}\sigma'_{\mathrm{m}}\, d^2 + k\delta R^2 = \frac{1}{2}Pl'$$

其中 l' 为右端至 O 点之距离,

$$l' = l + R\cos\delta - d\sin\delta$$

对于较短的梁,半径 R 随着力的增长而增长,而 $ABCD$ 区则迅速缩小,此时塑性变形实际上只限于沿 $ADD'A$ 一条独立的圆弧形滑移线产生。以上方程给出了极限载荷 p_0 与 l/h 之间的关系。

对于 $2\gamma < \frac{\pi}{4} - \frac{1}{2}$ 的情况,由 DD' 圆弧退化为一点,上下两个三角形塑性区在中性轴相遇,成为以上解的特殊情况(图 7-25)。此时 $l/2h \geqslant 13.73$,等号成立时为 DD' 恰好重合的情况。如 l 很长,则上述解给出较小的极限载荷值,因而工程上是适用的。实验的结果,大体符合以上结论。

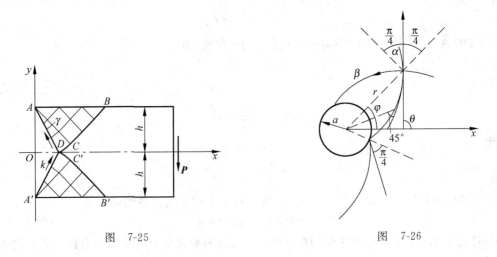

图　7-25   图　7-26

5. 厚壁圆筒的全塑性状态

在 6.6 节中曾经讨论了这一问题的弹塑性解,并得出塑性应力解为

$$\left.\begin{aligned}
\sigma_r &= \sigma_0 \ln\frac{r}{a} - p_1 \\
\sigma_\theta &= \sigma_r + \sigma_0 \\
\tau_{r\theta} &= 0
\end{aligned}\right\} \tag{a}$$

在此情况下,$\sigma_1 = \sigma_\theta$,$\sigma_3 = \sigma_r$,且 $\sigma_1 > 0$,$\sigma_3 < 0$,故不难由以上讨论知道,滑移线场为与每一向径相交呈 $\pm 45°$ 角的两族曲线(图 7-26)。具有这种性质的曲线,即**对数螺线**。此处为

$$r = ce^{\pm \varphi \tan \frac{\pi}{4}} = ce^{\pm \varphi} = ce^{\pm(\theta \pm \frac{\pi}{4})}$$

对于厚壁筒，当 $\varphi = 0, r = a$ 时，$\theta = \dfrac{\pi}{4}$，于是得 $c = a$，由此得滑移线的曲线方程为

$$r = ae^{(\theta - \frac{\pi}{4})} \tag{b}$$

在此情况下，有

$$\sigma_m = \frac{1}{2}(\sigma_\theta + \sigma_r) \tag{c}$$

故沿 α 线（图 7-27）

$$\sigma_m - 2k\theta = \xi \tag{d}$$

$$\theta = \ln\left(\frac{r}{a}\right) + \frac{\pi}{4}$$

屈服条件给出

$$\sigma_\theta - \sigma_r = 2k \tag{e}$$

在外周边 $r = b$ 处，有

$$\theta = \ln\frac{b}{a} + \frac{\pi}{4}, \quad \sigma_r = 0, \quad \sigma_\theta = 2k$$

沿 α 线有 $\xi_b = \xi_r$，将以上结果代入得

$$2\sigma_r + 2k - 4k\ln\frac{r}{a} - k\pi = 2k - 4k\ln\frac{b}{a} - k\pi$$

由此

$$\left.\begin{array}{l} \sigma_r = -2k\ln\dfrac{b}{r} \\[3mm] \sigma_\theta = 2k\left(1 - \ln\dfrac{b}{r}\right) \end{array}\right\} \tag{f}$$

极限内压 P_0 为

$$p_0 = 2k\ln\frac{b}{a} \tag{g}$$

式(g)与第 6 章所得结果一致，其滑移线场如图 7-28 所示。

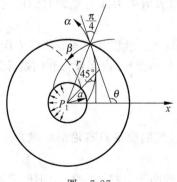

图 7-27

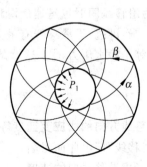

图 7-28

我们已经知道,滑移线是最大剪应力的方向线,它不但指出了塑性应力场中最大剪应力的方向,而且指出了剪应变速度的方向,位移速度问题在下一节讨论。

7.6　位移速度方程

以上所讨论的是给定应力边界条件的问题,在这种情况下,平面应变问题归结为"静定"问题,即不需要考虑位移速度和本构方程即可求出塑性区的应力场。当边界上一部分给定位移条件时,问题便成为"超静定"问题了,即需要速度和应力联合求解。本节给出塑性流动时位移速度应满足的关系式。

对于平面应变问题,刚塑性材料的本构关系(莱维-米泽斯方程)为

$$\frac{\mathrm{d}\varepsilon_x - \mathrm{d}\varepsilon_y}{\mathrm{d}\varepsilon_{xy}} = \frac{\sigma_x - \sigma_y}{\tau_{xy}} \tag{7-34}$$

及

$$\mathrm{d}\varepsilon_z = 0$$

材料不可压缩条件为

$$\mathrm{d}\varepsilon_x + \mathrm{d}\varepsilon_y = 0 \tag{7-35}$$

将应变分量除以时间增量 $\mathrm{d}t$ 有

$$\frac{\mathrm{d}\varepsilon_x}{\mathrm{d}t} = \frac{\mathrm{d}}{\mathrm{d}t}\left(\frac{\partial u}{\partial x}\right) = \frac{\partial \dot{u}}{\partial x}$$

此处 $\dot{u}$ 为 x 方向的速度,即 $\dot{u} = \frac{\mathrm{d}u}{\mathrm{d}t}$。同样地,有 $\dot{v} = \frac{\mathrm{d}v}{\mathrm{d}t}$。于是式(7-34)、式(7-35)化为

$$\frac{(\partial \dot{u}/\partial x) - (\partial \dot{v}/\partial y)}{(\partial \dot{u}/\partial y) - (\partial \dot{v}/\partial x)} = \frac{\sigma_x - \sigma_y}{2\tau_{xy}} \tag{7-36}$$

及

$$\frac{\partial \dot{u}}{\partial x} + \frac{\partial \dot{v}}{\partial y} = 0 \tag{7-37}$$

根据应力主轴与塑性应变增量主轴相重合,可知最大剪应力线与最大剪切速度线相重合,或应力滑移线同时也是速度滑移线。

前面曾经讲过,沿滑移线有最大剪应力($=k$)作用,而在滑移线上各点法线方向的正应力处处都等于静水压力 σ_m。这就是说,沿滑移线只有剪切变形,而无伸长和缩短,因而有

$$\frac{\mathrm{d}\varepsilon_a}{\mathrm{d}t} = \frac{\mathrm{d}\varepsilon_\beta}{\mathrm{d}t} = 0 \tag{7-38}$$

可见沿滑移线方向的线应变速度等于零。或者说,塑性区的变形只有沿滑移线方向的剪切流动。"滑移线"即由此而得名。

现在考虑滑移方向的速度。为此,考虑图 7-29 中的两条滑移线 α 和 β,如任一速度矢量

为 **V**,其 x,y 方向的分量为 $\dot{u},\dot{v}$,则由图 7-29
得出

$$\left.\begin{array}{l} \dot{u}=\dot{u}_\alpha\cos\theta-\dot{u}_\beta\sin\theta \\ \dot{v}=\dot{u}_\alpha\sin\theta+\dot{u}_\beta\cos\theta \end{array}\right\} \qquad (7\text{-}39)$$

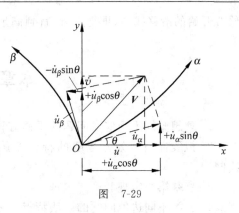

图 7-29

其中 $\dot{u}_\alpha,\dot{u}_\beta$ 分别为沿 α,β 线的速度。如 $\theta=0,\alpha$ 方
向和 x 轴重合,式(7-39)可写成

$$\left.\begin{array}{l} \dot{\varepsilon}_\alpha=\left(\dfrac{\partial\dot{u}_\alpha}{\partial x}\right)_{\theta=0}=0 \\[3mm] \dot{\varepsilon}_\beta=\left(\dfrac{\partial\dot{u}_\beta}{\partial y}\right)_{\theta=0}=0 \end{array}\right\} \qquad (7\text{-}40)$$

或

$$\left.\begin{array}{l} \dfrac{\partial\dot{u}_\alpha}{\partial x}-\dot{u}_\beta\dfrac{\partial\theta}{\partial x}=0 \\[3mm] \dot{u}_\alpha\dfrac{\partial\theta}{\partial y}+\dfrac{\partial\dot{u}_\beta}{\partial y}=0 \end{array}\right\} \qquad (7\text{-}41)$$

因 x 与 α 方向重合,y 与 β 方向重合,故上式化为

$$\left.\begin{array}{l} \dfrac{\partial\dot{u}_\alpha}{\partial\alpha}-\dot{u}_\beta\dfrac{\partial\theta}{\partial\alpha}=0 \\[3mm] \dfrac{\partial\dot{u}_\beta}{\partial\beta}+\dot{u}_\alpha\dfrac{\partial\theta}{\partial\beta}=0 \end{array}\right\} \qquad (7\text{-}42)$$

如在(7-42)的第一式中令 β 保持常数,在第二式中令 α 保持常数,则式(7-42)化为

$$\left.\begin{array}{ll} \mathrm{d}\dot{u}_\alpha-\dot{u}_\beta\mathrm{d}\theta=0, & \text{沿 }\alpha\text{ 线} \\ \mathrm{d}\dot{u}_\beta+\dot{u}_\alpha\mathrm{d}\theta=0, & \text{沿 }\beta\text{ 线} \end{array}\right\} \qquad (7\text{-}43)$$

此即**速度协调方程**,简称**速度方程**,又称**盖林格**(**H. Geiringer**)**方程**。

对于均匀应力状态,因 $\mathrm{d}\theta=0$,故由式(7-43)得

$$\dot{u}_\alpha=\dot{u}_\alpha(\alpha), \quad \dot{u}_\beta=\dot{u}_\beta(\beta) \qquad (7\text{-}44)$$

对于中心扇形场,沿径向直线的 θ 为常数。例如沿 α 线 $\theta=$ 常数,这时沿 α 线的 $\dot{u}_\alpha=$ 常数,即
$\dot{u}_\alpha=\dot{u}_\alpha(\theta)$,于是由式(7-43)得

$$\dot{u}_\beta=\psi_1(\theta)+\psi_2(r), \quad \dot{u}_\alpha=\psi_1'(\theta) \qquad (7\text{-}45)$$

其中 ψ_1,ψ_2 为任意函数,r 为离中心点 O(图 7-18)的距离。

以上说明,沿直线滑移线($\theta=$ 常数)的速度分量为常数。

如上所述,如问题是"超静定"的,则亨基方程要与速度方程联立,同时用应力与速度边
界条件一起来求解。一般来说,这是一类困难的问题。在实践中,不得不采用试算法,即假
定一个满足全部应力条件的滑移线场,之后计算速度,检验是否满足速度方程,如不满足,则

修改开始的滑移线场,重复进行,直到满足时为止。

本章复习要点

1. 理想塑性平面应变问题的平衡方程是一组拟线性偏微分方程组。

2. 拟线性偏微分方程解的特征线族与塑性滑移线相重合,求滑移线场就是求特征线网。

3. 亨基第一定理和第二定理。

4. 三类不同边值问题的解法特点。

5. 极限平衡的涵义。

6. 滑移线场的主要特性。

思　考　题

7-1　为什么会有两族特征线?

7-2　为什么应力滑移线同时又是速度滑移线?

7-3　对刚性压入问题为什么会出现两种不同的普朗特解和希尔解的滑移线场?

7-4　为什么有的问题滑移线场是直线网,有的是曲线网?

习　　题

7-1　求图中有无限狭切口的长条板的极限载荷 P_0(图中给出了滑移线场)。

答案:$p_0 = \left(1 + \dfrac{\pi}{2}\right) 4kh$

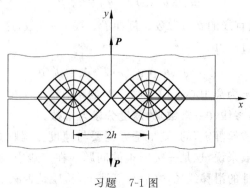

习题　7-1 图

7-2　试作出地基极限平衡时普朗特解的滑移线场分析。

7-3　试求图示直角边坡的最大承载能力。

答案：$q_0 = 2k$

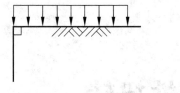

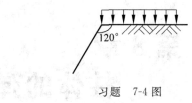

习题　7-3 图　　　　　　　　　　　　　　习题　7-4 图

7-4　试求图示斜坡的最大承载能力。

答案：$q_0 = \dfrac{k}{3}(6 + \pi)$

7-5　给出圆弧形自由边界附近的滑移线场。

第 8 章
柱体的弹塑性扭转

8.1　问题的提出　基本关系式

本章研究弹塑性柱体的扭转问题，这类问题在航空、土建及机械工程中是常见的。所谓柱体的扭转，是指圆柱体和棱柱体只在端部受到扭矩的作用，且扭矩矢量与柱体的轴线 z 的方向相重合。

圆形截面柱体的扭转，在材料力学课程中已经进行过讨论。其特点是扭转变形前后的截面都是圆形而且每一个截面只作刚体转动，在小变形条件下，没有轴向位移，取坐标系为 x,y,z，且柱体的轴线为 z 方向，z 方向的位移为 w，即 $w(x,y,z)=0$。这样，变形后截面的半径及柱体长度基本不变。

非圆形截面柱体的情况要复杂得多。由于截面的非对称形式，在扭转过程中，截面不再保持为平面，而发生了垂直于截面的翘曲变形，即 $w(x,y,z)\neq0$。函数 $w(x,y,z)$ 称为**翘曲函数**。本章主要讨论棱柱体的扭转问题。

以下以截面为任意形状柱体扭转为例写出扭转问题的基本方程式。设有任意的等截面柱体，受扭矩 M_T 作用，如图 8-1 所示。

为了求解扭转问题，要适当选取坐标系。对于有两个对称轴的截面，坐标原点应选在两个对称轴的交点，即对称中心处。对于扭转问题，柱体的侧面为自由表面，其边界条件为

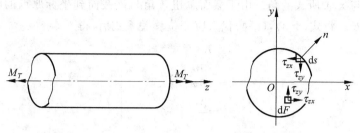

图 8-1

$$\left.\begin{array}{l}\sigma_x l + \tau_{xy} m = 0 \\ \tau_{xy} l + \sigma_y m = 0 \\ \tau_{zx} l + \tau_{yz} m = 0\end{array}\right\} \tag{8-1}$$

其中 $l = \cos(n, x)$，$m = \cos(n, y)$。

在端部有

$$\left.\begin{array}{l}\displaystyle\iint \tau_{zx}\,\mathrm{d}F = 0 \\[2mm] \displaystyle\iint \tau_{zy}\,\mathrm{d}F = 0 \\[2mm] \displaystyle\iint \sigma_z\,\mathrm{d}F = 0 \\[2mm] \displaystyle\iint \sigma_z x\,\mathrm{d}F = 0 \\[2mm] \displaystyle\iint \sigma_z y\,\mathrm{d}F = 0 \\[2mm] \displaystyle\iint (\tau_{zy} x - \tau_{zx} y)\,\mathrm{d}F = M_T\end{array}\right\} \tag{8-2}$$

根据圣维南半逆解法做的假定，认为截面的翘曲变形与 z 无关，即各截面的翘曲都一样。这就是说，翘曲函数 w 仅为 x, y 的函数，即

$$w = f(x, y) \tag{8-3}$$

此外，假定柱体发生变形后，截面只有绕 z 轴的刚体转动，并且间距为单位长度的两截面的相对扭转角 θ 是一个常数。θz 则是距原点为 z 处的截面相对于 $z = 0$ 截面的转角。

若截面上距扭转中心 A 为 r 的任一点 $P(x, y)$，扭转后移到 $P'(x - u, x + v)$（图 8-2），且 $z = 0$ 端没有转动只有翘曲，P 点位移的 x, y 方向的分量为

$$\left.\begin{array}{l}u = -(r\theta z)\sin\alpha = -y\theta z \\ v = (r\theta z)\cos\alpha = x\theta z\end{array}\right\} \tag{8-4}$$

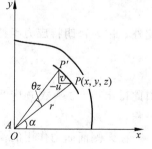

图 8-2

其中 α 为 AP 与 x 轴所成的角。由于截面总扭转角与该截面到坐标原点的距离成正比,故 AP 的转角为 θz。将式(8-3),(8-4)代入应变位移关系式后,得

$$\left.\begin{array}{l} \varepsilon_x = \gamma_{xy} = \varepsilon_y = \varepsilon_z = 0 \\[2mm] \gamma_{zx} = \dfrac{\partial w}{\partial x} - y\theta \\[2mm] \gamma_{zy} = \dfrac{\partial w}{\partial y} + x\theta \end{array}\right\} \tag{8-5}$$

广义胡克定律化为

$$\left.\begin{array}{l} \sigma_x = \sigma_y = \sigma_z = \tau_{xy} = 0 \\[2mm] \tau_{zx} = G\left(\dfrac{\partial w}{\partial x} - y\theta\right) = G\gamma_{zx} \\[2mm] \tau_{zy} = G\left(\dfrac{\partial w}{\partial y} + x\theta\right) = G\gamma_{zy} \end{array}\right\} \tag{8-6}$$

平衡方程(不计体力)化为

$$\left.\begin{array}{l} \dfrac{\partial \tau_{zx}}{\partial z} = 0 \\[2mm] \dfrac{\partial \tau_{zy}}{\partial z} = 0 \\[2mm] \dfrac{\partial \tau_{zx}}{\partial x} + \dfrac{\partial \tau_{zy}}{\partial y} = 0 \end{array}\right\} \tag{8-7}$$

将式(8-6)中 τ_{zx} 的表达式对 y 微分,τ_{zy} 的表达式对 x 微分后相减,可得用应力表示的应变协调方程,即

$$\frac{\partial \tau_{zx}}{\partial y} - \frac{\partial \tau_{zy}}{\partial x} = -2G\theta \tag{8-8}$$

于是,任意形状截面的柱体扭转时的应力,可根据边界条件由解(8-7),(8-8)两式求得。

上述问题的解,可采用应力函数法。为此,如取一个函数 ψ,使得

$$\tau_{zx} = \frac{\partial \psi}{\partial y}, \quad \tau_{zy} = -\frac{\partial \psi}{\partial x} \tag{8-9}$$

此外 ψ 称为**普朗特应力函数**。显然,(8-9)满足平衡方程。而应变协调方程(8-8)化为

$$\nabla^2 \psi = \frac{\partial^2 \psi}{\partial x^2} + \frac{\partial^2 \psi}{\partial y^2} = -2G\theta \tag{8-10}$$

由此得出,应力函数 ψ 应当满足上述偏微分方程(8-10),这种类型的方程是著名的**泊松方程**。

在无侧面面力作用的情况下,边界条件(8-1)简化为

$$\tau_{zx}l + \tau_{zy}m = 0 \tag{8-11}$$

Simon Denis Poisson

泊松(S. D. Poisson)　1781 年生于法国,1840 年逝世。他原来学习医学,后于 1798 年进入巴黎综合工科学校改学数学,毕业后任教于该校。著有数学、天文学、电学和力学等方面的著作。其代表性著作《力学教程》于 1811 年问世,泊松比便是以他的名字命名的。

考虑到

$$l=\cos(n,x)=\frac{\mathrm{d}y}{\mathrm{d}s} \\ m=\cos(n,y)=-\frac{\mathrm{d}x}{\mathrm{d}s} \Bigg\} \tag{8-12}$$

其中 $x=x(s),y=y(s)$,并且 s 增加时,y 增加,而 x 减少(图 8-1),故在 $\mathrm{d}x,\mathrm{d}y$ 前冠以正负号来表示这种关系。将式(8-9)和式(8-12)代入式(8-11)得出在边界上应有

$$\frac{\partial \psi}{\partial y}\frac{\mathrm{d}y}{\mathrm{d}s}+\frac{\partial \psi}{\partial x}\frac{\mathrm{d}x}{\mathrm{d}s}=\frac{\mathrm{d}\psi}{\mathrm{d}s}=0 \tag{8-13}$$

或

$$\psi = 常数$$

上式说明,沿柱体任意截面的边界曲线,应力函数 $\psi(x,y)$ 为一任意常数。因为在此问题中,我们所注意的只限于 ψ 的一阶导数,即剪应力分量,所以,将常数取为零无损于一般性,即有

$$\psi=0 \quad (沿周边 C) \tag{8-14}$$

而任一点的合剪应力为

$$\tau = \sqrt{\tau_{zx}^2+\tau_{zy}^2} = \sqrt{\left(\frac{\partial \psi}{\partial y}\right)^2+\left(\frac{\partial \psi}{\partial x}\right)^2} \tag{8-15}$$

或

$$\tau = |\mathrm{grad}\psi|$$

或

$$\tau = \frac{\partial \psi}{\partial n}$$

此处 n 为沿 ψ 等值线的法线方向,τ 的方向为沿 ψ 等值线的切线方向,因而 ψ 等值线也称为剪应力线。由于边界上的剪应力方向必须与边界的切线一致,故周界线 C 本身也是一条剪应力线。

对于给定的 θ 值,不难由方程(8-10)和(8-14)唯一地确定应力函数 ψ,从而由式(8-9)求出应力,由式(8-6)求出应变,以及翘曲函数 f。但我们注意到,由式(8-6)和式(8-9)有

$$\gamma_{xz} = \frac{\partial u}{\partial z} + \frac{\partial w}{\partial x} = \frac{1}{G} \frac{\partial \psi}{\partial y}$$

$$\gamma_{yz} = \frac{\partial w}{\partial y} + \frac{\partial v}{\partial z} = -\frac{1}{G} \frac{\partial \psi}{\partial x}$$

当通过积分来求位移函数和翘曲函数时,所得结果中总含有表示刚体位移的积分常数。所以位移函数和翘曲函数可准确到一个附加常数的范围内。

按上述方法求得的应力分布还应满足端部条件,即

$$M_T = \iint_A (\tau_{zy} x - \tau_{zx} y) \mathrm{d}x \mathrm{d}y = -\iint x \frac{\partial \psi}{\partial x} \mathrm{d}x \mathrm{d}y - \iint y \frac{\partial \psi}{\partial y} \mathrm{d}x \mathrm{d}y$$

$$= -\int \mathrm{d}y \int x \frac{\partial \psi}{\partial x} \mathrm{d}x - \int \mathrm{d}x \int y \frac{\partial \psi}{\partial y} \mathrm{d}y$$

其中积分限 A 为截面面积。

对上式分部积分后,得

$$M_T = -\int x\psi \mathrm{d}y \Big|_{x_1}^{x_2} + \iint \psi \mathrm{d}x \mathrm{d}y - \int y\psi \mathrm{d}x \Big|_{y_1}^{y_2} + \iint \psi \mathrm{d}x \mathrm{d}y$$

因在边界上 $\psi = 0$,x_1, x_2, y_1, y_2 为侧面的点,故得

$$M_T = 2 \iint \psi \mathrm{d}x \mathrm{d}y \tag{8-16}$$

上式表示,如在截面上每一点有一个 $\psi(x, y)$ 值,则扭矩 M_T 为 ψ 曲面下所包体积的二倍。

由以上讨论得出,如能找到一个函数 ψ,其在边界上的值为零,在截面内满足方程(8-10),则截面的剪应力分布及扭矩 M_T 就都可求得。

今后我们把用以除扭矩 M_T 而得到单位长度扭角 θ 的因子称为**扭转刚度**。扭转刚度是一个有用的概念,通常记作 K_T,其单位与扭矩的单位相同。

8.2   矩形截面柱体的扭转

作为例子,现在来讨论矩形截面柱体的扭转。问题的求解应首先得到应力函数 ψ,有了函数 ψ 以后,便不难进一步求得剪应力 τ_{zx}, τ_{zy} 和扭矩 M_T。

由以上讨论知道,应力函数 ψ 在矩形区域 $ABCD$ 内(图 8-3)满足泊松方程

$$\nabla^2 \psi = -2G\theta$$

在边界上,即当 $x = \pm a, y = \pm b$ 时,有

$$\psi = 0$$

其中 a, b 为截面长和宽的一半(图 8-3)。

由数学物理方程知道,上述问题为求解泊松方程的第一边值问题,或狄利克雷(Dirichlet)问题。在该问题的定义域是单连通域的情况下,这类问题的解可假定为下列形式:

$$\psi = \psi_0 + \psi_1 \tag{8-17}$$

其中 ψ_0 为泊松方程的特解,ψ_1 是相应齐次方程的解,即

$$\nabla^2 \psi_0 = -2G\theta, \quad \nabla^2 \psi_1 = 0$$

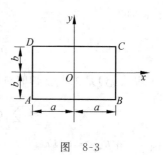

图 8-3

一旦求得 ψ_0,则下列狄利克雷问题

$$\nabla^2 \psi_1 = 0$$

$$\psi_1 = -\psi_0 \text{(在边界上)}$$

的解就可以求出。

在我们的情况下,ψ_0 取为

$$\psi_0 = -G\theta(y^2 - b^2)$$

而 ψ_1 为一调和函数,应满足下列条件:

$$\left.\begin{array}{ll} \psi_1 = 0, & \text{当 } y = \pm b \text{ 时} \\ \psi_1 = G\theta(y^2 - b^2), & \text{当 } x = \pm a \text{ 时} \end{array}\right\} \tag{8-18}$$

令取 ψ_1 为下列函数形式:

$$\psi_1 = \sum_{n=0}^{\infty} X_n(x) Y_n(y) \tag{8-19}$$

由

$$\nabla^2 \psi_1 = \sum_{n=0}^{\infty} (X_n'' Y_n + Y_n'' X_n) = 0$$

有

$$\frac{X_n''}{X_n} = -\frac{Y_n''}{Y_n}$$

上式等号左面仅为 x 的函数,右边仅为 y 的函数,故只能等于常数 k_n^2,于是有

$$X_n'' = k_n^2 X_n, \quad Y_n'' = -k_n^2 Y_n \tag{8-20}$$

由此可得

$$\left.\begin{array}{l} X_n = C_{1n} \text{sh} k_n x + C_{2n} \text{ch} k_n x \\ Y_n = C_{3n} \sin k_n y + C_{4n} \cos k_n y \end{array}\right\} \tag{8-21}$$

其中 $C_{in}(i=1,2,3,4)$ 是由边界线条件确定的常数。由边界条件(8-18),在 $x = \pm a$ 上有

$$\frac{\partial \psi_1}{\partial y} = \sum_{n=0}^{\infty} X_n(x) Y_n'(y) = 2G\theta y \tag{8-22}$$

由上式可以看出 $X_n(x) Y_n'(y)$ 是 y 的奇函数,所以有 $C_{3n} = 0$。又由式(8-18)可以看出在 $x =$

$\pm a$ 时

$$\psi_1 = G\theta(y^2 - b^2) = \sum_{n=0}^{\infty} X_n(x)Y_n(y) \tag{8-23}$$

可见 $Y_n(y)$ 是关于 y 轴的对称函数，由此得 $C_{1n}=0$，于是有

$$\psi_1 = \sum_{n=0}^{\infty} C_{4n}\cos k_n y \cdot C_{2n}\mathrm{ch}k_n x = \sum_{n=0}^{\infty} A_n\cos k_n y \cdot \mathrm{ch}k_n x \tag{8-24}$$

因 $y=\pm b, \psi_1=0$，故

$$\cos k_n b = 0, \quad k_n = \frac{n\pi}{2b}$$

其中 n 为奇数。

于是得到应力函数 ψ 为

$$\psi = -(y^2 - b^2)G\theta + \sum_{1,3,5,\cdots}^{\infty} A_n \mathrm{ch}\frac{n\pi x}{2b}\cos\frac{n\pi y}{2b} \tag{8-25}$$

上式第一项按级数展开

$$-(y^2 - b^2)G\theta = \frac{32b^2}{\pi^3}G\theta \sum_{1,3,5,\cdots}^{\infty} \frac{1}{n^3}\sin\frac{n\pi}{2}\cos\frac{n\pi y}{2b}$$

从而有

$$\psi = \frac{32b^2}{\pi^3}G\theta \sum_{1,3,5,\cdots}^{\infty} \frac{1}{n^3}\sin\frac{n\pi}{2}\cos\frac{n\pi y}{2b} + \sum_{1,3,5,\cdots}^{\infty} A_n\cos\frac{n\pi y}{2b}\mathrm{ch}\frac{n\pi x}{2b}$$

$$= \sum_{1,3,5,\cdots}^{\infty} \cos\frac{n\pi y}{2b}\Big[G\theta\frac{32b^2}{n^3\pi^3}\sin\frac{n\pi}{2} + A_n\mathrm{ch}\frac{n\pi x}{2b}\Big]$$

因 $x=\pm a$ 时，$\psi=0$，代入上式可得

$$A_n = -G\theta\frac{32b^2}{\pi^3}\frac{\sin\dfrac{n\pi}{2}}{n^3\mathrm{ch}\dfrac{n\pi a}{2b}} \tag{8-26}$$

将式(8-26)代入式(8-25)得到

$$\psi = -G\theta\left[y^2 - b^2 + \frac{32b^2}{\pi^3}\sum_{1,3,5,\cdots}^{\infty}\frac{\sin\dfrac{n\pi}{2}}{n^3\mathrm{ch}\dfrac{n\pi a}{2b}}\mathrm{ch}\frac{n\pi x}{2b}\cos\frac{n\pi y}{2b}\right] \tag{8-27}$$

于是由式(8-16)得扭矩为

$$M_T = 2\iint_A \psi\mathrm{d}x\mathrm{d}y = 16G\theta ab^3\left[\frac{1}{3} - \frac{64b}{a\pi^5}\sum_{1,3,5,\cdots}^{\infty}\frac{\mathrm{th}\dfrac{n\pi a}{2b}}{n^5}\right]$$

引进符号

$$\alpha = f_1\left(\frac{a}{b}\right) = \frac{1}{3} - \frac{64b}{a\pi^5} \sum_{1,3,5,\cdots}^{\infty} \frac{\mathrm{th}\dfrac{n\pi a}{2b}}{n^5} \tag{8-28}$$

则

$$\theta = \frac{M_T}{16Gab^3\alpha} = \frac{M_T}{K_t} \tag{8-29}$$

其中 $K_t = 16\alpha Gab^3 = \alpha G(2a)(2b)^3$ 称为**扭转刚度**。

将式(8-29)代入式(8-27)得

$$\psi = -\frac{M_T}{16\alpha ab^3}\left[y^2 - b^2 + \frac{32b^2}{\pi^3}\sum_{1,3,5,\cdots}^{\infty}\frac{\sin\dfrac{n\pi}{2}}{n^3\,\mathrm{ch}\dfrac{n\pi a}{2b}}\mathrm{ch}\frac{n\pi x}{2b}\cos\frac{n\pi y}{2b}\right] \tag{8-30}$$

从而可得剪应力

$$\tau_{zx} = \tau_{xz} = -\frac{\partial\psi}{\partial y} = -\frac{M_T}{16\alpha ab^3}\left[2y - \frac{16b}{\pi^2}\sum_{1,3,5,\cdots}^{\infty}\frac{\sin\dfrac{n\pi}{2}}{n^2\,\mathrm{ch}\dfrac{n\pi a}{2b}}\mathrm{ch}\frac{n\pi x}{2b}\sin\frac{n\pi y}{2b}\right]$$

$$\tau_{zy} = \tau_{yz} = -\frac{\partial\psi}{\partial x} = -\frac{M_T}{16\alpha ab^3}\left[\frac{16b}{\pi^2}\sum_{1,3,5,\cdots}^{\infty}\frac{\sin\dfrac{n\pi}{2}}{n^2\,\mathrm{ch}\dfrac{n\pi a}{2b}}\mathrm{sh}\frac{n\pi x}{2b}\cos\frac{n\pi y}{2b}\right] \tag{8-31}$$

在 $x=0, y=\pm b$ 处，剪应力取得最大值，即

$$|\tau_{\max}| = \frac{2M_T}{16\alpha ab^3}\left[1 - \frac{8}{\pi^2}\sum_{1,3,5,\cdots}^{\infty}\frac{1}{n^2\,\mathrm{ch}\dfrac{n\pi a}{2b}}\right] = \frac{M_T}{8\beta ab^2} = \frac{M_T}{\beta(2a)(2b)^2} \tag{8-32}$$

其中

$$\beta = \frac{\alpha}{1 - \dfrac{8}{\pi^2}\sum\limits_{1,3,5,\cdots}^{\infty}\dfrac{1}{n^2\,\mathrm{ch}\dfrac{n\pi a}{2b}}} = f_2\left(\frac{a}{b}\right)$$

由式 $\beta = f_2\left(\dfrac{a}{b}\right)$ 及式(8-28)$\alpha = f_1\left(\dfrac{a}{b}\right)$ 可知，α 和 β 随 $\dfrac{a}{b}$ 而变化，表 8-1 给出了不同 $\dfrac{a}{b}$ 时的 α 及 β 值。

表 **8-1**

a/b	α	β	a/b	α	β
1.0	0.141	0.208	3.0	0.263	0.267
1.2	0.166	0.219	4.0	0.281	0.282
1.5	0.196	0.231	5.0	0.291	0.291
2.0	0.229	0.246	10.0	0.312	0.312
2.5	0.249	0.258	∞	0.333	0.333

由表 8-1 看出,当 $\dfrac{a}{b}$ 很大时,即对于很窄的矩形截面,α 和 β 值均趋于 $\dfrac{1}{3}$,此时式(8-29)和式(8-32)简化为

$$\theta = \frac{3M_T}{G(2a)(2b)^3}, \quad \tau_{\max} = \frac{3M_T}{(2a)(2b)^2} \tag{8-33}$$

其中,$2a$ 和 $2b$ 分别为矩形截面的长和宽(图 8-4)。

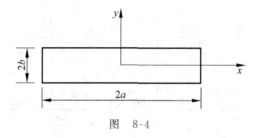

图　8-4

8.3　薄膜比拟法

以下将看出,弹性扭转问题用应力函数写出的微分方程,与用表面受压力作用时的薄膜的挠度方程在形式上完全相似,因而求解扭转问题时,就可以用解张紧的薄膜的挠度问题来比拟。这样对一些截面形状复杂的柱体扭转就可以避开数学上的困难,而采用这种比拟的实验方法求出扭转问题的解。

假定在一块板上开一个与柱体断面形状相同的孔(尺寸不必相同),孔上敷以张紧的均匀薄膜,支持在边界上,则薄膜一侧受均匀压力 q 作用时,各点就要发生挠度 z (图 8-5),此时薄膜受均匀张力作用,取任一微小单元为 $dxdy$,如令单位长度的张力为 s,则在小挠度情况下,作用在 ab 边的 s 的斜率为 β,

$$\beta \approx \frac{\partial z}{\partial x}$$

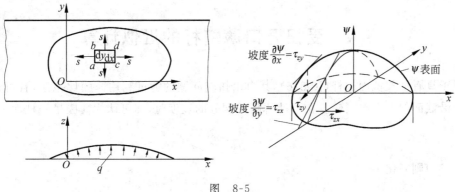

图 8-5

因各点挠度 z 不同，s 在 dc 边的斜率为

$$\beta+\frac{\partial \beta}{\partial x}\mathrm{d}x\approx\frac{\partial z}{\partial x}+\frac{\partial^2 z}{\partial x^2}\mathrm{d}x$$

同样可得张力在 ac 及 bd 边的斜率分别为 $\frac{\partial z}{\partial y}$ 和 $\frac{\partial z}{\partial y}+\left(\frac{\partial^2 z}{\partial y^2}\right)\mathrm{d}y$。在不计薄膜重量时，$s$ 可认为是常数，故薄膜的竖向平衡方程为

$$-s\mathrm{d}y\frac{\partial z}{\partial x}+s\mathrm{d}y\left(\frac{\partial z}{\partial x}+\frac{\partial^2 z}{\partial x^2}\mathrm{d}x\right)-s\mathrm{d}x\frac{\partial z}{\partial y}+s\mathrm{d}x\left(\frac{\partial z}{\partial y}+\frac{\partial^2 z}{\partial y^2}\mathrm{d}y\right)+q\mathrm{d}x\mathrm{d}y=0$$

即

$$\frac{\partial^2 z}{\partial x^2}+\frac{\partial^2 z}{\partial y^2}=-\frac{q}{s} \tag{8-34}$$

式(8-34)也是泊松方程，与方程(8-10)比较，可知薄膜问题与扭转问题相似，其各量之间的对应关系列入表 8-2。

表 8-2 中 V 为薄膜下的体积。这就是说，膜的平衡位置 z 与 ϕ 曲面相似，膜的等挠度线与剪应力线相似，膜在任一点的坡度与相应的合剪应力成比例。由此得到结论：①杆件上任一点的最大剪应力的方向，就是薄膜上相应点处等挠度线在该点的切线方向，其大小与过该点的切面沿法线方向的斜率成正比。②薄膜的等挠度线与截面的剪力线一致。③薄膜挠曲面下的体积与扭矩成正比。

表 8-2

薄膜问题	扭转问题
z	ψ
$1/s$	G
q	2θ
$-\frac{\partial z}{\partial x},\frac{\partial z}{\partial y}$	τ_{zy},τ_{zx}
$2V$	M_T

8.4 受扭开口薄壁杆的近似计算

对于具有窄长截面的杆(图 8-6),其自由扭转问题的解可利用薄膜比拟法,且可认为薄膜形状沿截面的 b 方向不变。在不计薄膜两端处的坡度时,即可认为薄膜呈一柱面,于是有

$$\frac{\partial z}{\partial y}=0$$

而式(8-34)则简化为

$$\frac{\mathrm{d}^2 z}{\mathrm{d}x^2}=-\frac{q}{s} \tag{8-35}$$

上式积分两次后,考虑到边界条件($x=0$ 处,$\mathrm{d}z/\mathrm{d}x=0$,$x=t/2$ 处,$z=0$)得

$$z=\frac{1}{2}\frac{q}{s}\left[\left(\frac{t}{2}\right)^2-x^2\right] \tag{8-36}$$

即薄膜挠度在 t 方向为一抛物线(图 8-6)。于是,薄膜下的体积为

$$V=qbt^3/12s$$

根据上节给出的比拟关系,q 换成 2θ,$1/s$ 换成 G,因而扭矩的近似公式为

$$M_T=2V=\frac{1}{3}bt^3 G\theta=JG\theta \tag{8-37}$$

其中 $J=bt^3/3$ 为薄矩形截面的极惯性矩。已知

$$\tau_{zy}=-\frac{\partial z}{\partial x}=2G\theta x \tag{8-38}$$

单位长度的转角由扭矩公式得出为

$$\theta=\frac{3M_T}{Gbt^3} \tag{8-39}$$

由式(8-38)可见,最大剪应力发生在 x 为最大值 $\pm t/2$ 处,即最大弹性剪应力发生在周边最靠近形心轴的点上,其值为

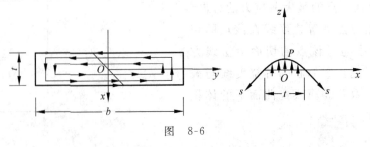

图 8-6

$$\tau_{max} = G\theta t = \frac{3M_T}{bt^3} \qquad (8-40)$$

或

$$M_T = \frac{1}{3}bt^3\tau_{max} \qquad (8-41)$$

现在考虑剪应力沿矩形周边的性质。由于柱体的表面为自由表面，所以剪应力线总是与边界线平行。在四个角点处，由于薄膜在此点和 $z=0$ 平面相切，故该点之合剪应力等于零。这一结果对开口薄壁杆的弹性扭转近似计算很有意义。根据这一性质，对于截面为多个窄条组成的杆的自由扭转，就可以看成是若干窄条截面杆扭转问题的解的组合。

例 8-1　求工字型截面杆受扭矩 M_T 作用时的最大剪力（图 8-7）。

解　将图示三个矩形窄条的扭转刚度相加后，可得

$$\theta = \frac{M_T}{G\left(\frac{1}{3}b_1t_1^3 + \frac{2}{3}b_2t_2^3\right)} = \frac{3M_T}{G}\frac{1}{b_1t_1^3 + 2b_2t_2^3}$$

于是有

$$\tau_{max} = G\theta t_i = \frac{3M_Tt_i}{b_1t_1^3 + 2b_2t_2^3} \qquad (8-42)$$

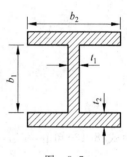

图　8-7

其中 t_i 是 t_1, t_2 中较大的一个。

应当指出，在图 8-7 中角点处将由于应力集中而产生很大的应力，因而，将首先在这里进入塑性状态。实际上截面在此总做成圆角。

8.5　塑性扭转　沙堆比拟法

由薄膜比拟法知道，薄膜表面任一点对 $z=0$ 面的最大坡度和该对应点的合剪应力 $\left|\mathrm{grad}\psi\right|$ 之间有简单的关系。现在我们进一步利用这种比拟求解弹塑性扭转问题。

当合剪应力在某一点达到屈服应力值时，柱体开始屈服。此时，$\left|\mathrm{grad}\psi\right|$ 在该点达到最大值，相对应的薄膜该点的坡度也达到最大值。由于边界上的剪应力首先达到最大值，所以首先屈服的点一定在截面的边界上。当扭矩继续增加，塑性区的范围就逐渐加大，而达最大坡度的区域也逐渐由截面边界向内部延伸。对于塑性区，仍采用以前的假设，则由米泽斯条件给出

$$\tau_{xz}^2 + \tau_{yz}^2 = k^2 \qquad (8-43)$$

其中 k 为纯剪屈服应力。

在弹塑性应力状态，剪应力分量满足平衡方程

$$\frac{\partial \tau_{xz}}{\partial x}+\frac{\partial \tau_{yz}}{\partial y}=0$$

以及由式(8-5)导出的应变协调条件

$$\frac{\partial \gamma_{xz}}{\partial y}-\frac{\partial \gamma_{yz}}{\partial x}=-2\theta$$

引进塑性扭转的应力函数 $F_p(x,y)$

$$\tau_{xz}=\frac{\partial F_p}{\partial y},\quad \tau_{yz}=-\frac{\partial F_p}{\partial x} \tag{8-44}$$

代入屈服函数后得到

$$\left(\frac{\partial F_p}{\partial x}\right)^2+\left(\frac{\partial F_p}{\partial y}\right)^2=k^2 \tag{8-45}$$

或

$$|\operatorname{grad}F_p|=k^2 \tag{8-46}$$

或

$$\frac{\partial F_p}{\partial n}=k \tag{8-47}$$

由式(8-13)知道,在边界上有

$$F_p=常数=0 \tag{8-48}$$

　　式(8-47)的几何意义是在曲面 $z=F_p(x,y)$(称为应力曲面)上任一点的梯度都等于常数 k。这就是说,在周边筑起的是等倾斜表面。对于中间没有孔的截面,建造这种表面很容易实现,只要将干沙堆在一个与柱体横截面相同的水平硬纸板面上就能形成这种表面,像似在硬纸板基础上建立了一个常坡度的顶盖一样(如图 8-8 所示)。这就是所谓**沙堆比拟法**。

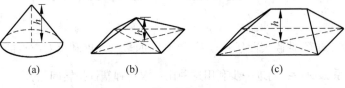

图　8-8

　　在塑性区,剪应力矢量的大小为一个常数,而其方向则垂直于区域周界的法线,如图 8-9,即剪应力线平行于区域的周界。当周边有凹角时,如图 8-10,则剪应力以圆弧线绕过尖角。沙堆顶盖的"脊"是剪应力的间断线,τ_{zx},τ_{zy} 过这种线时不连续。也就是说,剪应力 $\tau=k$ 的方向发生跳跃式的变化。图 8-11 中的脊线 AB,便是这种间断线。由图 8-11 看出,在应力间断线 AB 两侧,剪应力的方向发生了跳跃式的变化。实际上,在间断线两侧的 F_p 面的坡度发生了间断,而且是跳跃式的变化。

　　以上是整个截面处于塑性状态时的情况,材料进入这种完全塑性状态以后,无限制的塑性流动成为可能。完全塑性状态也叫极限状态,与此状态对应的扭矩称为极限扭矩。

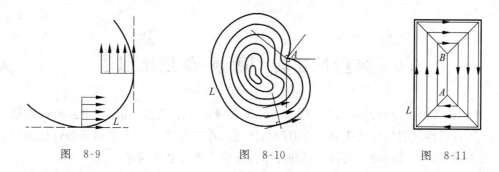

图 8-9　　　　　　图 8-10　　　　　　图 8-11

显然，极限扭矩 M_T^0 为

$$M_T^0 = 2\iint\limits_A F_p \mathrm{d}x\mathrm{d}y \tag{8-49}$$

即极限扭矩为给定周边基础上建造起来的等坡度顶盖下体积的两倍。

这样一来，极限扭矩的计算变得容易了。例如，对于矩形截面（$a \times b$）的杆，坡度 $\dfrac{h}{a/2} = k$，体积

$$V = \frac{(b-a)ah}{2} + 2\left(\frac{1}{3}a^2h/2\right)$$

$$M_T^0 = \frac{1}{2}ka^2b - \frac{ka^3}{6} \tag{8-50}$$

而

$$M_T^* = \beta ka^2b \tag{8-51}$$

其中 M_T^* 为塑性变形刚开始时的扭矩。

对于正方形截面的柱体，有

$$M_T^0 = \frac{1}{3}a^3k$$

$$M_T^* = \beta a^3k$$

此时 $\beta = 0.208$（见表 7-1），于是 $M_T^0 = 1.603M_T^*$。

对半径为 a 的圆截面杆，坡度 $h/a = k$，高 $h = ka$，体积 $V = \dfrac{1}{3}\pi a^2 h$。于是，

$$M_T^0 = \frac{2}{3}a^3\pi k \tag{8-52}$$

$$M_T^* = \frac{1}{2}\pi a^3 k \tag{8-53}$$

对于不规则形状截面的杆，计算沙堆体积有困难时，可用称沙堆重量的办法来解决。例如称得所考虑截面上的沙堆重为 W_1，另一圆截面上沙堆重为 W_2，则由 $\dfrac{W_1}{W_2} = \dfrac{M_{T1}}{M_{T2}}$，从而求

得 M_T^0。

8.6   弹塑性扭转   薄膜-屋顶比拟法

在柱体截面的一部分进入塑性状态以后,尚未到达极限状态以前,属于弹塑性扭转状态。显然,在弹性区与塑性区交界处应力应当连续。在交界线 L 上既要满足弹性区的应力条件,又要满足塑性区的应力条件。已知在塑性区应力函数必须满足

$$\left| \mathrm{grad} F_\mathrm{p} \right| = k$$

而在弹性区,应力函数应满足

$$\nabla^2 \psi = -2G\theta$$

在 L 上应有

$$\frac{\partial \psi}{\partial x} = \frac{\partial F_\mathrm{p}}{\partial x}, \quad \frac{\partial \psi}{\partial y} = \frac{\partial F_\mathrm{p}}{\partial y} \tag{8-54}$$

或

$$F_\mathrm{p} = \psi + 常数, \quad 或 \quad F_\mathrm{p} = \psi \quad (在 L 上) \tag{8-55}$$

由此可见,弹塑性应力分布问题就相当于求函数 $\psi(x,y)$ 和 $F_\mathrm{p}(x,y)$。F_p 在周边 C 上等于零,其一阶导数在 C 围成的区域内均为连续,在弹塑性区交界线 L 上或其内部 F_p 的梯度的绝对值都不应大于常数 k。在 $\left| \mathrm{grad}\psi \right| < k$ 处,必须满足 $\nabla^2 \psi = -2G\theta$,这一命题在分析上是一个困难的问题,纳达依(A. Nadai, 1923)为解决这一问题提出了一种薄膜-屋顶比拟法。

薄膜-屋顶比拟法也是一种通过实验来确定函数 F,从而求得弹塑性扭矩的方法。做法是这样的:在上述薄膜比拟法中,在开好的孔上作一个透明的"屋顶",让它符合于纯塑性状态的应力函数(即沙堆的自然坡度),然后仍在孔上敷以薄膜,当薄膜的底侧受均匀的不大的压力作用时,杆全部处于弹性状态,薄膜不受"屋顶"的阻碍,和上述薄膜比拟法情况相同。当压力增大后,薄膜的挠度加大,则在边缘上有一部分将与屋顶接触,表示有一部分断面进入塑性状态,即应力函数满足塑性应力函数的条件,F_p 的梯度的绝对值等于常数 k。当压力继续加大,则薄膜与屋顶的接触面也继续扩大,这便是塑性区的扩展(图 8-12)。自由薄膜与受约束薄膜是连续的,且自由薄膜与"屋顶"相切。于是,由薄膜挠度表示的应力函数值具有连续的一阶导数,即应力分量在越过弹塑性边界时是连续的。于是弹塑性扭转时的应力函数就完全可以由薄膜自由部分和约束部分来表示。对于任一有限的 θ 角,截面总是包含弹性区和塑性区两部分,从这一实验容易看出,沙堆比拟中的脊线(间断线)就是弹性区收缩的极限。

Arpad Nadai

纳达依(A. Nadai) 1883 年生于匈牙利,苏黎世技术大学毕业后就职于西屋电气公司。后在哥廷根大学随普朗特(L. Prandtl)教授工作十年,致力于材料强度和塑性屈服条件的研究。其所著《固体的塑性与流动》两卷集(1927,1931)享有盛誉。

由于扭矩公式(8-16)是从静力平衡条件得来的,因而它不仅适用于弹性状态和纯塑性状态,也适用于弹塑性状态。

例 8-2 设有半径为 a 的圆断面柱体,求弹塑性扭转情况下的扭矩。

解 在此问题中,弹性扭转角的极限值,即周边应力刚刚等于常数 k 时为

$$\theta^* = \frac{k}{Ga}$$

当 $\theta > \theta^*$ 时,扭转为弹塑性状态。此时弹塑性分界线必为一个半径小于 a 的圆(图 8-13),可见,当 $r \leqslant c$ 时

$$\tau = \frac{r}{c} k$$

当 $r \geqslant c$ 时

$$\tau = k$$

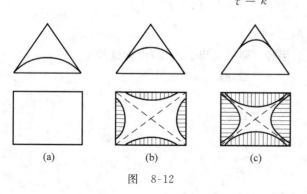

(a)   (b)   (c)

图 8-12

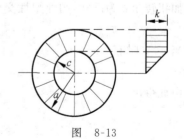

图 8-13

（1）弹性区

在弹性区，应力函数 ψ 满足泊松方程 $\nabla^2\psi=-2G\theta$。由对称性知，$\psi=\psi(r)$，此处 $r=\sqrt{x^2+y^2}$。当 $r=0$ 时，$\mathrm{d}\psi/\mathrm{d}r=0$，弹性区边界方程为

$$x^2+y^2=r^2$$

取 ψ 为

$$\psi=A(r^2-x^2-y^2)$$

为满足式(8-10)，常数 A 应为

$$A=\frac{1}{2}G\theta$$

故有

$$\psi=\frac{1}{2}G\theta r^2+B \quad (0\leqslant r\leqslant c)$$

其中 B 为常数，由弹塑性分界线上的条件来确定。

（2）塑性区

在塑性区，应力函数为 F_p

$$F_p=k(a-r) \quad (c\leqslant r\leqslant a)$$

在弹塑性分界线上，有

$$(F_p)_{c+0}=(\psi)_{c-0}$$

由此，可得

$$k(a-c)=-\frac{1}{2}G\theta c^2+B$$

$$B=\frac{1}{2}G\theta c^2+k(a-c)$$

从而得

$$\psi=\frac{1}{2}G\theta(c^2+r^2)+k(a-c)$$

$$F_p=k(a-r)$$

如扭转角 θ 为已知，则弹塑性交界线的半径 c 即可求出。为此，由弹性解

$$\tau=G\theta r$$

当 $r=c$ 时有

$$k=G\theta c$$

由此得出

$$c=\frac{k}{G\theta}$$

此式表明，对任一有限的扭转角 θ，$c\neq 0$ 即总有弹性区存在。

扭矩 M_T 按式(8-16)计算

$$M_T = 2\iint \psi \mathrm{d}x\mathrm{d}y$$

$$= 2\int_0^c \left[\frac{1}{2}G\theta \left(\frac{k^2}{G^2\theta^2} + r^2 \right) + k\left(a - \frac{k}{G\theta} \right) \right] 2\pi r \mathrm{d}r + 2\int_0^a k(a-r)2\pi r \mathrm{d}r$$

$$= \frac{2}{3}\pi a^3 k \left[1 - \frac{1}{4a^3}\left(\frac{k}{G\theta} \right)^3 \right]$$

使 $\theta \rightarrow \infty$ 得极限扭矩 M_T^0

$$M_T^0 = \frac{2}{3}\pi a^3 k$$

本章复习要点

1. 柱体扭转问题的特点是对于非圆截面柱体来说,在扭转过程中,柱体截面要发生翘曲变形,即 $w(x,y,z) \neq 0$。

2. 普朗特应力函数 ψ 满足泊松方程 $\nabla^2 \psi = \dfrac{\partial^2 \psi}{\partial x^2} + \dfrac{\partial^2 \psi}{\partial y^2} = -2G\theta$。

3. 任一点上的剪应力为 $\tau = |\mathrm{grad}\psi|$,$\psi$ 的等值线是剪应力线。

4. 受张力的薄膜平衡问题与柱体扭转问题的基本方程相似。

5. 沙堆比拟法的依据。

6. 薄膜-屋顶比拟法。

7. 弹性柱体扭转的近似算法。

思 考 题

8-1 为什么非圆形截面柱体受扭后,其截面要发生翘曲?

8-2 截面的周边为什么也是一条剪应力线?

8-3 $\nabla^2 \psi = -2G\theta$ 的成立有何约束条件?

8-4 若要求解一个闭口截面杆的弹性扭转问题,将遇到什么困难,你有什么办法求解?

8-5 对于复杂截面柱体的塑性扭转问题,你有什么办法求解?

习　　题

8-1　试证柱体扭转时,任一横截面上的剪应力方向与边界切线方向重合。

提示:利用柱体侧表面的自由边界条件容易得到。

8-2　如有边长为 a 的正方形截面柱体和直径为 a 的圆截面柱体,试求各自的最大剪应力。哪一种截面的扭转刚度较大。

8-3　试求有以下形状的截面柱体的扭转刚度 K_T

答案:(a) $K_T = G(b_1 t_1^3 + b_2 t_2^3 + b_3 t_3^3)$,(b) $K_T = 4.72 G a^4$

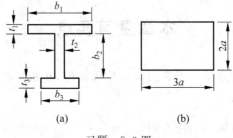

习题　8-3 图

8-4　试证明 $\psi = A(r^2 - a^2)$ 既可以用来求解实心圆截面柱体也可解圆管的扭转问题。求出用 $G\theta$ 表示的 A。

答案:$A = -0.5 G\theta$

8-5　试求椭圆形截面受扭作用时的最大剪应力。

提示:取应力函数为

$$\psi = \left(\frac{x^2}{a^2} + \frac{y^2}{b^2} - 1 \right)$$

a,b 为椭圆的长短轴。

答案:$\tau_{\max} = \dfrac{2M_T}{\pi a b^2}$

8-6　试求正方形截面柱体的极限扭矩。

答案:$M_T = \dfrac{1}{3} k a^3$

8-7　试求图 8-7 中所示工字梁的极限扭矩。

第 9 章
变分原理与极值原理及其应用

9.1 基 本 概 念

在第 5 章中曾经谈到,求解弹塑性力学问题,归结为求解偏微分方程的某种边值问题。如对空间问题来说,泛定方程为含有 15 个未知量的 15 个偏微分方程,在给定边界条件时,求解是极其困难的,而且往往是不可能的。本章将讨论利用能量原理和极值原理求解弹塑性力学问题的近似方法。

研究物体的状态,不仅要知道物体的变形状态,而且要知道物体中每一点的温度。若物体在变形过程中,各点的温度与其周围介质的温度保持平衡,则称这一过程为**等温过程**。若在变形过程中,物体的温度没有什么升降,也没有损失或增加热量,则称这一过程为**绝热过程**。物体的瞬态高频振动,高速变形过程都可视为绝热过程。

物体在外界因素影响下的变形过程,严格来说都是一个热力学过程。如令物体的动能为 E_k,应变能为 U,则在微小的 δt 时间间隔内,物体从一种状态过渡到另一种状态时,根据**热力学第一定律**,总能量的变化为

$$\delta E_k + \delta U = \delta W + \delta Q \tag{9-1}$$

此处 δW 为体力 F_{bi} 与面力 p_i 所完成的功,δQ 为物体由其周围介质所吸收(或向外发散)的热量,且以等量的功来度量。假定弹性变形过程是绝热的,则对于静力平衡问题有

$$\delta Q = 0, \quad \delta E_k = 0$$

和 $$\delta U = \delta W \tag{9-2}$$

由第 5 章和以上的讨论知道,在线弹性情况下,单位体积的应变能为

$$U_0 = \int_0^{\varepsilon_{ij}} \sigma_{ij}\,\mathrm{d}\varepsilon_{ij} = \frac{1}{2}\sigma_{ij}\varepsilon_{ij} \tag{9-3}$$

以一维应力状态为例,U_0 实际上是 $\sigma_x\text{-}\varepsilon_x$ 平面内,应力应变曲线与 ε_x 轴和 $\varepsilon_x = \varepsilon_x'$ 所包围的面积(图 9-1)

$$U_0 = \int_0^{\varepsilon_x'} \sigma_x\,\mathrm{d}\varepsilon_x \tag{9-4}$$

现在,定义另一个重要的量 U_0'

$$U_0' = \int_0^{\sigma_{ij}} \varepsilon_{ij}\,\mathrm{d}\sigma_{ij} \tag{9-5}$$

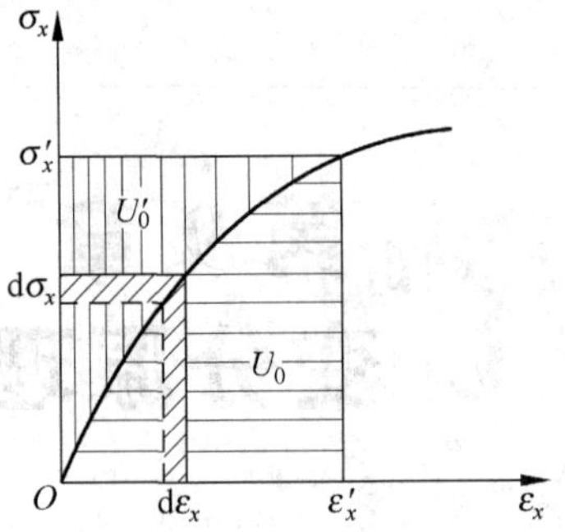

在一维状态下

图　9-1

$$U_0' = \int_0^{\sigma_x'} \varepsilon_x\,\mathrm{d}\sigma_x \tag{9-6}$$

U_0' 称为单位体积的**应变余能**(也称**应力能**),简称**余能**。

应变能 U_0 表示物体受外力作用时,储存于变形物体中的能量。而应变余能 U_0' 的物理解释便不明显。在图 9-1 中,它只表示 $\sigma_x\text{-}\varepsilon_x$ 曲线与轴 σ_x 及 $\sigma_x = \sigma_x'$ 所围成的面积。σ_x' 为物体内指定时刻的应力,相应的应变为 ε_x',则 $\varepsilon_x'\sigma_x' = U_0 + U_0'$。$U_0$ 与 U_0' 分别互补(或互余)对方为 $\varepsilon_x'\sigma_x'$ 矩形的面积。显然,在曲线 $\sigma_x\text{-}\varepsilon_x$ 为直线时(即线弹性情况),$U_0 = U_0'$ 即余能在数量上等于应变能。

余能是一个重要的概念,尽管它不像应变能那样有明确的物理意义,但引进余能的概念以后,讨论问题的范围就大为扩大了。对余能的认识应强调以下三点:

(1)应变余能与应变能是互补的,面积

$$\varepsilon_x'\sigma_x' = U_0 + U_0';$$

(2)在应变余能的积分式中,积分变量为应力分量

$$U_0' = \int_0^{\sigma_x'} \varepsilon_x\,\mathrm{d}\sigma_x;$$

(3)在线弹性时 $U_0 = U_0'$。

9.2　虚位移原理

现在考虑一个受一组体力 F_{bi}(分量为 F_{bx}, F_{by}, F_{bz})和面力 p_i(分量为 p_x, p_y, p_z)作用而处于平衡状态的物体,其体积 V,表面积 S。则在体积 V 内有

$$\frac{\partial \sigma_x}{\partial x}+\frac{\partial \tau_{xy}}{\partial y}+\frac{\partial \tau_{xz}}{\partial z}+F_{bz}=0$$

$$\left.\frac{\partial \tau_{xy}}{\partial x}+\frac{\partial \sigma_y}{\partial y}+\frac{\partial \tau_{yz}}{\partial z}+F_{by}=0\right\} \tag{9-7}$$

$$\frac{\partial \tau_{xz}}{\partial x}+\frac{\partial \tau_{yz}}{\partial y}+\frac{\partial \sigma_z}{\partial z}+F_{bz}=0$$

或用张量表示为

$$\sigma_{ij,j}+F_{bi}=0 \quad (i,j=x,y,z) \tag{9-8}$$

设 S 为物体的全部表面,其中给定面力的部分表面为 S_σ,给定位移的部分表面为 S_u,则全部表面 S 应为 S_σ 与 S_u 之和。如将给定的已知量用字母上加一横线表示(以下常省略),则边界条件为

$$\left.\begin{array}{l}\sigma_x l_1+\tau_{xy}l_2+\tau_{xz}l_3-\bar{p}_x=0\\ \tau_{yx}l_1+\sigma_y l_2+\tau_{zy}l_3-\bar{p}_y=0\\ \tau_{zx}l_1+\tau_{yz}l_2+\sigma_z l_3-\bar{p}_z=0\end{array}\right\} \tag{9-9}$$

或

$$\sigma_{ij}n_j=\bar{p}_i \quad (i,j=x,y,z)(在 S_\sigma 上) \tag{9-10}$$

现在设想一个处于平衡状态的物体,由于某种原因,由其平衡位置得到了一个约束许可的、任意的、微小虚位移 δu_i,其分量为 $\delta u,\delta v,\delta w$。实际的力系在虚位移上所做的功叫做虚功。

虚位移原理:在外力作用下处于平衡状态的可变形体,当给予物体微小虚位移时,外力的总虚功等于物体的总虚应变能。

外力的总虚功 δW 为实际的体力 F_{bi} 和面力 p_i 在虚位移上所做的功,即

$$\delta W=\iiint_V(F_{bx}\delta u+F_{by}\delta v+F_{bz}\delta w)\mathrm{d}V+\iint_{S_\sigma}(p_x\delta u+p_y\delta v+p_z\delta w)\mathrm{d}S \tag{9-11}$$

或

$$\delta W=\iiint_V F_{bi}\delta u_i\mathrm{d}V+\iint_{S_\sigma}p_i\delta u_i\mathrm{d}S \tag{9-11'}$$

在物体产生微小虚变形的过程中,该物体内的总虚应变能为

$$\delta U=\iiint_V(\sigma_x\delta\varepsilon_x+\sigma_y\delta\varepsilon_y+\sigma_z\delta\varepsilon_z+\tau_{xy}\delta\gamma_{xy}+\tau_{yz}\delta\gamma_{yz}+\tau_{zx}\delta\gamma_{zx})\mathrm{d}V \tag{9-12}$$

或

$$\delta U=\iiint_V\sigma_{ij}\delta\varepsilon_{ij}\mathrm{d}V \tag{9-12'}$$

于是虚位移原理可表示为

$$\iiint_V(\sigma_x\delta\varepsilon_x+\sigma_y\delta\varepsilon_y+\sigma_z\delta\varepsilon_z+\tau_{xy}\delta\gamma_{xy}+\tau_{yz}\delta\gamma_{yz}+\tau_{zx}\delta\gamma_{zx})\mathrm{d}V$$

$$\qquad = \iiint_V (F_{bx}\delta u + F_{by}\delta v + F_{bz}\delta w)\,\mathrm{d}V$$

$$\qquad + \iint_\sigma (p_x\delta u + p_y\delta v + p_z\delta w)\,\mathrm{d}S \tag{9-13}$$

或

$$\iiint_V \sigma_{ij}\,\delta\varepsilon_{ij}\,\mathrm{d}V = \iiint_V F_{bi}\delta u_i\,\mathrm{d}V + \iint_S p_i\delta u_i\,\mathrm{d}S \tag{9-13'}$$

即
$$\delta W = \delta U$$

式(9-13)为虚位移原理的位移变分方程。

以下给出详细证明。

若在虚位移原理的变分方程(9-13)中,考虑到在给定位移的部分表面 S_u 上, $\delta u_i = 0$,在给定面力的部分表面 S_σ 上,边界条件 $p_i = \sigma_{ij}n_j$ 成立。因而式(9-13)中对 S_σ 的积分可以写成对 S 的积分,即有

$$\delta W = \int_{S_\sigma} p_i\delta u_i\,\mathrm{d}S + \int_V F_{bi}\delta u_i\,\mathrm{d}V = \int_S \sigma_{ij}n_j\delta u_i\,\mathrm{d}S + \int_V F_{bi}\delta u_i\,\mathrm{d}V \tag{9-14}$$

运用高斯散度定理

$$\iiint_V \left[\frac{\partial(\sigma_x\delta u)}{\partial x} + \frac{\partial(\sigma_y\delta v)}{\partial y} + \frac{\partial(\sigma_z\delta w)}{\partial z}\right]\mathrm{d}V$$

$$\qquad = \iint_S (\sigma_x\delta u l_1 + \sigma_y\delta v l_2 + \sigma_y\delta w l_3)\,\mathrm{d}S \tag{9-15}$$

其中 l_1,l_2,l_3 为边界外法线方向单位矢量 $\boldsymbol{n}$ 的方向余弦,

$$l_1 = \cos(x,n), \quad l_2 = \cos(y,n), \quad l_3 = \cos(z,n)$$

则有

$$\iiint_V \left[\frac{\partial(\sigma_x\delta u)}{\partial x}\right]\mathrm{d}V = \iiint_V \left[\sigma_x\frac{\partial}{\partial x}(\delta u)\right]\mathrm{d}V + \iiint_V \frac{\partial\sigma_x}{\partial x}\delta u\,\mathrm{d}V = \iint_S \sigma_x l_1\delta u\,\mathrm{d}S$$

及

$$\iiint_V \tau_{xy}\left[\frac{\partial}{\partial x}(\delta v) + \frac{\partial}{\partial y}(\delta u)\right]\mathrm{d}V + \iiint_V \left[\frac{\partial\tau_{xy}}{\partial x}\delta v + \frac{\partial\tau_{xy}}{\partial y}\delta u\right]\mathrm{d}V$$

$$\qquad = \iint_S \tau_{xy}(l_1\delta v + l_2\delta u)\,\mathrm{d}S$$

即

$$\int_V (\sigma_{ij}\,\delta u_i)_{,j}\,\mathrm{d}V = \int_S \sigma_{ij}n_j\delta u_i\,\mathrm{d}S \tag{9-16}$$

此处, $n_j = l_1,l_2,l_3$ 。将式(9-16)代入式(9-14),得

$$\delta W = \int_V (\sigma_{ij}\,\delta u_i)_{,j}\,\mathrm{d}V + \int_V F_{bi}\delta u_i\,\mathrm{d}V = \int_V (\sigma_{ij,j}\,\delta u_i + \sigma_{ij}\,\delta u_{i,j})\,\mathrm{d}V + \int_V F_{bi}\delta u_i\,\mathrm{d}V$$

$$\qquad = \int_V (\sigma_{ij,j} + F_{bi})\delta u_i\,\mathrm{d}V + \int_V \sigma_{ij}\,\delta u_{i,j}\,\mathrm{d}V$$

当物体处于平衡状态时,因为

$$\sigma_{ij,j} + F_{bi} = 0$$

此时上式第一项积分等于零。而由

$$\sigma_{ij} = \sigma_{ji}, \quad \delta\varepsilon_{ij} = \frac{1}{2}(\delta u_{i,j} + \delta u_{j,i})$$

故

$$\sigma_{ij}\,\delta u_{i,j} = \sigma_{ij}\,\delta\varepsilon_{ij}$$

于是得到

$$\delta W = \int_V \sigma_{ij}\,\delta\varepsilon_{ij}\,\mathrm{d}V$$

即

$$\delta W = \delta U$$

以上实质上证明了,当给予系统微小虚位移时,外力的总虚功与物体的总应变能相等是物体处于平衡状态的必要条件。此外,还可以证明 $\delta W = \delta U$ 是物体处于平衡状态的充分条件,即由 $\delta W = \delta U$,导出平衡方程

$$\sigma_{ij,j} + F_{bi} = 0$$

和应力边界条件

$$p_i = \sigma_{ij}n_j$$

读者可以自行校验。

由以上讨论可知,虚位移原理变分方程(9-13)等价于平衡方程与应力边界条件。因此,满足变分方程(9-13)的解就一定满足平衡方程和应力边界条件。由此,虚位移原理也可表述为:**变形连续体平衡的必要与充分条件是,对于任意微小虚位移,外力所做总虚功等于变形体所产生的总虚变形能。**

应当指出,式(9-13)等号左边表示由于产生虚位移 δu_i 而引起的物体内的总虚应变能。这种虚位移实际上应理解为真实位移的变分,而不是其他随便一种位移函数。这就是说,式(9-13)中的 $\delta\varepsilon_x, \delta\varepsilon_y, \cdots, \delta\gamma_{xz}$ 不是别的什么虚应变,而是由于 $\delta u, \delta v, \delta w$ 引起的,即它们之间满足下列条件

$$\delta\varepsilon_{ij} = \frac{1}{2}(\delta u_{i,j} + \delta u_{j,i}) \tag{9-17}$$

此外 u_i 应满足在 S_u 上的位移边界条件 $u_i = \bar{u}_i$,即

$$\delta u_i = 0 \tag{9-18}$$

式(9-17)和(9-18)即为方程(9-13)的两个附加条件。

在应用虚位移方程(9-13)时,所选取的解,不必预先满足平衡方程和应力边界条件,只要求所给的虚位移 $\delta u, \delta v, \delta w$ 能满足附加条件(9-17)和(9-18),即要求满足变形协调条件和几何边界条件。

δu_i 可理解为变量函数 $u_i(x_i)$ 的变分,即 $u_i(x_i)$ 与其邻域的任意容许函数之微小差别。可见,δu_i 是指 u_i 值的微小变化,而 $\mathrm{d}u_i$ 则是指其自变量的微小变化所引起 u_i 的微小变化,二者不要混淆。欧拉最早引入了变分的概念和方法,从而使得一些变分原理得以产生。之后,拉格朗日完成了《分析力学》两卷集巨著(1788),使得整个力学可以建立在变分原理的基础上。

Leonard Euler

欧拉(L. Euler) 1707 年生于瑞士,1783 年逝世。1722 年 15 岁时毕业于巴赛尔大学(University of Basel),师从伯努利(John Bernoulli)。次年获硕士学位。1726 年应邀赴俄罗斯讲学,1733 年当选为彼得堡科学院院士,1727—1741 年曾在彼得堡俄罗斯科学院做研究工作多年。1741 年应德国国王之邀,返回德国。1766 年应凯瑟琳二世(Catherine Ⅱ)之邀,回彼得堡工作至终。他首先提出了变分法的概念,使得变分原理的发展成为可能,并在力学、数学和流体动力学等多方面都有重要贡献,他首先定义了数学符号 e,i,! 等。以欧拉命名的数学力学公式有数种。其晚年由于劳累和俄罗斯的寒冷而失明后仍在工作。

Joseph Louis Lagrange

拉格朗日(J. L. Lagrange) 1736 年生于意大利,1813 年逝世。他自学掌握了当时的数学分析,16 岁时就任皇家炮兵学校的数学教授。他把变分学引入力学,著有《分析力学》,形成了经典力学新体系,称为"拉格朗日力学",后任巴黎科学院院士。当时,其学术声望已达到了顶峰。

应当特别指出,虚位移原理的成立与材料的本构关系无关。就是说,虚位移原理对于弹性体、弹塑性体和理想塑性体等类固体材料都是适用的。

下面给出应用虚位移原理的例题。

例 9-1 设有图 9-2 所示的简支梁,跨中附有弹性支承,受均布载荷 q 作用,试写出梁的挠曲线的微分方程和边界条件。

解　梁在平衡状态由附加虚位移 δw 时，虚位移
原理给出

$$\delta U = \delta W \tag{a}$$

此处

$$\delta U = 2\int_0^l \left(\int_A \sigma_x \delta\varepsilon_x \, \mathrm{d}A\right) \mathrm{d}x \tag{b}$$

$$\varepsilon_x = -zw'', \quad \sigma_x = -Ezw''$$

$$\delta\varepsilon_x = -z\delta(w'') = -z(\delta w)''$$

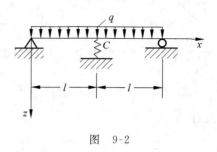

图　9-2

代入式（b）并整理后得

$$\delta U = 2EJ\int_0^l w''(\delta w)'' \mathrm{d}x$$

两次分部积分后，可化为

$$\delta U = 2EJ\left[w''(\delta w)'\Big|_0^l - w^{(3)}(\delta w)\Big|_0^l + \int_0^l w^{(4)}\delta w \, \mathrm{d}x \right] \tag{c}$$

如令弹簧内的反力为 P，则

$$\delta W = 2\int_0^l q\delta w \, \mathrm{d}x - P\delta w_c \tag{d}$$

此处 w_c 为梁在弹簧支承 c 处的挠度。由此，（a）化为

$$2\int_0^l (EJw^{(4)} - q)\delta w \, \mathrm{d}x + 2EJw''(\delta w)'\Big|_0^l - 2EJw^{(3)}(\delta w)\Big|_0^l + P\delta w_c = 0 \tag{e}$$

边界条件为

$$(\delta w)'_l = 0, \quad (\delta w)_0 = 0, \quad (\delta w)_l = \delta w_c$$

考虑到 δw 除弹簧支承处外，均为任意，故欲使式（e）成立，必有

$$(EJw'')_{x=0} = 0, \quad 2(EJw^{(3)})_{x=l} - P = 0 \tag{f}$$

挠度函数必须满足

$$EJw^{(4)} - q = 0 \tag{g}$$

及

$$(w)_{x=0} = 0, \quad (w)'_{x=l} = 0 \tag{h}$$

9.3　最小总势能原理

由虚位移原理可直接导出最小总势能原理。实际上，我们由应变能函数 U_0。

$$U_0 = \frac{1}{2}\sigma_{ij}\varepsilon_{ij} \tag{a}$$

及

$$\sigma_{ij}=\frac{\partial U_0}{\partial \varepsilon_{ij}} \tag{b}$$

在 U_0 中引入广义胡克定律后,因为有

$$\varepsilon_{ij}\varepsilon_{ij}=\varepsilon_x^2+\varepsilon_y^2+\varepsilon_z^2+\frac{1}{2}(\gamma_{yz}^2+\gamma_{zx}^2+\gamma_{xy}^2)$$

故有

$$U_0=G\varepsilon_{ij}\varepsilon_{ij}+\frac{\lambda}{2}e^2=U_0(\varepsilon_{ij}) \tag{c}$$

其中 $e=\varepsilon_{ii}$。

在上式中代入应变位移关系,当存在应变能函数 $U_0(u_i)$ 时,虚功方程可写为

$$\int_V \delta U_0(u_i)\mathrm{d}V-\int_V F_{bi}\delta u_i\mathrm{d}V-\int_{S_\sigma} p_i\delta u_i\mathrm{d}S=0 \tag{9-19}$$

假定当物体从平衡位置有微小虚位移时,物体的几何尺寸的变化略去不计。原来作用在物体上的体力 F_{bi},面力 p_i,其大小和方向都保持不变。于是,式(9-19)中的变分符号可以移至积分号以外,令 δE_t 记作这个变分量,有

$$\delta E_t=\delta\left[\int_V U_0(u_i)\mathrm{d}V-\int_V F_{bi}u_i\mathrm{d}V-\int_{S_\sigma} p_i u_i\mathrm{d}S\right]=0$$

于是有

$$\delta E_t=\delta(U-W)=0 \tag{9-20}$$

其中

$$E_t=\int_V [U_0(u_i)-F_{bi}u_i]\mathrm{d}V-\int_{S_\sigma} p_i u_i\mathrm{d}S \tag{9-20'}$$

其附加条件

$$u_i-\bar{u}_i=0,\quad (\text{在 } S_u \text{ 上})$$

其中 $\bar{u}_i$ 为已知量。

式(9-20)中,E_t 称为总势能,U 称为弹性体的应变势能,W 为外力所做的功,即外力势能。当物体在不受外力作用的自然状态下,应变势能与外力的势能均为零。式(9-20)说明,在给定的外力作用下,实际的位移应使总势能的一阶变分为零,即使总势能取驻值。以下进一步证明实际的位移总是使物体的总势能取最小值。

对于稳定的平衡状态来说,物体偏离平衡状态而有虚位移时,其总势能的增量恒为正。实际上,可以证明,总势能 E_t 的二阶变分为正。为此,令 u_i^* 为机动许可的位移场,u_i 为真实解的位移场,与之相应的应变张量为 ε_{ij}^* 和 ε_{ij}

$$u_i^*=u_i+\delta u,\quad \varepsilon_{ij}^*=\varepsilon_{ij}+\delta\varepsilon_{ij}$$

如将 $U_0(\varepsilon_{ij}^*)$ 按泰勒级数展开,略去二阶以上的高阶微量,可得

$$U_0(\varepsilon_{ij}^*)=U_0(\varepsilon_{ij})+\frac{\partial U_0}{\partial \varepsilon_{ij}}\delta\varepsilon_{ij}+\frac{1}{2}\frac{\partial^2 U_0}{\partial \varepsilon_{ij}^2}(\delta\varepsilon_{ij})^2 \tag{d}$$

于是，机动许可状态的总势能与真实状态总势能之差为

$$E_t(\varepsilon_{ij}^*) - E_t(\varepsilon_{ij}) = \int_V [U_0(\varepsilon_{ij} + \delta\varepsilon_{ij}) - U_0(\varepsilon_{ij})]dV - \int_V F_{bi}\delta u_i dV - \int_{S_\sigma} p_i \delta u_i dS \quad (e)$$

而

$$E_t(\varepsilon_{ij}^*) - E_t(\varepsilon_{ij}) = \delta E_t + \frac{1}{2}\delta^2 E_t + \cdots$$

其中

$$\delta E_t = \int_V \delta U_0 dV - \int_V F_{bi}\delta u_i dV - \int_{S_\sigma} p_i \delta u_i dS = 0$$

故

$$\delta^2 E_t = \int_V \delta^2 U_0 dV = \frac{1}{2}\int_V \frac{\partial^2 U_0}{\partial \varepsilon_{ij} \partial \varepsilon_{kl}}\delta\varepsilon_{ij}\,\delta\varepsilon_{kl}\,dV \quad (f)$$

式(f)在 $\delta\varepsilon_{ij}$ 足够小时必为正，因为，如令 $\varepsilon_{ij}=0$，从而 $\sigma_{ij}=0$，则式(d)可化为

$$U_0(\delta\varepsilon_{ij}) = \frac{1}{2}\frac{\partial^2 U_0}{\partial \varepsilon_{ij}^2}(\delta\varepsilon_{ij})^2$$

从而得

$$E_t(\varepsilon_{ij}^*) - E_t(\varepsilon_{ij}) = \delta^2 E_t = \int_V U_0(\delta\varepsilon_{ij})dV$$

由式(c)知 $U_0(\varepsilon_{ij})$ 为正定的，故

$$\delta^2 E_t \geqslant 0, \quad E_t(\varepsilon_{ij}^*) \geqslant E_t(\varepsilon_{ij}) \quad (9\text{-}21)$$

于是，得出下列**最小总势能原理**：在所有满足给定几何边界条件的位移场中，真实的位移场使物体的总势能取最小值。

物体在外力作用下所产生的位移场，除了满足位移边界条件以外，还必须满足以位移表示的平衡方程以及应力边界条件。最小总势能原理说明，真实的位移除满足几何边界条件外，还要满足最小势能原理的变分方程。实际上以上已经证明，变分方程(9-13)完全等价于平衡方程与应力边界条件。同样的结论也适用于式(9-20)。用最小势能原理和用泛定方程求解边值问题，只是形式上不同。以后将看到，这种解题手段的变更，在不少情况下，将给予我们很大的方便，同时也扩大了解题的范围。以后还要讨论用变分方法求弹性力学问题的近似解。

由最小总势能原理可导出熟知的**卡氏（Castigliano A.）第一定理**：当应变能 E_t 可用广义位移表示$[E_t = E_t(\Delta_i)]$时，则广义力 Q_i 由 $\partial E_t(\Delta_i)/\partial\Delta_i$ 给出，此即卡氏第一定理（推导留作习题）。

例 9-2 设有受分布载荷集度为 $q(x)$ 作用的简支梁（图 9-3），试用最小总势能原理导出梁的挠曲线方程。

解 为简便计，略去剪应力。

$$\delta E_t = \delta(U - W) = 0$$

于是有

$$E_{\mathrm{t}} = \int_V U_0 \, \mathrm{d}V = \frac{1}{2E} \iiint \sigma_x^2 \, \mathrm{d}x \mathrm{d}y \mathrm{d}z$$

其中

$$\sigma_x = \frac{My}{I}, \quad M = -EI\frac{\mathrm{d}^2 w}{\mathrm{d}x^2}, \quad I = \iint y^2 \, \mathrm{d}z \mathrm{d}y$$

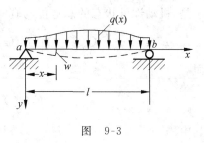

图　9-3

由此

$$U = \frac{1}{2}\int_0^l EI\left(\frac{\mathrm{d}^2 w}{\mathrm{d}x^2}\right)^2 \mathrm{d}x \tag{a}$$

$$W = \int_0^l qw \, \mathrm{d}x \tag{b}$$

根据 $\delta E_{\mathrm{t}} = 0$ 变分量为 δw，注意到

$$\delta w' = \delta\left(\frac{\mathrm{d}w}{\mathrm{d}x}\right) = \frac{\mathrm{d}(\delta w)}{\mathrm{d}x} = (\delta w)'$$

$$\delta EI(w'')^2 = 2EIw''(\delta w)'' = 2EIw'' \delta(w'')$$

故

$$\delta E_{\mathrm{t}} = \int_0^l EIw''(\delta w)'' \mathrm{d}x - \int_0^l q\delta w \mathrm{d}x \tag{c}$$

上式等号左边第一项积分利用两次分部积分，可得

$$\int_0^l EIw''(\delta w)'' \mathrm{d}x = EIw''(\delta w)'\big|_0^l - (EIw'')'\delta w \mathrm{d}x\big|_0^l + \int_0^l (EIw'')''\delta w \mathrm{d}x \tag{d}$$

对于简支端

$$EIw''(\delta w)'\big|_0^l = (EIw'')\delta w\big|_0^l = 0$$

故将式（d）代入式（c），得

$$\int_0^l \left[(EIw'')'' - q\right]\delta w \mathrm{d}x = 0$$

由 δw 的任意性，得

$$(EIw'')'' - q = 0 \tag{e}$$

此即梁的挠曲线方程。

9.4　虚应力原理

　　在 9.2 节中，讨论了在外力作用下处于平衡状态的变形体，当有微小虚位移时，得出了外力的总虚功与物体内的总虚应变能相等的性质，并在考虑了物体弹性本构关系后，直接导出了最小总势能原理。本节讨论处于同样状态的物体，当应力分量有微小变化时的情况。

为此,引进虚应力概念。所谓虚应力是满足力的平衡条件及指定的力的边界条件的、任意的、微小的应力。虚应力记作 $\delta\sigma_x,\delta\sigma_y,\cdots,\delta\tau_{zx}$。虚应力的特征是,它使改变后的应力分量

$$\sigma'_{ij}=\sigma_{ij}+\delta\sigma_{ij} \tag{a}$$

仍满足平衡方程和应力边界条件,但不满足变形协调方程。于是有

$$\sigma'_{ij,j}+F_{bi}=0 \tag{b}$$

其中体力 F_{bi} 是给定的。于是,上式与产生虚力以前的平衡方程相减后,可得

$$(\delta\sigma_{ij})_{,j}=0 \tag{9-22}$$

物体 V 的表面分为两部分,即给定面力的部分表面 S_σ 和给定位移的部分表面 S_u。在 S_u 上,由于应力分量的变化,面力分量 p_x,p_y,p_z 也随之变化。于是,在 S_u 上有

$$(\sigma_{ij}+\delta\sigma_{ij})n_{ij}=p_i+\delta p_i \tag{9-23}$$

与原边界条件相减后,得

$$\delta p_i=(\delta\sigma_{ij})n_j \tag{9-24}$$

而在 S_σ 上有

$$\delta\sigma_{ij}n_j=0 \tag{9-25}$$

现在物体处在给定条件下的平衡状态,位移分量和应变分量分别为 u,v,w 和 $\varepsilon_x,\varepsilon_y,\cdots,\varepsilon_{xy}$,且有

$$\varepsilon_x-\frac{\partial u}{\partial x}=0,\quad\cdots,\quad\gamma_{xy}-\frac{\partial u}{\partial y}-\frac{\partial v}{\partial x}=0\quad(\text{在 }V\text{ 内}) \tag{9-26}$$

$$u-\bar{u}=0,\quad\cdots,\quad w-\bar{w}=0\quad(\text{在 }S_u\text{ 上}) \tag{9-27}$$

此处 $\bar{u},\bar{v},\bar{w}$ 为给定量(下同)。

如物体内的应力分量有一微小虚应力,则有

$$\iiint_V\left[\left(\varepsilon_x-\frac{\partial u}{\partial x}\right)\delta\sigma_x+\left(\varepsilon_y-\frac{\partial v}{\partial y}\right)\delta\sigma_y+\cdots+\left(\gamma_{xy}-\frac{\partial u}{\partial y}-\frac{\partial v}{\partial x}\right)\delta\tau_{xy}\right]\mathrm{d}V$$
$$+\iint_{S_u}\left[(u-\bar{u})\delta p_x+(v-\bar{v})\delta p_y+(w-\bar{w})\delta p_z\right]\mathrm{d}S=0 \tag{9-28}$$

由分部积分和散度定理,上式可化为

$$\iiint_V\left[\varepsilon_x\delta\sigma_x+\varepsilon_y\delta\sigma_y+\cdots+\gamma_{xy}\delta\tau_{xy}+\left(\frac{\partial\delta\sigma_x}{\partial x}+\frac{\partial\delta\tau_{xy}}{\partial y}+\frac{\partial\delta\tau_{zx}}{\partial z}\right)u+(\cdots)v+(\cdots)w\right]\mathrm{d}V$$
$$+\iint_{S_\sigma}(u\delta p_x+v\delta p_y+w\delta p_z)\mathrm{d}S-\iint_{S_u}(\bar{u}\delta p_x+\bar{v}\delta p_y+\bar{w}\delta p_z)\mathrm{d}S=0 \tag{9-29}$$

代入式(9-22)和式(9-25)后,简化为

$$\int_V\varepsilon_{ij}\delta\sigma_{ij}\,\mathrm{d}V-\int_{S_u}\bar{u}_i\delta p_i\,\mathrm{d}S=0 \tag{9-30}$$

如令 $\delta W'$ 为虚外力在实际位移上所做的总虚功

$$\delta W'=\int_{S_u}\bar{u}_i\delta p_i\,\mathrm{d}S$$

$\delta U'$为物体内的虚外力在实际应变上的总虚应变余能

$$\delta U' = \int_V \varepsilon_{ij}\,\delta\sigma_{ij}\,\mathrm{d}V$$

则有

$$\delta W' = \delta U'$$

式(9-30)表示虚应力原理,又称虚余功原理,可表述为:当物体处于平衡状态时,微小虚外力在真实位移上所做的总虚功,等于虚应力在真实应变上所完成的总虚应变余能。显然式(9-30)成立的附加条件为

$$(\delta\sigma_{ij})_{,j} = 0 \quad (\text{在 } V \text{ 内})$$

$$\delta\bar{p}_i = 0 \qquad (\text{在 } S_\sigma \text{ 上})$$

由以上讨论可以看出,虚应力原理和虚位移原理在形式上是互补的。和虚位移原理一样,虚应力原理的成立也与材料的本构关系无关。

应当指出,在虚位移原理中包含了实际的外力和内力,因而可理解为虚位移原理是对系统平衡的要求,而虚应力原理则包含有实际的位移和应变,所以可把虚应力原理看作是对物体变形协调的要求。实际上由虚应力原理的变分方程(9-30)不难导出变形协调方程,这就是说式(9-30)等价于应变协调条件。于是,按式(9-30)解题时,对于所设解答,不必预先满足变形协调条件,而只须使虚应力 $\delta\sigma_{ij}$ 满足物体的平衡和应力边界条件。

9.5　最小总余能原理

由虚应力原理可直接导出最小总余能原理。为了避免混乱,今后把用应变表示的弹性应变能函数 $U(\varepsilon_{ij})$ 称为应变能函数,或应变能;而把用应力表示的应变余能函数称为余应变能函数,或应变余能(或应力能),记做 $U'(\sigma_{ij})$。如在虚应力原理中引进广义胡克定律,并认为应变状态是有势的,记应变分量可由余应变能函数导出,即

$$\varepsilon_{ij} = \frac{\partial U'_0(\sigma_{ij})}{\partial\sigma_{ij}}$$

而

$$\delta U'_0 = \varepsilon_{ij}\,\delta\sigma_{ij}$$

总应变余能的变分为

$$\delta U' = \iiint_V \delta U'_0(\sigma_{ij})\,\mathrm{d}V = \iiint_V \varepsilon_{ij}\,\delta\sigma_{ij}\,\mathrm{d}V$$

于是式(9-30)化为

$$\iiint_V \delta U'_0(\sigma_{ij})\,\mathrm{d}V - \iint_{S_u} \bar{u}_i\,\delta\bar{p}_i\,\mathrm{d}S = 0$$

当有虚应力时,在边界 S_u 上,位移分量保持不变。于是,可把上式中的变分符号放在积分号

外,即有

$$\delta\left[\iiint_V U'_0(\sigma_{ij})\,\mathrm{d}V - \int_{S_u}\bar{u}_i p_i\,\mathrm{d}S\right] = 0 \qquad (9\text{-}31)$$

显然,在此情况下,附加条件为

$$\left.\begin{array}{ll}\sigma_{ij,j}+\bar{F}_{bi}=0 & \text{(在 }V\text{ 内)}\\[4pt]\sigma_{ij}n_j-\bar{p}_i=0 & \text{(在 }S_\sigma\text{ 上)}\end{array}\right\} \qquad (9\text{-}32)$$

如令物体的总余能

$$E'_t = \int_V U'_0(\sigma_{ij})\,\mathrm{d}V - \int_{S_u}\bar{u}_i p_i\,\mathrm{d}S \qquad (9\text{-}33)$$

则有

$$\delta E'_t = 0$$

上式说明,在所有满足平衡方程和应力边界条件的静力许可的应力场中,真实的应力场使总余能取极值。进一步分析可以证明

$$\delta^2 E'_t \geqslant 0$$

故得**最小总余能原理**:在所有满足平衡方程和应力边界条件的应力场中,真实的应力场使物体的总余能取最小值。

最小总余能原理以及最小势能原理都适用于线性、非线性弹性体。

我们知道,物体的真实的应力场既满足平衡方程、应力边界条件,又满足变形协调条件。由最小总余能原理知道,真实的应力场,满足平衡方程和应力边界条件,还满足使总余能取最小值的条件。可见,最小总余能原理与变形协调条件等价,实际上,通过直接变换,可由变分方程(9-31)导出变形协调方程。

下面指出最小总余能原理的一种特殊情况。若在全部表面上给定面力,则面力的变分等于零,由式(9-22),得

$$\delta E'_t = \delta U' = 0 \qquad (9\text{-}34)$$

变分方程(9-34)称为**最小功定理**:若物体的面力给定,则在所有满足平衡方程边界条件的应力场中,真实的应力场使余应变能取最小值。对于线弹性体,余应变能与应变能相等,故式(9-34)又称为**最小应变能定理**。此时有

$$\delta U = 0 \qquad (9\text{-}35)$$

如将最小余应变能原理用于线弹性力学问题,则不难导出熟知的**卡氏第二定理**,即当应变余能 U' 可用广义力 Q_i 表示时,则广义位移由 $\partial U'(Q_i)/\partial Q_i$ 给出(推证留作习题)。

9.6 利用变分原理的近似解法

能量原理可分为三种类型:虚位移原理和最小总势能原理属于位移变分原理;虚应力原理和最小总余能原理属于应力变分原理;还有未涉及到的所谓混合型的一般变分原理。

本节讨论利用变分原理的近似解法。

1. 里茨法

当给定面力和几何约束条件时，可以利用位移变分原理来求解。此时，应力边界条件与位移边界条件为已知，但根据虚位移原理或最小势能原理，其变分方程(9-13)和(9-20)均等价于平衡方程和应力边界条件，故如采用式(9-13)或式(9-20)求解，则选取的位移函数无须预先满足应力边界条件，而只须满足位移边界条件。如选取位移函数为

$$
\left.
\begin{aligned}
u(x_i) &= u_0 + \sum_{k=1}^{n} a_k u_k(x_i) \\
v(x_i) &= v_0 + \sum_{k=1}^{n} b_k v_k(x_i) \\
w(x_i) &= w_0 + \sum_{k=1}^{n} c_k w_k(x_i)
\end{aligned}
\right\}
\tag{9-36}
$$

式中，a_k,b_k,c_k 为未知待定的任意常数，u_0,v_0,w_0 满足位移边界条件，即

$$
u_0 = \bar{u}, \quad v_0 = \bar{v}, \quad w_0 = \bar{w} \quad (\text{在 } S_u \text{ 上})
$$

而 $u_k,v_k,w_k(k=1,2,\cdots,n)$ 为坐标的线性独立的设定函数，且满足

$$
u_k = v_k = w_k = 0, \quad (k=1,2,\cdots,n) \quad (\text{在 } S_u \text{ 上})
$$

这样不论系数 n 如何取值，位移函数总能满足位移边界条件。

对于位移取一阶变分时，只需对系数 a_k,b_k,c_k 取一阶变分，即

$$
\delta u = \sum_{k=1}^{n} \delta a_k u_k, \quad \delta v = \sum_{k=1}^{n} \delta b_k v_k, \quad \delta w = \sum_{k=1}^{n} \delta c_k w_k
$$

将式(9-36)代入虚位移原理的变分方程式(9-13)或代入最小势能原理的变分方程式(9-20)，由 $\delta a_k,\delta b_k,\delta c_k$ 的任意性，都可得到用以确定全部系数的线性代数方程组。

例如，将式(9-36)代入式(9-20)，可得

$$
-\sum_{k=1}^{n} \left[\left(\frac{\partial U}{\partial a_k}\delta a_k + \frac{\partial U}{\partial b_k}\delta b_k + \frac{\partial U}{\partial c_k}\delta c_k \right) + \iiint_V \delta a_k u_k F_{bx}\mathrm{d}V + \iiint_V \delta b_k v_k F_{by}\mathrm{d}V \right.
$$
$$
\left. + \iiint_V \delta c_k w_k F_{bz}\mathrm{d}V + \iint_{S_\sigma} \delta a_k u_k p_x \mathrm{d}S + \iint_{S_\sigma} \delta b_k v_k p_y \mathrm{d}S + \iint_{S_\sigma} \delta c_k w_k p_z \mathrm{d}S \right] = 0
$$

计及 $\delta a_k,\delta b_k,\delta c_k$ 的任意性，整理后得

$$
\left.
\begin{aligned}
\frac{\partial U}{\partial a_k} &= \iiint_V u_k F_{bx}\mathrm{d}V + \iint_{S_\sigma} u_k p_x \mathrm{d}S \\
\frac{\partial U}{\partial b_k} &= \iiint_V v_k F_{by}\mathrm{d}V + \iint_{S_\sigma} v_k p_y \mathrm{d}S \\
\frac{\partial U}{\partial c_k} &= \iiint_V w_k F_{bz}\mathrm{d}V + \iint_{S_\sigma} w_k p_y \mathrm{d}S
\end{aligned}
\right\}
\tag{9-37}
$$

式(9-37)中,U 为应变能函数,系 a_k,b_k,c_k 的二次函数。因而式(9-37)为系数 a_k,b_k,c_k 的线性代数方程组。方程的个数为 $3n$,与未知数的个数相等,故可由式(9-37)确定全部系数 a_k,b_k,c_k,从而由式(9-36)可求出位移分量。式(9-37)或写成下列形式

$$\left.\begin{aligned}\frac{\partial U}{\partial a_k}&=0\\[1mm]\frac{\partial U}{\partial b_k}&=0\\[1mm]\frac{\partial U}{\partial c_k}&=0\end{aligned}\right\}\quad(k=1,2,\cdots,n)\tag{9-38}$$

这一方法即里茨(W. Ritz)法,系法国学者里茨于 1908 年所提出。

2. 伽辽金法

适当地选择函数 u_0,v_0,w_0 和 u_k,v_k,w_k 以及项数 n,可以得到精确度较高的位移解。如将求得的位移解,代入用位移表示的应力表达式,即

$$\begin{aligned}\sigma_x=2G\Bigg\{&\frac{\partial U_0}{\partial x}+\sum_{k=1}^{n}a_k\frac{\partial u_k}{\partial x}+\frac{v}{1-2v}\bigg[\frac{\partial u_0}{\partial x}+\frac{\partial v_0}{\partial y}+\frac{\partial w_0}{\partial z}\\[1mm]&+\sum_{k=1}^{n}\Big(a_k\frac{\partial u_k}{\partial x}+b_k\frac{\partial v_k}{\partial y}+c_k\frac{\partial w_k}{\partial z}\Big)\bigg]\Bigg\}\end{aligned}\tag{9-39}$$

$$\sigma_y=\cdots\\\cdots$$

由此即可求出对应的应力分量的近似解。

通常近似解的精度往往因取导数而降低,所以应力近似解的精度一般都较差。这是因为,应力分量并不精确地满足平衡方程,而是只满足了平衡方程与一个加权函数 u_i 乘积的积分为零的条件

$$\delta U=\delta\Big(\int_V(\sigma_{ij,j}+F_{bi})u_i\mathrm{d}V-\int_{S_\sigma}(\sigma_{ij}n_j-p_i)u_i\mathrm{d}S\Big)=0$$

为了提高精度,可增加式(9-36)中的总和号下的项数,当 $n\to\infty$ 则解应趋于精确解。

现在讨论另一种方法。

如选取位移函数时,使其不仅满足位移边界条件,而且也满足应力边界条件,则变分方程(9-13)或(9-20)为

$$\delta W=\delta U$$

或

$$\begin{aligned}\int_V\frac{\partial U_0}{\partial\varepsilon_{ij}}\delta\varepsilon_{ij}\mathrm{d}V&=\int_V\overline{F}_{bi}\delta u_i\mathrm{d}V+\int_S\overline{p}_i\delta u_i\mathrm{d}S=\int_V\sigma_{ij}\delta u_{i,j}\mathrm{d}V\\[1mm]&=\int_S\sigma_{ij}n_j\delta u_i\mathrm{d}S-\int_V\sigma_{ij,j}\delta u_i\mathrm{d}V\end{aligned}\tag{9-40}$$

由此得

$$\int_V (\sigma_{ij,j} + \overline{F}_{bi}) \delta u_i \mathrm{d}V = 0 \tag{9-41}$$

即

$$\iiint_V \left[\left(\frac{\partial \sigma_x}{\partial x} + \frac{\partial \tau_{xy}}{\partial y} + \frac{\partial \tau_{xz}}{\partial z} + F_{bx} \right) \delta u + (\cdots) \delta v + (\cdots) \delta w \right] \mathrm{d}V = 0 \tag{9-42}$$

注意到

$$\delta u_i = \sum_{k=1}^n \delta a_{ik} u_{ik} \qquad (\delta u_i = \delta u, \delta v, \delta w)$$

即

$$\iiint_V (\sigma_{ij,j} + \overline{F}_{bi}) \sum_{k=1}^n \delta a_{ik} u_{ik} \mathrm{d}V = 0$$

$$(i = 1,2,3;\ a_{ik} = a_k, b_k, c_k;\ u_{ik} = u_k, v_k, w_k) \tag{9-43}$$

此式展开为三个方程，则每个含有 n 个积分，其中 δa_k 为任意值，故如该式成立，则只有每个积分都等于零。

将式(9-36)代入式(9-43)，并注意到 δa_k 与 x, y, z 无关，可放在积分号外，故有

$$\left. \begin{aligned} \int_V \left(\frac{\partial \sigma_x}{\partial x} + \frac{\partial \tau_{xy}}{\partial y} + \frac{\partial \tau_{xz}}{\partial z} + F_{bx} \right) u_k \mathrm{d}V = 0 \\ \int_V \left(\frac{\partial \tau_{xy}}{\partial x} + \frac{\partial \sigma_y}{\partial y} + \frac{\partial \tau_{yz}}{\partial z} + F_{by} \right) v_k \mathrm{d}V = 0 \\ \int_V \left(\frac{\partial \tau_{xz}}{\partial x} + \frac{\partial \tau_{yz}}{\partial y} + \frac{\partial \sigma_z}{\partial z} + F_{bz} \right) w_k \mathrm{d}V = 0 \end{aligned} \right\} \quad (k = 1,2,\cdots,n) \tag{9-44}$$

在上式中，各应力分量可用位移分量表示。由于位移分量是系数 a_k, b_k, c_k 的线性函数，故式(9-44)为该系数的线性方程组。求解之后，代入式(9-39)便可求得各位移分量。这一方法即伽辽金(B. G. Galerkin)法，系俄国学者伽辽金于1930年所提出。

Bolice Grigaolibich Galerkin

伽辽金(B. G. Galerkin)　1871年生于俄罗斯，1945年逝世。1899年毕业于彼得堡技术学院，1909年进入该学院任教，1920年任应用力学教研室主任，1935年当选为苏联科学院院士。他在弹性力学中的板壳问题、弹性稳定等方面有重要研究成果。他给出的近似计算方法称为"伽辽金方法"。

如前所述，利用虚应力原理和最小总余能原理来求弹性力学问题的近似解时，要以应力

分量作为独立变量进行变分,所选的应力场,必须是静力许可的应力场,即满足平衡方程和应力边界条件,而变形协调条件则无须预先满足。在求解具体问题时,可能会碰到两种边值问题:一种是给定面力,一种是给定位移。当给定面力时,则将 $\delta p_x = \delta p_y = \delta p_z = 0$ 代入变分方程;如给定位移,则应力的变分应满足式(9-22),再由式(9-24)求出 $\delta p_x, \delta p_y, \delta p_z$ 之后代入应力变分方程进行计算。在此情况下,仍可用里茨法或伽辽金法求近似解。

3. 有限元法

解弹塑性力学问题本质上是求解偏微分方程边值问题。由于问题的复杂性,人们往往采取各种近似方法或渐近方法来求解。有限差分法就是用差分方程逼近所研究问题的微分方程的近似方法,在那里用有限差分关系式代替导数,就可以用代数方程来近似表示微分方程。这就方便地使用近代计算手段数值求解。本节将介绍有限元法,它是应用更加广泛的一种数值计算法,这种方法可以十分方便地用电子计算机实现,而且目前已有多种有效的功能齐全的计算软件可使用。

本节将从变分原理引出有限元法的基本概念。在前面讨论的变分方法中,实际上是把求解微分方程边值问题化为求某一泛函近似最小的问题。例如,在最小总势能原理中,变分方程(9-20)除了满足给定几何边界条件外,它完全等价于平衡方程与应力边界条件。就是说,用最小势能原理和用泛函方程求解边值问题只是形式上的不同。

物体的总势能为

$$E_{\mathrm{t}} = \int_V \left(\frac{1}{2} \varepsilon_{ij} c_{ijkl} \varepsilon_{kl} - F_{\mathrm{b}i} u_i \right) \mathrm{d}V - \int_{S_\sigma} p_i u_i \mathrm{d}S \tag{9-45}$$

为了以后讨论方便,将应力矢量、应变矢量、位移矢量等均用矩阵符号表示,即

$$E_{\mathrm{t}} = \int_V \left(\frac{1}{2} \boldsymbol{\varepsilon}^{\mathrm{T}} \boldsymbol{C} \boldsymbol{\varepsilon} - \boldsymbol{u}^{\mathrm{T}} \boldsymbol{F} \right) \mathrm{d}V - \int_{S_\sigma} \boldsymbol{u}^{\mathrm{T}} \boldsymbol{p} \mathrm{d}S \tag{9-46}$$

以下,把体积域分成有限个单元,并把上式写成

$$E_{\mathrm{t}} = \sum_{i=1}^m E_{\mathrm{t}i} \quad (i = 1, 2, \cdots, m) \tag{9-47}$$

其中 m 为所分割成的单元数,而

$$E_{\mathrm{t}i} = \int_{V_i} \left(\frac{1}{2} \boldsymbol{\varepsilon}^{\mathrm{T}} \boldsymbol{C} \boldsymbol{\varepsilon} - \boldsymbol{u}^{\mathrm{T}} \boldsymbol{F} \right) \mathrm{d}V - \int_{(S_\sigma)_i} \boldsymbol{u}^{\mathrm{T}} \boldsymbol{p} \mathrm{d}S \tag{9-48}$$

此处 $V_i, (S_\sigma)_i$ 分别表示第 i 个单元的区域和其上的应力边界那一部分。显然,若物体的位移场是连续的,则一个单元的 $\boldsymbol{u}$,与所有相邻单元在它们公共边界上的值是相同的。所以式(9-48)就和式(9-46)形式相似,是第 i 个单元的势能。就是说,物体整体的总势能就可以用 m 个单元体的势能的总和来计算。这就是说,有限元法的理论根据就是最小总势能原理。同样地,也可从最小总余能原理,乃至广义变分原理等都可导出各种类型的有限元法。以下,将以最小总势能原理来说明有限元法的概念。有兴趣的读者可参阅专门的有限元法

著作。

现以平面问题为例给出有限元法的基本思路。设有一给定形状和所占区域的平面应力问题,现将其划分为若干个三角形单元,取出其中第 i 个单元,它的三个顶点分别为 l, m, n(图 9-4)。三角形的顶点称为节点,我们将设法将三角形内部的值用节点上的值表示。最简便的方法是选用线性插值函数,目的是使得沿三角形任一边上位移的变化都是线性的。于是由于节点上的位移相等,所以边界上的位移也必然相等。

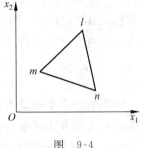

图 9-4

单元的每一个节点的位移有两个分量,例如对于节点 l 有

$$(u_i^l) = \begin{bmatrix} u_1^l \\ u_2^l \end{bmatrix} \tag{9-49}$$

而该单元 i 的三个节点的 6 个位移分量可表示成

$$u = \begin{bmatrix} u_i^l \\ u_i^m \\ u_i^n \end{bmatrix} \quad (i=1,2) \tag{9-50}$$

i 单元内部任一点的位移 u_i 可由节点 u 唯一确定

$$(u_i) = Au \tag{9-51}$$

其中矩阵 A 中的元素是该点坐标 x_j 的函数。

选取这一函数要考虑到,将相应节点坐标代入后可以得到该节点的位移,并能保证相邻单元边界上位移的连续性。为此,选取 x_j 的线性函数

$$u_i = \alpha_i + \beta_{ij} x_j \quad (j=1,2) \tag{9-52}$$

其中 α_i, β_i 在单元 i 中保持常数,上式(9-52)的展开形式为

$$\left.\begin{array}{l} u_i^l = \alpha_i + \beta_{i1} x_1^l + \beta_{i2} x_2^l \\ u_i^m = \alpha_i + \beta_{i1} x_1^m + \beta_{i2} x_2^m \\ u_i^n = \alpha_i + \beta_{i1} x_1^n + \beta_{i2} x_2^n \end{array}\right\} \quad (i=1,2) \tag{9-53}$$

考虑到三角形的面积为

$$S_\triangle = \frac{1}{2} \begin{vmatrix} 1 & x_1^l & x_2^l \\ 1 & x_1^m & x_2^m \\ 1 & x_1^n & x_2^n \end{vmatrix}$$

则可得到有限单元 i 中任意点的位移分量为

$$u_i = \frac{1}{2S_\triangle} \left[(a^l + b^l x_1 + c^l x_2) u_i^l + (a^m + b^m x_1 + c^m x_2) u_i^m + (a^n + b^n x_1 + c^n x_2) u_i^n \right]$$

$$\tag{9-54}$$

其中

$$a^l = x_1^m x_2^n - x_1^n x_2^m, \quad b^l = x_2^m - x_2^n, \quad c^l = x_1^n - x_1^m$$

其余系数可由循环置换角标 l, m, n 而得到。

求出单元所有点上的位移后,便不难确定应变分量

$$\boldsymbol{\varepsilon} = \boldsymbol{B}\boldsymbol{u} \tag{9-55}$$

或即

$$\boldsymbol{\varepsilon} = \begin{bmatrix} \varepsilon_{11} \\ \varepsilon_{22} \\ \varepsilon_{12} \end{bmatrix} = \begin{bmatrix} \dfrac{\partial}{\partial x_1} & 0 \\[2mm] 0 & \dfrac{\partial}{\partial x_2} \\[2mm] \dfrac{\partial}{\partial x_2} & \dfrac{\partial}{\partial x_1} \end{bmatrix} \begin{pmatrix} u_1 \\ u_2 \end{pmatrix} \tag{9-56}$$

在平面应力情况下,有

$$\boldsymbol{\sigma} = \boldsymbol{C}\boldsymbol{\varepsilon} \tag{9-57}$$

$$\boldsymbol{C} = \begin{bmatrix} \lambda + 2\mu & \lambda & 0 \\ \lambda & \lambda + 2\mu & 0 \\ 0 & 0 & \mu \end{bmatrix} = \frac{E}{1-\nu^2} \begin{bmatrix} 1 & \nu & 0 \\ \nu & 1 & 0 \\ 0 & 0 & \dfrac{1-\nu}{2} \end{bmatrix} \tag{9-58}$$

在平面应变情况下,只需按前述规则代换弹性常数即可。此外,不难给出下列关系式

$$\boldsymbol{\sigma} = \boldsymbol{D}\boldsymbol{u} \tag{9-59}$$

此处 $\boldsymbol{D}$ 称为应力矩阵,

$$\boldsymbol{D} = \boldsymbol{C}\boldsymbol{B} = \begin{bmatrix} b^l & \nu c^l & b^m & \nu c^m & b^n & \nu c^n \\[1mm] \nu b^l & c^l & \nu b^m & c^m & \nu b^n & c^n \\[1mm] \dfrac{1-\nu}{2}c^l & \dfrac{1-\nu}{2}b^l & \dfrac{1-\nu}{2}c^m & \dfrac{1-\nu}{2}b^m & \dfrac{1-\nu}{2}c^n & \dfrac{1-\nu}{2}b^n \end{bmatrix}$$

显然,用以上公式所描述的单元的应力、应变状态,可以看成是节点力作用的结果,节点力与单元边界上的应力必须是静力等效的。

节点力可以写成列向量

$$\boldsymbol{R} = \begin{bmatrix} R_i^l \\ R_i^m \\ R_i^n \end{bmatrix} \tag{9-60}$$

于是 i 单元的势能的一次变分的另一形式为

$$\delta \boldsymbol{E}_{ti} = (\delta \boldsymbol{u})^{\mathrm{T}} \int_S \boldsymbol{B}^{\mathrm{T}} \boldsymbol{C} \boldsymbol{B} \boldsymbol{u} h \, \mathrm{d}x \mathrm{d}y - (\delta \boldsymbol{u})^{\mathrm{T}} \boldsymbol{R} \tag{9-61}$$

由 $\delta \boldsymbol{E}_{ti} = 0$,得

$$\boldsymbol{R} = \boldsymbol{B}^{\mathrm{T}} \boldsymbol{C} \boldsymbol{B} \boldsymbol{u} h S_\triangle \tag{9-62}$$

其中 $S_\triangle$ 为单元面积，h 为单元厚度。上式即

$$R = K_0 u \tag{9-63}$$

其中

$$K_0 = B^\mathrm{T} CBhS_\triangle$$

K_0 称为**单元刚度矩阵**，且可写成下列展开的形式

$$K_0 = \begin{bmatrix} K_0^{ll} & K_0^{lm} & K_0^{ln} \\ K_0^{ml} & K_0^{mm} & K_0^{mn} \\ K_0^{nl} & K_0^{nm} & K_0^{nn} \end{bmatrix} \tag{9-64}$$

此处，每一个子阵均为 2×2 维。例如 K_0^{lm} 为

$$K_0^{lm} = K_0^{l\mathrm{T}} CB^m hS_\triangle \tag{9-65}$$

现在我们来考虑外力。若作用在物体上的外力为集中力，则在划分单元时，应使这些力作用在单元网格的节点上。若外力为分布力，则应以静力等效集中力来代替。这样，节点上的外力矢量为 p，其相应位移矢量为 u，则有

$$\delta E_t = (\delta u)^\mathrm{T} \int_S B^\mathrm{T} CBuh \,\mathrm{d}x\mathrm{d}y - (\delta u)^\mathrm{T} P \tag{9-66}$$

由 $\delta E_t = 0$，得

$$P = Ku \tag{9-67}$$

此处 K 为**总刚度阵**，其中任一元素可表示为

$$K^{rs} = \sum_M K_0^{rs}$$

式中的求和号表示在节点 r 和 s 所连接的全部单元上求和。而矩阵 K_0^{rs} 由式(9-65)求出。

由此可见，有限元法就是当在单元内部给定机动许可的位移场时，寻求使物体的总势能为最小的位移场。从而，不难想象到，有限元法与里茨法有相似之处，其差别仅在于选择位移函数上。里茨法中，位移函数是用整体范围内的某些参数给出的，而在有限元法中，它是由单元范围内的节点位移给出的。位移函数的任一变更影响的范围差别很大。因而，里茨法仅适用于简单形状的物体，而有限元法，则只需在划分单元时，选用简单的便于分析的单元形状。

下面给出主要计算步骤：

（1）将结构离散化，划分单元并编号；

（2）写出单元刚度矩阵；

（3）形成总体刚度矩阵；

（4）移置结构载荷；

（5）引入支承条件；

（6）解总体平衡方程组；

（7）计算结果整理。

例 9-3　设有长度为 l 的简支梁,受均布载荷 q 作用,用近似解法求梁的挠度 $v(x)$（图 9-5）。

解　1) 用里茨法求解

（1）假定位移函数为

$$v(x)=c_1 x(l-x)+c_2 x^2(l^2-x^2)+\cdots \tag{a}$$

显然,上式(a)满足边界条件

$$v(0)=v(l)=0$$

今仅取式(a)的第一项,则由最小势能原理有

$$E_t=U-W$$

$$\frac{\partial E_t}{\partial c_1}=0$$

可得

$$c_1=\frac{ql^2}{24EI}$$

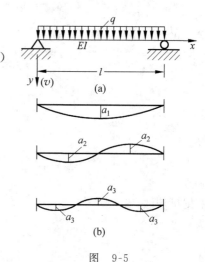

图　9-5

将 c_1 代入式(a),得梁的挠度为

$$v=\frac{ql^4}{24EI}\left(\frac{x}{l}-\frac{x^2}{l}\right) \tag{b}$$

其跨度中的最大挠度为

$$v_{\max}=\frac{ql^4}{96EI}$$

初等理论解为

$$\bar{v}_{\max}=\frac{ql^4}{76.8EI} \tag{9-68}$$

可见,误差为 17%。如取式(a)的前两项,则可得 $c_1=\dfrac{ql^2}{24EI}$,$c_2=\dfrac{q}{24EI}$,于是有

$$v=\frac{ql^2 x}{24EI}(l-x)+\frac{qx^2}{24EI}(l-x)^2 \tag{c}$$

式(c)给出的最大位移与初等理论的解已比较接近。

（2）再假定位移函数为下列三角级数

$$v=a_1\sin\frac{\pi x}{l}+a_2\sin\frac{2\pi x}{l}+\cdots+a_n\sin\frac{n\pi x}{l}+\cdots=\sum_{n=1}^{\infty}a_n\sin\frac{n\pi x}{l} \tag{d}$$

其中 a_n 为待定系数,即梁的挠度曲线将由一组正弦曲线叠加而成（图 9-5(b)）。

此时,最小势能原理的总势能 E_t 仍为

$$E_t=\int_0^l\frac{EI}{2}\left(\frac{\mathrm{d}^2 v}{\mathrm{d}x^2}\right)^2\mathrm{d}x-\int_0^l qv\,\mathrm{d}x \tag{e}$$

而其中等号右边第一项的被积函数为

$$\frac{\mathrm{d}^2 v}{\mathrm{d}x^2} = -a_1 \frac{\pi}{l^2} \sin\frac{\pi x}{l} - 4a_2 \frac{\pi^2}{l^2} \sin\frac{2\pi x}{l} - 9a_3 \frac{\pi^2}{l} \sin\frac{3\pi x}{l} - \cdots$$

将上式代入式(e)，并注意到

$$\int_0^l \sin\frac{n\pi x}{l}\mathrm{d}x = \frac{l}{2}$$

$$\int_0^l \sin\frac{n\pi x}{l}\sin\frac{m\pi x}{l}\mathrm{d}x = 0 \quad (m \neq n)$$

得

$$E_t = \frac{EI\pi^4}{4l^3}\sum_{n=1}^{\infty} n^4 a_n^2 - \frac{2ql}{\pi}\sum_{n=1,3,5,\cdots} \frac{a_n}{n} \tag{9-69}$$

根据里茨法，有

$$\frac{\partial E_t}{\partial a_n} = 0 \tag{f}$$

当 n 为奇数时，有

$$\frac{2EI\pi^4}{4l^3} n^4 a_n - \frac{2ql}{n\pi} = 0$$

当 n 为偶数时，有

$$\frac{2EI\pi^4}{4l^3} n^4 a_n = 0$$

由此，n 为奇数时，得

$$a_n = \frac{4ql^4}{EIn^5\pi^5}$$

由此，n 为偶数时，得

$$a_n = 0$$

于是梁的挠曲线可写为

$$v = \frac{4ql^4}{EI\pi^5}\sum_{n=1,3,5,\cdots} \frac{1}{n^5}\sin\frac{n\pi x}{l} \tag{9-70}$$

级数式(9-70)收敛很快，一般地说，取前两项已足够精确。

梁中点的最大挠度为

$$v_{\max} = \frac{4ql^4}{EI\pi^5}\left(1 - \frac{1}{3^5} + \frac{1}{5^5} - \cdots\right)$$

当取级数的第一项时，有

$$v_{\max} = \frac{ql^4}{76.6EI}$$

与初等理论的解 $\bar{v}_{\max}$ 相比，误差为 0.26%。

2）用伽辽金法求解

用伽辽金法解题，要求设定位移函数既满足位移边界条件又满足力的边界条件。在这种情况下，位移边界条件为

$$v''\Big|_{\substack{x=0 \\ x=l}}=0$$

力的边界条件为

$$v\Big|_{\substack{x=0 \\ x=l}}=0$$

（1）首先考虑多项式形式的位移函数

由于一次、二次多项式不满足位移和力的边界条件，三次多项式不满足对称性要求，故选取下列四次多项式

$$v=a_1x^4+a_2x^3+a_3x^2+a_4x+a_5 \tag{g}$$

于是，

$$v''=12a_1x^2+6a_2x+2a_3$$

由 $x=0,v=v''=0$，得

$$a_3=a_5=0$$

由 $x=l,v=v''=0$，得

$$a_2=-2a_1l,\quad a_4=a_1l^3$$

由此得

$$v=a_1(x^4-2lx^3+l^3x) \tag{h}$$

此时式(9-46)化为

$$\iiint\limits_{V}\Big(\frac{\partial\tau_{xy}}{\partial x}+F_{\mathrm{by}}\Big)v_k\mathrm{d}V=0$$

即

$$\int_0^l\Big(\frac{\partial Q_x}{\partial x}+q\Big)v_k\mathrm{d}x=0 \tag{i}$$

此处 $v_k=x^4-2lx^3+l^3x$，于是有

$$\int_0^l(-EIv^{(4)}+q)(x^4-2lx^3+l^3x)\mathrm{d}x=0$$

即有

$$EIv^{(4)}=q$$
$$EI\cdot24a_1=q$$

由此得 $a_1=q/24EI$，及

$$v=\frac{q}{24EI}(x^4-2lx^3+l^3x) \tag{j}$$

此即初等理论的解。

（2）取位移函数为三角级数

$$v = \sum_{i=1}^{\infty} a_i \sin \frac{i\pi x}{l} \tag{k}$$

显然此函数能满足全部边界条件

$$v(0) = v''(0) = v(l) = v''(l) = 0$$

此时式（i）化为

$$\int_0^l EI\left[\sum_{i=1}^{\infty} a_i \left(-\frac{i\pi x}{l}\right)^4 \sin \frac{i\pi x}{l}\right] \sin \frac{i\pi x}{l} \mathrm{d}x + \int_l^0 q \sin \frac{i\pi x}{l} \mathrm{d}x = 0$$

注意到三角函数的正交性，上式化为

$$-EIa_i\left(\frac{i\pi}{l}\right)^4 \cdot \frac{1}{2} - \left(q\frac{l}{i\pi}\cos\frac{i\pi x}{l}\right)_0^l = 0$$

由此可得

$$a_i = \frac{4ql^5}{EI(i\pi)^5}$$

$$v = \frac{4ql^5}{EI\pi^5} \sum_{i=1,3,\cdots}^{\infty} \frac{1}{i^5} \sin \frac{i\pi x}{l}$$

这一结果与里茨法结果相同。但在计算过程中可以不必计算结构的总势能，而直接由平衡方程开始，较为简便。

9.7　最大耗散能原理

我们知道，塑性变形的重要特征是它的不可恢复性。当物体的应变状态发生变化时，其应变能也要改变。其中，弹性应变能增量储存在物体内部，而塑性应变能增量将全部耗散掉。我们把与应力在塑性应变增量上所做的功相对应的那部分应变能，叫做耗散能。对于刚塑性材料来说，当有塑性应变增量时，单位体积的耗散能增量为

$$\delta W = s_1 \mathrm{d}\varepsilon_1 + s_2 \mathrm{d}\varepsilon_2 + s_3 \mathrm{d}\varepsilon_3 = s_i \mathrm{d}\varepsilon_i \tag{9-71}$$

其中 $s_i(i=1,2,3)$ 为主应力偏量，对应的应力状态 σ_{ij} 满足屈服条件，$\mathrm{d}\varepsilon_i$ 为主应变增量，且有，$\mathrm{d}\varepsilon_i = \mathrm{d}\varepsilon_i^p$。上式表示耗散能增量为应力偏量矢量 $\boldsymbol{OP}$ 与塑性应变增量矢量 $\boldsymbol{PQ}$ 的标量积（图 9-6）。故 δW 为一标量。

现在考虑另一种应力状态 σ_{ij}^*，它也满足屈服条件，对应于屈服曲线上的点 P^*。此时，耗散能增量为

$$\delta W^* = s_i^* \mathrm{d}\varepsilon_i \tag{9-72}$$

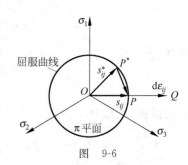

图　9-6

或写作

$$\delta W^* = s_{ij}^* \, \mathrm{d}\varepsilon_{ij}$$

$$\delta W - \delta W^* = (s_i - s_i^*) \, \mathrm{d}\varepsilon_i$$

对于体积 V 内应有

$$\delta W - \delta W^* = \int_V (\sigma_{ij} - \sigma_{ij}^*) \, \mathrm{d}\varepsilon_{ij} \, \mathrm{d}V \qquad (9\text{-}73)$$

根据德鲁克公设"对于处于某一应力状态的物体,缓慢加载后又卸载,在此加载与卸载循环中,如有塑性变形产生,则物体内附加应力所完成的塑性功恒为正",即 $(\sigma_{ij} - \sigma_{ij}^*) \mathrm{d}\varepsilon_{ij}^{\mathrm{p}} \geqslant 0$。实际上,对于对坐标原点为外凸的屈服面(图 9-6),有

$$\delta W - \delta W^* = \int_V (\sigma_{ij} - \sigma_{ij}^*) \, \mathrm{d}\varepsilon_{ij}^{\mathrm{p}} \, \mathrm{d}V \geqslant 0 \qquad (9\text{-}74)$$

此即**最大耗散能原理**:理想刚塑性材料的变形总是取使耗散能为最大的方式。

9.8　极限分析定理及其应用

弹塑性静力学问题的精确解,必须满足几个基本方程,包括平衡条件,变形协调条件和材料的本构关系,屈服条件,弹塑性交界面的连续条件,以及边界条件等。如果所求得的解不能完全满足这几个条件,就称为近似解。

在近似解中有所谓限界解。限界解分为两类,即上限解与下限解。上限解高于精确解,下限解低于精确解,有了解的上下限也就有了精确解所处的范围。对于不易求出精确解的问题,讨论问题的限界解是很有必要的。

在研究工程结构承载能力的问题时,人们关心的是结构在外力作用下,因塑性变形的发展使结构开始变为机构,丧失正常工作能力,即进入极限状态时所对应的外载荷,即极限载荷,或其上下限值。这类问题的研究,即所谓塑性分析或极限分析。本节给出极限分析的两个基本定理。

结构的极限状态有两个特征:

(1) 其应力场为静力许可的应力场;

(2) 其应变率场为机动许可的应变率场。

所谓**静力许可的应力场**是满足下列条件的应力场:

(1) 满足平衡方程

$$\sigma_{ij,j} + F_{\mathrm{b}i} = 0$$

(2) 满足应力边界条件

$$\sigma_{ij} n_j = \bar{p}_i, \quad \text{在 } S_\sigma \text{ 上}$$

（3）满足屈服不等式

$$f(\sigma_{ij}) \leqslant 0$$

所谓机动许可的应变率场是满足下列条件的应变率场：

（1）满足几何条件

$$\dot{\varepsilon}_{ij} = \frac{1}{2}(\dot{u}_{i,j} + \dot{u}_{j,i})$$

即应变率场可由速度场导出。

（2）满足速度边界条件

$$\dot{u}_i = \overline{\dot{u}}_i, \quad 在 S_u 上$$

（3）满足作用力的功率与耗散率相等的要求[①]，或

$$\int_{S_\sigma} \overline{p}_i \dot{u}_i \mathrm{d}S > 0$$

（4）满足不可压缩条件 $\dot{\varepsilon}_{ii} = 0$

求极限载荷一般都采用比例加载，即给定载荷间的比值，使其按同一参数 k 而增长。对于给定的这组载荷，静力许可的应力场可有无穷多种，每一种应力场对应于一种载荷强度，可证明它一定是极限载荷的下限，记作 p_-。类似地，对于给定的机动许可的速度场和给定的加载形式，可证明对应的载荷是极限载荷的上限 P_+，此时，该外载荷所做的功在数量上等于在屈服机构（塑性变形机构）中耗散的能。

从能量原理出发，可以建立塑性极限分析的下列两个重要定理：

定理一（下限定理）： 如有任意静力许可的应力场存在，则极限载荷 p_0 是所有 p_- 中最大的一个，即

$$p_- \leqslant p_0 \tag{9-75}$$

此处 p_- 与一种静力许可的应力场相对应，为极限载荷的下限。

定理二（上限定理）： 如有任意的机动许可的速度场存在，则极限载荷是所有 p_+ 中最小的一个，即

$$p_0 \leqslant p_+ \tag{9-76}$$

此处 p_+ 与一种机动许可的速度场相对应，可证明为极限载荷的上限。

以下首先证明下限定理。

设有一刚塑性物体，其体积为 V，总表面积为 S，在 S_σ 部分上给定面力 p_i，在 S_u 部分上给定位移增量 $\mathrm{d}u_i$（图 9-7）。对于真实应力场的虚位移原理（略去体力）给出

---

① 从能量平衡的角度看，对于理想刚塑性体，外部作用力的功率全部转化为材料的塑性耗散功率。因耗散功率恒大于零，故 $\displaystyle\int_{S_\sigma} \overline{p}_i \dot{u}_i \mathrm{d}S > 0$

$$\int_S p_i \, \mathrm{d}u_i \, \mathrm{d}S = \int_V \sigma_{ij} \, \mathrm{d}\varepsilon_{ij} \, \mathrm{d}V = \int_V s_{ij} \, \mathrm{d}\varepsilon_{ij} \, \mathrm{d}V \qquad (9\text{-}77)$$

其中 s_{ij} 为应力偏量。上式说明,面力在位移增量 $\mathrm{d}u_i$ 上所做的功的增量,在数量上等于产生塑性应变增量 $\mathrm{d}\varepsilon_{ij}$ 所耗散的能。同样,对于静力许可的应力场 σ_{ij}^* 和面力 p_i^* 这一系统,有

$$\int_S p_i^* \, \mathrm{d}u_i \, \mathrm{d}S = \int_V \sigma_{ij}^* \, \mathrm{d}\varepsilon_{ij} \, \mathrm{d}V = \int_V s_{ij}^* \, \mathrm{d}\varepsilon_{ij} \, \mathrm{d}V \qquad (9\text{-}78)$$

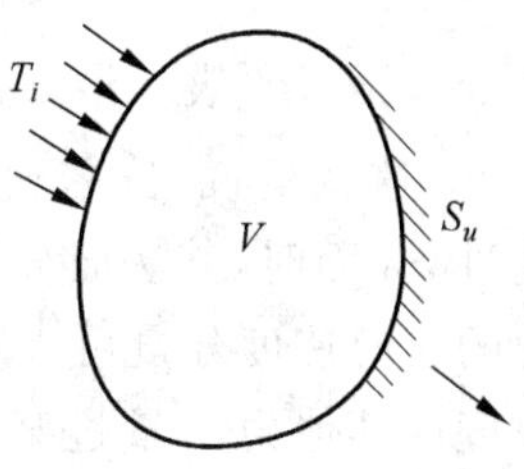

其中 $S = S_\sigma + S_u$,故式(9-77)可写成

图 9-7

$$\int_{S_\sigma} p_i \, \mathrm{d}u_i \, \mathrm{d}S + \int_{S_u} p_i \, \mathrm{d}u_i \, \mathrm{d}S = \int_V s_{ij} \, \mathrm{d}\varepsilon_{ij} \, \mathrm{d}V \qquad (9\text{-}79)$$

考虑到在 S_σ 上有 $p_i^* = p_i$,则式(9-78)可写为

$$\int_{S_u} p_i^* \, \mathrm{d}u_i \, \mathrm{d}S + \int_{S_\sigma} p_i \, \mathrm{d}u_i \, \mathrm{d}S = \int_V s_{ij}^* \, \mathrm{d}\varepsilon_{ij} \, \mathrm{d}V \qquad (9\text{-}80)$$

将式(9-79)与式(9-80)两式相减,并由最大耗散能原理得

$$\int_{S_u} (p_i - p_i^*) \, \mathrm{d}u_i \, \mathrm{d}S = \int_V (s_{ij} - s_{ij}^*) \, \mathrm{d}\varepsilon_{ij} \, \mathrm{d}V \geqslant 0 \qquad (9\text{-}81)$$

于是有

$$\int_{S_u} p_i \, \mathrm{d}u_i \, \mathrm{d}S \geqslant \int_{S_u} p_i^* \, \mathrm{d}u_i \, \mathrm{d}S \qquad (9\text{-}82)$$

由此得出 S_u 上有

$$p_i \geqslant p_i^* \qquad (9\text{-}83)$$

而在全部表面上上式仍成立。此即下限定理,$p_0 \geqslant p_-$。

如果我们定义,初始塑性流动开始时,任意面力与真实面力(体力不计)之比为 f,f 称为**安全系数**。则真实的应力场与面力 p_i 相平衡,任意一静力许可的应力场 σ_{ij}^* 则与 $f_s p_i$ 相平衡,f_s 称为**静力许可因子**。于是式(9-82)可改写为

$$(f - f_s) \int_{S_u} p_i \, \mathrm{d}u_i \, \mathrm{d}S \geqslant 0 \qquad (9\text{-}84)$$

不等式(9-84)中的积分号恒为正,故有

$$f \geqslant f_s \qquad (9\text{-}85)$$

这就是,任一静力许可的因子 f_s 不可能大于安全系数 f。

现在证明上限定理。

假定 $\mathrm{d}\varepsilon_{ij}^*$ 为任一机动许可的塑性应变率场,$\mathrm{d}\varepsilon_{ij}^*$ 可由速度场导出。现在考虑速度场沿某一表面 S_D 出现间断,但沿间断线法向方向的速度分量必须是连续的(图 9-8)。如果不是这样,而允许物体沿 S_D 分成两部分,各自向相背的方向运动,则 S_D 便要形成裂隙,这样 S_D 上的一个点就有可能占据多于一个的空间位置,物体变形的协调就遭到破坏。但 S_D 两侧的两部分如只是沿 S_D 作相对滑动的话,就不会出现变形不协调的问题。此时,垂直于 S_D 面的法向速度分量是连续的。如令 S_D 面上任一点法向单位矢量为 n_j,则

$$[\dot{u}_i n_j]_{S_D} = 0$$

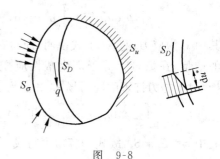

此处方括号 $[\ ]$ 表示沿 S_D 面的间断量（以下省略下标 S_D）。这就是说，位移速度 $\dot{u}_i$（或以增量表示为 $\mathrm{d}u_i$）越过 S_D 面时，其法向分量应该连续。显然，在 S_D 面内的切向速度分量可以不连续，即允许有间断出现。速度或其他力学量过某一表面 S_D 出现不连续的问题，都可理解为它们是以很陡的变化率连续越过一个很窄的 S_D 带状区（图 9-8）。

图　9-8

在我们讨论的问题中，由虚位移原理，有

$$\int_S p_i \mathrm{d}u_i^* \,\mathrm{d}S = \int_V \sigma_{ij} \mathrm{d}\varepsilon_{ij}^* \,\mathrm{d}V + \sum \int_{S_D} q[\mathrm{d}u^*]\mathrm{d}S_D \tag{9-86}$$

其中，$[\mathrm{d}u^*]$ 为沿 S_D 上切向位移增量的间断量，$\sum$ 表示对各间断面求和，q 为间断线 S_D 的 σ_{ij} 的切向分量。若 σ_{ij}^* 是根据塑性势的概念由 $\mathrm{d}\varepsilon_{ij}^*$ 导出的，但不一定是静力许可应力场，则有

$$\int_V (\sigma_{ij}^* - \sigma_{ij})\mathrm{d}\varepsilon_{ij}^* \,\mathrm{d}V \geqslant 0 \tag{9-87}$$

由此，式（9-86）化为

$$\int_S p_i \mathrm{d}u_i^* \,\mathrm{d}S \leqslant \int_V \sigma_{ij}^* \mathrm{d}\varepsilon_{ij}^* \,\mathrm{d}V + \sum \int_{S_D} k[\mathrm{d}u^*]\mathrm{d}S_D \tag{9-88}$$

其中，k 为剪切屈服极限，且 $k \geqslant q$。因有

$$\int_S p_i \mathrm{d}u_i^* \,\mathrm{d}S = \int_{S_u} p_i \mathrm{d}u_i \mathrm{d}S + \int_{S_\sigma} p_i \mathrm{d}u_i^* \,\mathrm{d}S$$

故式（9-88）化为

$$\int_S p_i \mathrm{d}u_i \mathrm{d}S \leqslant \int_V \sigma_{ij}^* \mathrm{d}\varepsilon_{ij}^* \,\mathrm{d}V + \sum \int_{S_D} k[\mathrm{d}u^*]\mathrm{d}S_D - \int_{S_\sigma} p_i \mathrm{d}u_i^* \,\mathrm{d}S$$

上式不等号右边为

$$\int_V \sigma_{ij}^* \mathrm{d}\varepsilon_{ij}^* \,\mathrm{d}V + \sum \int_{S_D} k[\mathrm{d}u^*]\mathrm{d}S_D - \int_{S_\sigma} p_i \mathrm{d}u_i^* \,\mathrm{d}S = \int_{S_u} p_i^* \,\mathrm{d}u_i^* \,\mathrm{d}S = \int_{S_u} p_i^* \,\mathrm{d}u_i \mathrm{d}S$$

于是有

$$\int_{S_u} p_i \mathrm{d}u_i \mathrm{d}S \leqslant \int_{S_u} p_i^* \,\mathrm{d}u_i \mathrm{d}S \tag{9-89}$$

$$p_i \leqslant p_i^*$$

即

$$p_0 \leqslant p_+$$

式（9-89）即上限定理。证毕。

如果定义**机动许可因子** f_k 为

$$f_k = \frac{k\sqrt{2}\int_V \sqrt{\mathrm{d}\varepsilon_{ij}\,\mathrm{d}\varepsilon_{ij}}\,\mathrm{d}V}{\int_S p_i\,\mathrm{d}u_i^*\,\mathrm{d}S} \tag{9-90}$$

并考虑到

$$\int_V \sigma_{ij}\,\mathrm{d}\varepsilon_{ij}^*\,\mathrm{d}V \leqslant k\sqrt{2}\int_V \sqrt{\mathrm{d}\varepsilon_{ij}^*\,\mathrm{d}\varepsilon_{ij}^*}\,\mathrm{d}V \tag{9-91}$$

及

$$f\int_S p_i\,\mathrm{d}u_i^*\,\mathrm{d}S \leqslant k\sqrt{2}\int_V \sqrt{\mathrm{d}\varepsilon_{ij}^*\,\mathrm{d}\varepsilon_{ij}^*}\,\mathrm{d}V \tag{9-92}$$

由什瓦兹(Schwarz)不等式 $\sigma_{ij}\varepsilon_{ij}^* \leqslant \sqrt{\sigma_{ij}\sigma_{ij}}\,\sqrt{\varepsilon_{ij}^*\varepsilon_{ij}^*}$,则可得

$$f \leqslant \frac{k\sqrt{2}\int_V \sqrt{\mathrm{d}\varepsilon_{ij}^*\,\mathrm{d}\varepsilon_{ij}^*}\,\mathrm{d}V}{\int_S p_i\,\mathrm{d}u_i^*\,\mathrm{d}S} = f_k \tag{9-93}$$

此处 f 对应于真实解,所以它也是一个机动许可因子。于是由式(9-85),(9-93)得

$$f_s \leqslant f \leqslant f_k \tag{9-94}$$

式(9-94)说明,**安全系数 f,不小于静力许可因子 f_s,不大于机动许可因子 f_k。**

以上两个重要定理给极限分析提供了理论基础。但要看到,在实用上往往由于不易选取合适的应力场,使得下限解与上限解的差距很大。为了改善这种情况,近年来发展了极限分析的广义变分原理,使得应力场与位移可以同时独立变分,比较容易接近真实解。

在用上、下限定理进行塑性极限分析时,我们总是希望得到问题的完全解。所谓完全解,是同时满足静力许可(下限)与机动许可(上限)的解答。实际上,在极限载荷作用下处于平衡状态时,可有一个不破坏屈服条件的应力场存在,它是满足平衡方程和应力边界条件的一个解。同时,由此应力场和本构方程可以求得一个满足速度边界的速度场。如果是这样的话,我们便得到一个既满足静力许可条件又满足机动许可条件的解答,即完全解。只有在极简单的情况下,方可得到这种完全解。

例 9-4 用上下限定理证明刚性平底冲模(地基极限平衡)问题的普朗特解(图 7-22)是完全解。

解 如能证明普朗特解不大于下限解,不小于上限解,则必为完全解。

(1)普朗特解的极限载荷不大于下限解 p_-

由第 7 章知,静力许可的应力场在 AB 边界上为

$$\sigma_1 = -k(\pi+2), \quad \tau = 0$$

设 AB 边界(S_u)有垂直向下的运动,$\mathrm{d}u_i = 1$,于是下限定理

$$\int_{S_u} p_i\,\mathrm{d}u_i\,\mathrm{d}S \geqslant \int_{S_u} p_i^*\,\mathrm{d}u_i\,\mathrm{d}S$$

化为

$$\int_{S_u} k(\pi+2) \times 1 \mathrm{d}S \leqslant \int_{S_u} p_i^* \, \mathrm{d}S = p_-$$

于是得

$$p_- \geqslant 2ka(\pi+2)$$

（2）普朗特解的极限载荷不小于上限解

已设 AB 边界处之位移场为 $\dot{U}_0$ 垂直向下（如图 9-9），则沿扇形区 BCE 及 ACF 周向的位移速度为 $\dot{U}_0/\sqrt{2}$。而沿周向的应力已知为 k（见第 7 章），BD 与 AG 为自由边界（S_σ 边界），$p_x = p_y = 0$，AB 面为位移边界 S_u，则将以上结果代入上限定理

$$\int_{S_u} p_i \mathrm{d}u_i \mathrm{d}S \leqslant \int_V \sigma_{ij}^* \, \mathrm{d}\tau_{ij}^* \, \mathrm{d}V + \sum \int_{S_D} k [\mathrm{d}u^*] \mathrm{d}S_D - \int_{S_T} p_i \mathrm{d}u_i^* \, \mathrm{d}S$$

后，可得

$$2 p_+ a \dot{U}_0 \leqslant \left(2k \frac{\dot{U}_0}{\sqrt{2}} \cdot \frac{2a}{\sqrt{2}} \cdot \frac{\pi}{2} \right) - 0 + 2k \left(\frac{2a}{\sqrt{2}} \cdot \frac{\pi}{2} + 4 \frac{a}{\sqrt{2}} \right) \frac{\dot{U}_0}{\sqrt{2}}$$

$$= ka\pi\dot{U}_0 + 2k \left(2 + \frac{\pi}{2} \right) a \dot{U}_0$$

即

$$p_+ \leqslant k(\pi+2)$$

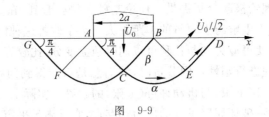

图 9-9

本章复习要点

1. 单位体积的应变能为

$$U_0 = \int_0^{\varepsilon_{ij}} \sigma_{ij} \, \mathrm{d}\varepsilon_{ij}$$

而单位体积的应变余能（又称为应力能）为

$$U_0' = \int_0^{\sigma_{ij}} \varepsilon_{ij} \, \mathrm{d}\sigma_{ij}$$

两者之间的关系为

（1）应变能与应变余能是互补的；

（2）在线弹性时两者相等。

2. 虚位移原理可以表示为：物体平衡的充要条件是，对于任一微小虚位移，有

$$\delta U = \delta W$$

与虚应力原理的表述和含义不同。

3. 最小总势能原理与最小总余能原理的表述

$$\delta E_{\mathrm{t}} = 0 , \quad \delta E_{\mathrm{t}}' = 0$$

4. 由最小总势能原理导出的卡氏第一定理

$$Q_i = \frac{\partial U}{\partial \Delta_i}$$

由最小总余能原理导出的卡氏第二定理

$$\Delta_i = \frac{\partial U'}{\partial Q_i}$$

5. 里茨法与伽辽金法都是基于最小总势能原理的近似解。

6. 有限元法可以认为是变分原理的近似解法，其精确度随着离散化的网格增密而提高。

7. 极限分析定理的理论依据、条件和应用。

思　考　题

9-1　虚位移和虚应力是什么含义？

9-2　虚位移原理为什么和材料性质无关？

9-3　为什么最小总势能原理等价于平衡方程和应力边界条件？

9-4　用最小总势能原理求得近似解后，能否由此求出位移分量？为什么？

9-5　里茨法与伽辽金法的近似性表现在哪里？

9-6　如果弹性体处于运动状态则由达朗伯原理，你能否建立起一个弹性体运动的变分方程（称为哈密顿变分原理）？

9-7　在什么条件下最大耗散能原理才能成立？

习　题

9-1　试证：

$$\iiint\limits_V \frac{1}{2} \sigma_{ij} (u_{i,j} + u_{j,i}) \mathrm{d}V = \int_S \sigma_{ij} n_j u_i \mathrm{d}S - \iiint\limits_V \sigma_{ij,j} u_i \mathrm{d}V$$

9-2 试证明虚位移与虚应力是下列高斯散度定理的特殊情况：

$$\iiint_V \sigma_{ij}\varepsilon_{ij}\,\mathrm{d}V = \int_{S_u} p_i u_i\,\mathrm{d}S + \iiint_V F_{bi}u_i\,\mathrm{d}V + \int_{S_\sigma} p_i u_i\,\mathrm{d}S$$

9-3 试证明图示悬臂梁的应变能公式

$$U = \frac{1}{2}\int_l^0 EJ\,(w'')^2\,\mathrm{d}x$$

及

$$E_t = \frac{1}{2}\int_l^0 EJ\,(w'')\,\mathrm{d}x - \int_l^0 q(x)w\,\mathrm{d}x - Mw'(l) + Fw(l)$$

并说明其附加条件。

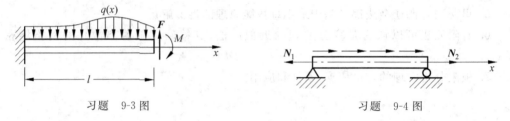

习题 9-3 图   习题 9-4 图

9-4 试绘出图示结构的余能表达式。

9-5 试用卡氏第二定理求图示三杆桁架中 A 点的位移。

答案：$\Delta = \dfrac{Pl}{AE(1+2\cos^3\alpha)}$

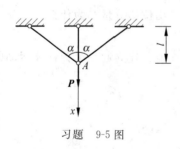
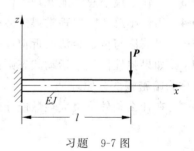

习题 9-5 图   习题 9-7 图

9-6 试给出平面应力状态极坐标的应变能表达式。

答案：$U_0(\varepsilon_{ij}) = \dfrac{E}{2(1-2\nu)}[\varepsilon_r^2 + \varepsilon_\theta^2 + 2\nu\varepsilon_r\varepsilon_\theta + (1-\nu)\gamma_{r\theta}^2]$

9-7 设有图示悬臂梁右端受 P 作用，如取挠曲线为

$$w = ax^2 + bx^3$$

试求 a,b 的值。

答案：$a=\dfrac{Pl}{2EJ}$，$b=-\dfrac{P}{6EJ}$

9-8　求下图中超静定梁极限载荷的上、下限。

注：本题的完全解为 $q_0=11.657\dfrac{M_0}{l^2}$

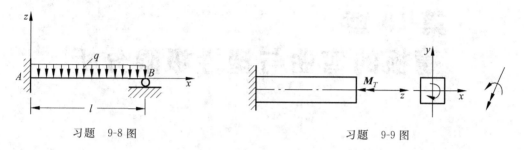

习题　9-8 图　　　　　　习题　9-9 图

9-9　设有正方形断面的棱柱体，其一端固定，一端则以角速度 θ 绕 z 轴转动，如不计断面的翘曲，试求极限扭曲的上限和下限。

第 10 章
薄板的弯曲与塑性极限分析

10.1 基本概念与基本假定

在工程结构中,经常用板作为一种结构构件。板的几何特点是其厚度远小于其他两个方向的尺寸(图 10-1)。

板可分为薄板和厚板以及薄膜。所谓**薄板**,实际上是有一定厚度的板,通常把满足下列条件的板算为薄板:

$$\left(\frac{1}{80} \sim \frac{1}{100}\right) \leqslant \frac{h}{b} \leqslant \left(\frac{1}{5} \sim \frac{1}{8}\right)$$

其中 b 为板的较小的边长。否则就是**厚板** $\left(\frac{h}{b} > \left(\frac{1}{5} \sim \frac{1}{8}\right)\right)$ 或**薄膜** $\left(\frac{h}{b} < \left(\frac{1}{80} \sim \frac{1}{100}\right)\right)$。采用薄板一词只是为了区别厚板与薄膜。

板是一种主要抗弯扭的结构单元。厚度很小的薄膜,其抗弯扭的能力很低,可认为其抗弯刚度等于零,而横向外载荷由轴向力与中面剪力来承担。当板的厚度足够大时,其内部任一点的应力状态与三维物体类似,难以采用较多的简化措施,所以厚板的分析要复杂得多。薄板具有中

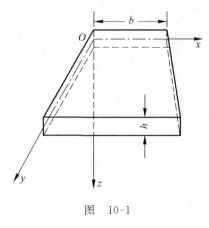

图 10-1

等厚度,可以进行简化。本章只讨论这种薄板的小挠度理论$\Big($最大挠度与板厚之比在$\dfrac{1}{10}\sim$ $\dfrac{1}{5}$,或最大挠度与最小边长之比不大于$\dfrac{1}{50}$,可认为是小挠度的界限$\Big)$。

对薄板小挠度理论,普遍采用以下基本假定:

(1) 变形前垂直于中面的任一直线线段,变形后,仍为直线,并垂直于变形后的弹性曲面,且长度不变。

(2) 垂直于板中面方向的应力较小,可略去不计。

以上两项重要的假定称为**基尔霍夫-勒夫假定**,其中所谓中面是指平分板厚的平面。显然,变形前的中面为与板的上下表面平行的平面,变形后,板发生挠曲,中面变成了曲面,称之为弹性曲面,也称为变形后的中面,统称中面。

基尔霍夫(G. R. Kirchhoff)　1824 年生于德国,1887 年逝世。曾在海登堡大学和柏林大学任物理学教授,他发现了电学中的"基尔霍夫定律",同时在薄板研究中也做出了重要贡献。

Gustav Robert Kirchhoff

下面进一步分析这些假定的力学意义,并由此导出弹性薄板小挠度理论的基本关系式。

上述第一条假定习惯上称为直法线假定,与材料力学中梁的弯曲理论中平截面假定相似。图 10-2 是直法线假定的几何表示。图中给出了 $y=$ 常数的截面,其中,1-1,2-2 为两条垂直于中面的法线,变形前后都是与中面相垂直的直线。于是可得

$$\gamma_{xz}=0$$

即
$$\frac{\partial w}{\partial x}+\frac{\partial u}{\partial z}=0, \quad \text{或} \quad \frac{\partial u}{\partial z}=-\frac{\partial w}{\partial x} \tag{10-1}$$

同理,可给出 $x=$ 常数的截面,同样由直法线假定得

$$\gamma_{yz}=0$$

即
$$\frac{\partial w}{\partial y}+\frac{\partial v}{\partial z}=0, \quad \text{或} \quad \frac{\partial v}{\partial z}=-\frac{\partial w}{\partial y} \tag{10-2}$$

由图 10-2 可知,距中面为 z 处的板层 AB,变形后,变为曲线 $A'B'$,设 A 点的坐标为 x,B 点的坐标为 $x+\mathrm{d}x$。当 $y=$ 常数,坐标为 x 的 A 点,变形后的位移为 u(图 10-2),考虑到 θ 为小量,故

$$u=-z\sin\theta\approx-z\tan\theta$$

$$\tan\theta=-\frac{\partial w}{\partial x}$$

Augustus Edward Hough Love

勒夫(A. E. H. Love)　1863 年生于英国,1940 年逝世。牛津大学自然哲学教授,在数学、弹性力学方面做出了杰出的贡献。例如他给出了薄板的合理简化假定,首先发现了在介质界面处弹性波的传播规律(称为勒夫波)。他所著《数学弹性理论》被译成多种文字,被公认为经典巨著。

于是

$$u=-z\frac{\partial w}{\partial x} \tag{10-3}$$

此处 u,w 分别为以指向 x,z 的正方向时为正,θ 以顺时针旋转为正。当 θ 为正时,u 为负。

同理,对于 $x=$ 常数的截面,坐标为 (y,z) 的一点处的水平位移为

$$v=-z\frac{\partial w}{\partial y} \tag{10-4}$$

由以上两式可知,在中面 $z=0$ 处位移 u 和 v 均等于零。

第一项假定中的直法线长度不变可表示为

$$\varepsilon_z=\frac{\partial w}{\partial z}=0 \tag{10-5}$$

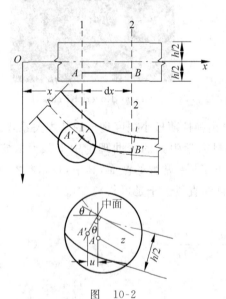

图　10-2

由此得到

$$w=w(x,y) \tag{10-6}$$

即板中面的挠度是 x,y 的函数。这就是说,垂直于中面的任一根法线上各点的位移 w 均相同。

第二项假定给出

$$\sigma_z = 0 \tag{10-7}$$

由此连同第一项假定中的 $\gamma_{xz} = \gamma_{yz} = \varepsilon_z = 0$ 便可得到薄板弯曲的下列本构关系:

$$\left. \begin{aligned} \varepsilon_x &= \frac{1}{E}(\sigma_x - \nu\sigma_y) \\ \varepsilon_y &= \frac{1}{E}(\sigma_y - \nu\sigma_x) \\ \gamma_{xy} &= \frac{1}{G}\tau_{xy} \end{aligned} \right\} \tag{10-8}$$

由式(10-3)、式(10-4)及式(10-6)可知,对于薄板问题来说,重要的是求薄板的挠曲函数 $w(x,y)$。

应当指出,第 1 章曾对弹塑性理论所作的基本假定仍然有效,例如,材料的均匀性、连续性、各向同性及小变形假定等。

10.2　薄板弯曲的平衡方程

求解薄板弯曲问题时,由于采用了以上两条基本假定而使位移分量均可表示为挠度 w 的函数。从而,用位移(w)作为基本未知量(即位移法)来求解有明显的优点。以下讨论建立薄板弯曲的基本方程。

对于矩形板,我们采用图 10-3 所示的直角坐标系。如从其中取出一微小单元 $h\mathrm{d}x\mathrm{d}y$,如图 10-3 所示 $abcd$,放大以后为图 10-4 所示的情况。此时,微小单元的顶部有外载荷 $q\mathrm{d}x\mathrm{d}y$ 作用,底面为自由表面,其他四个表面有板的内力作用。其中,在外法线与 x 轴相平

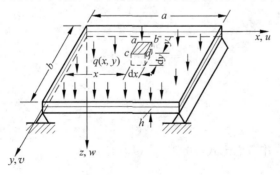

图　10-3

行的面上,有 $\sigma_x,\tau_{xz},\tau_{xy}$ 作用。由以上假定可知,应力 $\sigma_x,\tau_{xz},\tau_{xy}$ 的分布均以中面为对称面而反对称分布(如图 10-4(a)),且分别合成弯矩 M_x,扭矩 M_{xy} 和横向剪力 Q_x(图 10-4(b))。如果 M_x,M_{xy},Q_x 等分别表示单位长度上的相应值,我们有

$$M_x = \int_{-\frac{h}{2}}^{\frac{h}{2}} z\sigma_x \mathrm{d}z, \quad M_y = \int_{-\frac{h}{2}}^{\frac{h}{2}} z\sigma_y \mathrm{d}z \tag{10-9}$$

$$M_{xy} = M_{yx} = \int_{-\frac{h}{2}}^{\frac{h}{2}} z\tau_{xy} \mathrm{d}z \tag{10-10}$$

$$Q_x = \int_{-\frac{h}{2}}^{\frac{h}{2}} \tau_{xz} \mathrm{d}z, \quad Q_y = \int_{-\frac{h}{2}}^{\frac{h}{2}} \tau_{yz} \mathrm{d}z \tag{10-11}$$

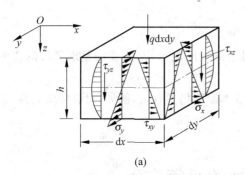
(a)

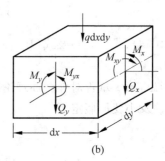
(b)

图　10-4

现在我们设法将所得内力公式(10-9)～(10-11)用位移函数 w 来表示。为此,由广义胡克定律(10-8),有

$$\sigma_x = E\varepsilon_x + \nu\sigma_y \tag{a}$$

$$\sigma_y = E\varepsilon_y + \nu\sigma_x \tag{b}$$

将式(b)代入式(a)中得

$$\sigma_x = \frac{E}{1-\nu^2}(\varepsilon_x + \nu\sigma_y) \tag{c}$$

同理得

$$\sigma_y = \frac{E}{1-\nu^2}(\varepsilon_y + \nu\sigma_x) \tag{d}$$

类似地,有

$$\tau_{xy} = G\gamma_{xy} = \frac{E}{2(1+\nu)}\gamma_{xy} = \tau_{xy} \tag{e}$$

由应变位移方程,并考虑到式(10-3),式(10-4)有

$$\varepsilon_x = \frac{\partial u}{\partial x} = -z\frac{\partial^2 w}{\partial x^2} \tag{10-12}$$

$$\varepsilon_y = \frac{\partial v}{\partial y} = -z\frac{\partial^2 w}{\partial y^2} \tag{10-13}$$

$$\gamma_{xy} = \frac{\partial u}{\partial y} + \frac{\partial v}{\partial x} = -2z\frac{\partial^2 w}{\partial x \partial y} \tag{10-14}$$

由基本假设知

$$\varepsilon_x = 0, \quad \gamma_{xz} = \gamma_{yz} = 0$$

于是，

$$\left.\begin{aligned}
\sigma_x &= \frac{E}{1-\nu^2}(\varepsilon_x + \nu\varepsilon_y) = -\frac{Ez}{1-\nu^2}\left(\frac{\partial^2 w}{\partial x^2} + \nu\frac{\partial^2 w}{\partial y^2}\right) \\
\sigma_y &= \frac{E}{1-\nu^2}(\varepsilon_y + \nu\varepsilon_x) = -\frac{Ez}{1-\nu^2}\left(\frac{\partial^2 w}{\partial y^2} + \nu\frac{\partial^2 w}{\partial x^2}\right) \\
\tau_{xy} &= \frac{E}{2(1+\nu)}\gamma_{xy} = -\frac{Ez}{1+\nu}\frac{\partial^2 w}{\partial x \partial y}
\end{aligned}\right\} \tag{10-15}$$

将式(10-15)代入式(10-9)～式(10-11)，积分后可得

$$M_x = -\frac{Eh^3}{12(1-\nu^2)}\left(\frac{\partial^2 w}{\partial x^2} + \nu\frac{\partial^2 w}{\partial y^2}\right) = -D\left(\frac{\partial^2 w}{\partial x^2} + \nu\frac{\partial^2 w}{\partial y^2}\right) \tag{10-16}$$

其中

$$D = \frac{Eh^3}{12(1-\nu^2)} \tag{10-17}$$

称为薄板的**抗弯刚度**。

同理有

$$M_y = -D\left(\frac{\partial^2 w}{\partial y^2} + \nu\frac{\partial^2 w}{\partial x^2}\right) \tag{10-18}$$

$$M_{xy} = -\frac{E}{1+\nu}\frac{\partial^2 w}{\partial x \partial y}\int_{-\frac{h}{2}}^{\frac{h}{2}} z^2 \mathrm{d}z = \frac{Eh^3}{12(1+\nu)}\frac{\partial^2 w}{\partial x \partial y} = -(1-\nu)D\frac{\partial^2 w}{\partial x \partial y} \tag{10-19}$$

M_x, M_y, M_{xy}, Q_x 和 Q_y 称为广义力。图中给出了各力的正方向(如图 10-5(a)所示)，用力矩矢量表示时，如图 10-5(b)所示。

与以上广义力相对应的广义应变分别为

$$K_x = -\frac{\partial^2 w}{\partial x^2}, \quad K_y = -\frac{\partial^2 w}{\partial y^2}, \quad K_{xy} = -\frac{\partial^2 w}{\partial x \partial y}$$

其中 K_x 实际上是中面在与 xz 面相平行的平面内的曲率，因为，如令 R_x 为其曲率半径，则

$$\frac{1}{R_x} = -\frac{\partial}{\partial x}\left(\frac{\partial w}{\partial x}\right) = -\frac{\partial^2 w}{\partial x^2}$$

此处负号是因为取挠曲面的凸面向下为正曲率时，其二次导数 $\frac{\partial^2 w}{\partial x^2}$ 为负。同理

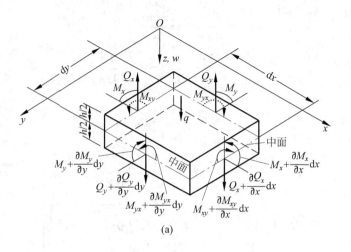

(a)

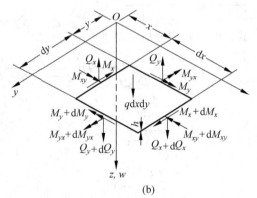

(b)

图 10-5

$$\frac{1}{R_y} = -\frac{\partial}{\partial y}\left(\frac{\partial w}{\partial y}\right) = -\frac{\partial^2 w}{\partial y^2}$$

而 K_{xy} 叫做曲面对 xy 轴的扭率。于是式(10-16)、式(10-18)、式(10-19)可以写成

$$\left.\begin{array}{l} M_x = D(K_x + \nu K_y) \\ M_y = D(K_x + \nu K_x) \\ M_{xy} = (1-\nu)DK_{xy} \end{array}\right\} \tag{10-20}$$

现在考虑上述微小单元 $\mathrm{d}x\mathrm{d}y$ 的平衡条件，由此建立薄板弯曲问题的平衡方程。在这种情况下，平衡条件为

$$\sum M_x = 0, \quad \sum M_y = 0, \quad \cdots, \quad \sum F_z = 0$$

如取 $\sum M_y = 0$ 即绕 y 轴的力矩之和等于零，当坐标原点取在 $\mathrm{d}x\mathrm{d}y$ 的角点上时，则有

$$\left(M_x + \frac{\partial M_x}{\partial x}\mathrm{d}x\right)\mathrm{d}y - M_x\mathrm{d}y + \left(M_{yx} + \frac{\partial M_{yx}}{\partial y}\mathrm{d}y\right)\mathrm{d}x$$

$$-M_{yx}\mathrm{d}x-\left(Q_x+\frac{\partial Q_x}{\partial x}\mathrm{d}x\right)\mathrm{d}y\mathrm{d}x-q\mathrm{d}x\mathrm{d}y\frac{\mathrm{d}x}{2}=0$$

整理后,略去高阶微量,可得

$$\frac{\partial M_x}{\partial x}+\frac{\partial M_{yx}}{\partial y}=Q_x \tag{10-21}$$

同理,由 $\sum M_x=0$,可得

$$\frac{\partial M_y}{\partial y}+\frac{\partial M_{xy}}{\partial x}=Q_y \tag{10-22}$$

由 $\sum F_z=0$,得

$$\frac{\partial Q_x}{\partial x}\mathrm{d}x\mathrm{d}y+\frac{\partial Q_y}{\partial y}\mathrm{d}x\mathrm{d}y+q\mathrm{d}x\mathrm{d}y=0$$

即

$$\frac{\partial Q_x}{\partial x}+\frac{\partial Q_y}{\partial y}=-q$$

将式(10-21)、式(10-22)代入上式,并考虑到 $M_{yx}=M_{xy}$,则得

$$\frac{\partial^2 M_x}{\partial x^2}+2\frac{\partial^2 M_{yx}}{\partial x\partial y}+\frac{\partial^2 M_y}{\partial y^2}=-q \tag{10-23}$$

将式(10-16)、式(10-18)、式(10-19)代入上式,则得用位移函数 w 表示的平衡方程,即

$$\frac{\partial^4 w}{\partial x^4}+2\frac{\partial^4 w}{\partial x^2\partial y^2}+\frac{\partial^4 w}{\partial y^4}=\frac{q}{D} \tag{10-24}$$

或写成

$$D\,\nabla^2\nabla^2 w=q \tag{10-24'}$$

其中,$\nabla^2=\dfrac{\partial^2}{\partial x^2}+\dfrac{\partial^2}{\partial y^2}$ 为拉普拉斯算子。式(10-24)为薄板弯曲问题的平衡微分方程。从而,求解薄板弯曲问题归结为在满足边界条件情况下由(10-24)求解 $w(x,y)$,进而根据式(10-16)、式(10-18)、式(10-19)求得弯矩和扭矩,又可根据式(10-15)求出应力。如欲求横剪力 Q_x,Q_y,则可引用式(10-21)、式(10-22)得

$$\left.\begin{aligned}Q_x&=\frac{\partial M_x}{\partial x}+\frac{\partial M_{yx}}{\partial y}=-D\frac{\partial}{\partial x}\left(\frac{\partial^2 w}{\partial x^2}+\frac{\partial^2 w}{\partial y^2}\right)\\ Q_y&=\frac{\partial M_y}{\partial x}+\frac{\partial M_{xy}}{\partial y}=-D\frac{\partial}{\partial y}\left(\frac{\partial^2 w}{\partial y^2}+\frac{\partial^2 w}{\partial x^2}\right)\end{aligned}\right\} \tag{10-25}$$

或

$$Q_x = -D \frac{\partial}{\partial x}(\nabla^2 w) \left. \right\}$$

$$Q_y = -D \frac{\partial}{\partial y}(\nabla^2 w) \left. \right\} \tag{10-25'}$$

10.3　边 界 条 件

薄板弯曲问题的准确解必须同时满足平衡微分方程(10-24)和给定的边界条件。由于式(10-24)为一四阶偏微分方程,因而,在每个边界上应给出两个边界条件。

典型的边界条件可分为三类:

(1) 几何边界条件,即在边界上给定边界挠度 $\overline{w}$ 和边界切向转角 $\frac{\partial w}{\partial t}$,此处 t 为边界切线方向。

(2) 静力边界条件,即在边界上给定横向剪力 $\overline{Q}_t$ 和弯矩 $\overline{M}_t$。

(3) 混合边界条件,即在边界上同时给定广义力和广义位移。如对于弹性支承边,则除给定边界剪力 Q 外,还给定弹性反力 $-c\overline{w}$,此处 $c>0$ 为弹性系数,$\overline{w}$ 为边界已知挠度。或除给定边界弯矩 $\overline{M}_n$ 外,还给定弹性反力矩 $-c' \frac{\partial w}{\partial n}$,此处 n 为边界的法线方向。

以下讨论常见的边界支承情况和相应的边界条件:

(1) 固定边界(图 10-6)

在固定边,显然有位移与转角为零的几何条件,即在 $x=0$ 边

$$(w)_{x=0} = 0 \left. \right\}$$

$$\left(\frac{\partial w}{\partial x} \right)_{x=0} = 0 \left. \right\} \tag{10-26}$$

(2) 简支边界(图 10-7)

板在简支边(用图 10-7(b)中的虚线表示)不能有竖向(z 方向)的位移,但可以有微小转动。故边界上挠度等于零(几何条件)和弯矩等于零(静力条件),即在 $x=0$ 边

$$(w)_{x=0} = 0 \left. \right\}$$

$$(M_x)_{x=0} = 0 \left. \right\} \tag{10-27}$$

由于有

$$M_x = -D \left(\frac{\partial^2 w}{\partial x^2} + \nu \frac{\partial^2 w}{\partial y^2} \right)$$

同时,在 $x=0$ 处,有

$$\frac{\partial w}{\partial y} = \frac{\partial^2 w}{\partial y^2} = 0$$

故(10-27)可化为

$$\left. \begin{array}{l} (w)_{x=0} = 0 \\ \left(\dfrac{\partial^2 w}{\partial x^2}\right)_{x=0} = 0 \end{array} \right\}$$

(10-28)

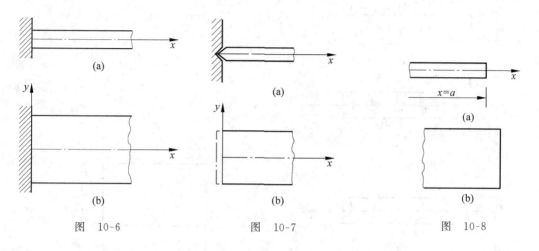

图 10-6　　　　　图 10-7　　　　　图 10-8

(3) 自由边界(图 10-8)

对于自由边界,我们有下列静力条件,即

$$\left. \begin{array}{l} (M_x)_{x=a} = 0 \\ (M_{xy})_{x=a} = 0 \\ (Q_x)_{x=a} = 0 \end{array} \right\}$$

(10-29)

式(10-29)给出了三个静力条件,进一步分析可以证明这三个条件并不是独立的。其中 M_{xy} 可用等效剪力来表示。实际上,作用在 $x=a$ 边界上长度为 dy 的微小单元上的扭矩 M_{xy}dy(图 10-9),可用两个大小相等,方向相反,相距 dy 的垂直力来代替。显然,这种代换是静力等效的。根据圣维南原理,这一代换的影响是局部的。故经过图 10-9 这样的代换后,两相邻微小单元间只需增加一个集度为 $\partial M_{xy}/\partial y$ 的竖向剪力就可以了(图 10-9(c))。这样,在边界 $x=a$ 的自由边界上总的分布剪力应为

$$V_x \mathrm{d}y = \left(Q_x + \frac{\partial M_{xy}}{\partial y}\right)\mathrm{d}y = 0$$

或

$$\left(\frac{\partial^3 w}{\partial x^3} + (2-\nu)\frac{\partial^3 w}{\partial x \partial y^2}\right)_{x=a} = 0$$

(10-30)

而式(10-29)中的第一式可改写为

$$\left(\frac{\partial^2 w}{\partial x^2}+\nu\,\frac{\partial^2 w}{\partial y^2}\right)_{x=a}=0 \tag{10-31}$$

应当特别指出,如相邻两边都是自由边界,如图 10-10 所示,则当将扭矩用剪力做静力等效代替以后,则角点 B 将出现未被抵消的集中剪力 R_B(如图 10-11)。

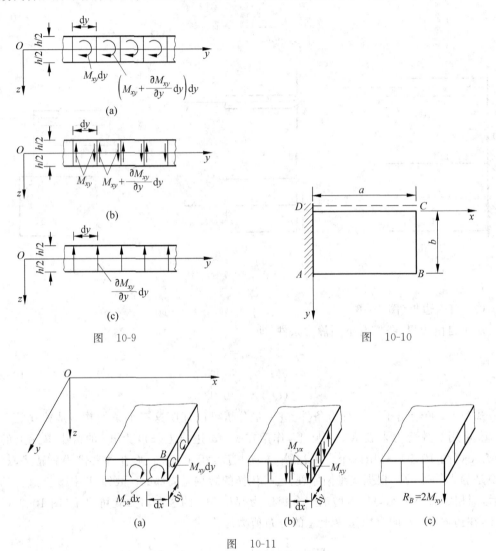

图　10-9

图　10-10

图　10-11

由于 B 点处于自由状态,故应有

$$(R_B)_{\substack{x=a\\y=b}}=2(M_{xy})_{\substack{x=a\\y=b}}=0$$

或

$$\left(\frac{\partial^2 w}{\partial x \partial y}\right)_{\substack{x=a \\ x=b}} = 0 \qquad (10\text{-}32)$$

此即角点 B 应满足的条件。显然,如 B 点有柱支承,则角点 B 应满足下列条件:

$$(w)_{\substack{x=a \\ y=b}} = 0$$

此外,当自由边与简支边或固定相邻,或两非自由边相邻处有集中力时,将被反力所吸收,不需要列条件。还有其他类型的边界条件,均一并列入表 10-1 中。

表 10-1 矩形板的各种边界条件

边 界 支 承 类	数 学 表 达 式
简支端 $x=a$	$(w)_{x=a}=0$ $(M_x)_{x=0}=\left(\dfrac{\partial^2 w}{\partial x^2}+\nu\dfrac{\partial^2 w}{\partial y^2}\right)_{x=a}=0$
固定端 $x=a$	$(w)_{x=a}=0$ $\left(\dfrac{\partial w}{\partial x}\right)_{x=a}=0$
自由端 $x=a$	$(M_x)_{x=a}=\left(\dfrac{\partial^2 w}{\partial x^2}+\nu\dfrac{\partial^2 w}{\partial y^2}\right)_{x=a}=0$ $(V_x)_{x=a}=\left[\dfrac{\partial^3 w}{\partial x^3}+(2-\nu)\dfrac{\partial^3 w}{\partial x \partial y^2}\right]_{x=a}=0$
弹性嵌固端 $x=a$	$(w)_{x=a}=0$ $\left(\dfrac{\partial x}{\partial y}\right)_{x=a}=(\rho')^{-1}D\left(\dfrac{\partial^2 w}{\partial x^2}+\nu\dfrac{\partial^2 w}{\partial y^2}\right)_{x=a}$
弹性支承端 $x=a$	$(w)_{x=a}=\left(\dfrac{\partial^2 w}{\partial x^2}+\nu\dfrac{\partial^2 w}{\partial y^2}\right)_{x=a}=0$ $(w)_{x=a}=(\rho)^{-1}D\left[\dfrac{\partial^3 w}{\partial x^3}+(2-\nu)\dfrac{\partial^3 w}{\partial x \partial y^2}\right]_{x=a}$

注:$\rho=$ 弹性支承的抗压刚度,$\rho'=$ 弹性约束的抗旋转刚度

由此可见,板的边界条件由 $w, \partial w/\partial n, M_n, V_n$ 四个量中的两个组成。此处 n 表示边界外法线方向,V 为单位长度的竖向边界力 $\left(\text{如 } V_x=Q_x+\dfrac{\partial M_{xy}}{\partial y}, \cdots\right)$。

10.4　矩形板的经典解法

现在我们以简支矩形板为例，说明薄板弯曲问题的解法。图 10-12 中给出了边长为 a，b 的受分布载荷 $q(x,y)$ 作用的简支矩形板。

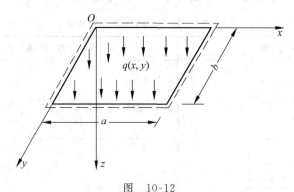

图　10-12

边界条件为

$$
\left.\begin{array}{l}
(w)_{\substack{x=0 \\ y=0}}=(w)_{\substack{x=a \\ y=b}}=0 \\[2mm]
\left(\dfrac{\partial^2 w}{\partial x^2}\right)_{x=0}=\left(\dfrac{\partial^2 w}{\partial x^2}\right)_{x=a}=0 \\[2mm]
\left(\dfrac{\partial^2 w}{\partial y^2}\right)_{y=0}=\left(\dfrac{\partial^2 w}{\partial y^2}\right)_{y=b}=0
\end{array}\right\}
\tag{10-33}
$$

如前所述，所论问题归结为按上述边界条件求解薄板平衡微分方程（10-24′）为

$$
D\nabla^2\nabla^2 w=q(x,y)
$$

求解上述问题的方法甚多。以下介绍广泛应用的分离变量法。用这种方法求解，通常取 w 为无穷级数形式，在很多情况下，这种级数收敛很快。在直角坐标系中，最方便的是采用双重傅里叶级数形式的解。

纳维（Navier C. L. M. H.，1823）取挠度 w 的表达式如下列二重正弦级数：

$$
w(x,y)=\sum_{m=1}^{\infty}\sum_{n=1}^{\infty}A_{mn}\sin\frac{m\pi x}{a}\sin\frac{n\pi y}{b}
\tag{10-34}
$$

其中 A_{mn} 为未知待定系数，m,n 为任意整数。如用 w_{mn} 代表级数的通项，则（10-34）可写为

$$
w(x,y)=\sum_{m=1}^{\infty}\sum_{n=1}^{\infty}w_{mn}=w_{11}+w_{12}+\cdots+w_{1n}+\cdots+w_{21}+w_{22}+\cdots
$$
$$
+w_{2n}+\cdots+w_{m1}+w_{m2}+\cdots+w_{mn}+\cdots
$$

显然，按式（10-43）选取的 $w(x,y)$，必然满足全部边界条件。此外，在分布载荷作用下，三

角级数收敛很快,因此,实际计算时只需取级数的前几项(一般为三项)即可满足普通精度的要求。

莱维(Levy M.,1899)提出了下列级数形式的解:

$$w = \sum_{m=1}^{\infty} Y_m(y) \sin \frac{m\pi x}{a} \qquad (10\text{-}35)$$

其中 $Y_m(y)$,只是 y 的函数。这就是说,将挠度函数 w 展成一个半幅的单傅里叶正弦级数。对 $x=0$ 和 $x=a$ 的边为简支(图 10-13)的板,级数(10-35)中的每一项都满足该两边的 $w=0$,$\partial^2 w/\partial x^2 = 0$ 边界条件。剩下的问题就是使 Y_m 满足 $y = \pm \dfrac{b}{2}$ 的边界条件及微分方程

$$D \nabla^2 \nabla^2 w = q$$

并由此确定 $Y_m(y)$。在一般情况下莱维方法比纳维方法收敛快,以下将以算例予以说明。

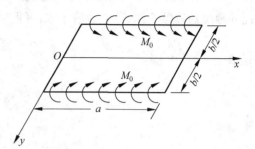

图 10-13

除以上经典方法外,薄板弯曲问题的求解,还可以采用基于变分原理的里茨法或伽辽金法,以及各种数值解法,如有限差分法、有限单元法等。

例 10-1 设有图 10-13 所示之四边简支矩形板,两对边 $y = \pm \dfrac{b}{2}$ 受均布力矩 M_0 作用。试求板的挠曲面方程及对称轴 $y=0$ 上的挠度。

解 (1)平衡方程为

$$\frac{\partial^4 w}{\partial x^4} + 2 \frac{\partial^4 w}{\partial x^2 \partial y^2} + \frac{\partial^4 w}{\partial y^4} = 0 \qquad (a)$$

(2)边界条件为

$$x=0 \text{ 及 } x=a \text{ 时}, \quad w=0, \quad \frac{\partial^2 w}{\partial x^2} = 0$$

$$y = \pm \frac{b}{2} \text{ 时}, \quad w=0 \qquad (b)$$

$$-D \left(\frac{\partial^2 w}{\partial y^2} \right)_{y = \pm \frac{b}{2}} = M_0$$

(3)假定位移函数

$$w = \sum_{m=1}^{\infty} Y_m \sin \frac{m\pi x}{a}$$

所设级数的每一项均应满足边界条件。$x=0$ 及 $x=a$ 处的边界条件显然满足。

此处 Y_m 应取下列形式：

$$Y_m = A_m \,\mathrm{sh}\, \frac{m\pi y}{a} + B_m \,\mathrm{ch}\, \frac{m\pi y}{a} + C_m \frac{m\pi y}{a} \,\mathrm{sh}\, \frac{m\pi y}{a} + D_m \frac{m\pi y}{a} \,\mathrm{ch}\, \frac{m\pi y}{a}$$

即可满足(a)。

(4) 求系数，此时载荷为对称，故 Y_m 一定是 y 的偶函数，因此上式中的 $A_m = D_m = 0$，由此并考虑到边界条件(b)中的第二式，可得

$$B_m = -C_m \alpha_m \,\mathrm{th}\, \alpha_m$$

其中

$$\alpha_m = \frac{m\pi b}{2a}$$

于是得

$$w = \sum_{m=1}^{\infty} C_m \left(\frac{m\pi y}{a} \,\mathrm{sh}\, \frac{m\pi y}{a} - \alpha_m \,\mathrm{th}\, \alpha_m \,\mathrm{ch}\, \frac{m\pi y}{a} \right) \sin \frac{m\pi x}{a} \tag{c}$$

其中 C_m 可根据边界条件(b)确定，在 $y = \pm \dfrac{b}{2}$ 时，有

$$-D \left(\frac{\partial^2 w}{\partial y^2} \right) = M_0$$

即

$$-2D \sum_{m=1}^{\infty} \frac{m^2 \pi^2}{a^2} C_m \,\mathrm{ch}\, \alpha_m \sin \frac{m\pi x}{a} = M_0$$

如边界上的分布力矩 $(M_y)_{y = \pm b/2}$ 也写成下列级数形式：

$$(M_y)_{y = \pm \frac{b}{2}} = \frac{4M_0}{\pi} \sum_{m=1}^{\infty} \frac{1}{m} \sin \frac{m\pi x}{a}$$

则系数 C_m 为

$$C_m = -\frac{2M_0 a^2}{D m^3 \pi^3 \,\mathrm{ch}\, \alpha_m}$$

(5) 将求得的系数代入位移函数，得最终挠度表达式。将 C_m 代入(c)得

$$w = \frac{2M_0 a^2}{\pi^3 D} \sum_{m=1}^{\infty} \frac{1}{m^3 \,\mathrm{ch}\, \alpha_m} \left(\alpha_m \,\mathrm{th}\, \alpha_m \,\mathrm{ch}\, \frac{m\pi y}{a} - \frac{m\pi y}{a} \,\mathrm{sh}\, \frac{m\pi y}{a} \right) \sin \frac{m\pi x}{a} \tag{d}$$

在对称轴 $y = 0$ 上的挠度为

$$(w)_{y=0} = \frac{2M_0 a^2}{\pi^3 D} \sum_{m=1,3,\cdots}^{\infty} \frac{1}{m^3} \frac{\alpha_m \,\mathrm{th}\, \alpha_m}{\,\mathrm{ch}\, \alpha_m} \sin \frac{m\pi x}{a} \tag{e}$$

例 10-2　设有两对边简支，两对边固定的矩形板，受集度为 q 的均布载荷作用(图 10-14)，求板中心的挠度。

解 用莱维法解,平衡微分方程为

$$\nabla^2 \nabla^2 w = \frac{q}{D}$$

边界条件为

在 $x=0$ 及 $x=a$ 处

$$w=0, \qquad \frac{\partial^2 w}{\partial x^2}=0 \qquad\qquad (a)$$

在 $y=\pm\dfrac{b}{2}$ 处

$$w=0, \qquad \frac{\partial w}{\partial y}=0 \qquad\qquad (b)$$

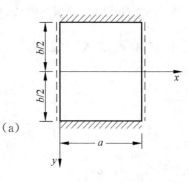

图 10-14

微分方程(10-24′)的解为

$$w=w_1+w_2 \qquad\qquad (c)$$

其中 w_1 为(10-24′)的齐次解,w_2 为(10-24′)的一个任意特解。取

$$w_1 = \sum_{m=1}^{\infty} Y_m(y)\sin\frac{m\pi}{a}x$$

代入 $\nabla^2 \nabla^2 w=0$ 解得

$$Y_m(y)=\left(A_m\,\mathrm{sh}\,\frac{m\pi y}{a}+B_m\,\mathrm{ch}\,\frac{m\pi y}{a}+C_m\,\frac{m\pi y}{a}\,\mathrm{sh}\,\frac{m\pi y}{a}+D_m\,\frac{m\pi y}{a}\,\mathrm{ch}\,\frac{m\pi y}{a}\right)\frac{qa^4}{D}$$

$$(10\text{-}36)$$

由于结构与载荷均对称于 x 轴,则 $Y_m(y)$ 亦应对称于 x 轴,由此断定 $A_m=D_m=0$,且 m 为奇数,因此得

$$w_1 = \frac{qa^4}{D}\sum_{m=1,3,5,\cdots}^{\infty}\left(B_m\,\mathrm{ch}\,\frac{m\pi y}{a}+C_m\,\frac{m\pi y}{a}\,\mathrm{sh}\,\frac{m\pi y}{a}\right)\sin\frac{m\pi x}{a} \qquad (10\text{-}37)$$

特解为

$$w_2 = \frac{q}{24D}(x^4-2ax^3+a^3x)$$

现在将 w_2 展为三角级数,即

$$w_2 = \frac{4qa^4}{\pi^5 D}\sum_{m=1,3,5,\cdots}^{\infty}\frac{1}{m^5}\sin\frac{m\pi x}{a} \qquad\qquad (10\text{-}38)$$

将式(10-37),(10-38)代入式(c),得(10-24′)的通解为

$$w=w_1+w_2=\frac{qa^4}{D}\sum_{m=1,3,5,\cdots}^{\infty}\left[\frac{4}{\pi^5 m^5}+B_m\,\mathrm{ch}\,\frac{m\pi y}{a}+C_m\,\frac{m\pi y}{a}\,\mathrm{sh}\,\frac{m\pi y}{a}\right]\sin\frac{m\pi x}{a}$$

$$(10\text{-}39)$$

w 应满足边界条件,并由此可确定上式中的待定常数 B_m,C_m。由式(10-39)确定的 w 满足边界条件(a)。此外,由边界条件 $(w)_{y=\pm b/2}=0$ 及 $\left(\dfrac{\partial w}{\partial y}\right)_{y=\pm b/2}=0$,可得

$$\left.\begin{aligned}\frac{4}{\pi^5 m^5}+B_m\,\mathrm{ch}\,\frac{m\pi b}{2a}+C_m\,\frac{m\pi b}{2a}\,\mathrm{sh}\,\frac{m\pi b}{2a}=0\\[2mm]B_m\,\mathrm{sh}\,\frac{m\pi b}{2a}+C_m\left(\frac{m\pi b}{2a}\,\mathrm{ch}\,\frac{m\pi b}{2a}+\mathrm{sh}\,\frac{m\pi b}{2a}\right)=0\end{aligned}\right\}\qquad\text{(d)}$$

令 $\dfrac{m\pi b}{2a}=\alpha_m$,由此可得

$$B_m=-\frac{4}{\pi^5 m^5}\cdot\frac{\alpha_m\,\mathrm{ch}\,\alpha_m+\mathrm{sh}\,\alpha_m}{\mathrm{ch}\,\alpha_m(\alpha_m\,\mathrm{ch}\,\alpha_m+\mathrm{sh}\,\alpha_m)-\alpha_m\,\mathrm{sh}^2\alpha_m}$$

$$C_m=\frac{4}{\pi^5 m^5}\cdot\frac{\mathrm{sh}\,\alpha_m}{\mathrm{ch}\,\alpha_m(\alpha_m\,\mathrm{ch}\,\alpha_m+\mathrm{sh}\,\alpha_m)-\alpha_m\,\mathrm{sh}^2\alpha_m}$$

将 B_m,C_m 的表达式代入(10-39)即得最终的位移函数

$$\begin{aligned}w=\frac{4qa^4}{\pi^5 D}\sum_{m=1,3,5,\cdots}^{\infty}\frac{1}{m^5}&\left[1-\frac{(\alpha_m\,\mathrm{ch}\,\alpha_m+\mathrm{sh}\,\alpha_m)\,\mathrm{ch}\,\dfrac{m\pi y}{a}}{\mathrm{ch}\,\alpha_m(\alpha_m\,\mathrm{ch}\,\alpha_m+\mathrm{sh}\,\alpha_m)-\alpha_m\,\mathrm{sh}^2\alpha_m}\right.\\[2mm]&\left.+\frac{\mathrm{sh}\,\alpha_m}{\mathrm{ch}\,\alpha_m(\alpha_m\,\mathrm{ch}\,\alpha_m+\mathrm{sh}\,\alpha_m)-\alpha_m\,\mathrm{sh}^2\alpha_m}\cdot\frac{m\pi y}{a}\,\mathrm{sh}\,\frac{m\pi y}{a}\right]\sin\frac{m\pi x}{a}\end{aligned}\qquad(10\text{-}40)$$

将 $x=a/2$,$y=0$ 代入上式,即得所要求的板中心处的挠度

$$w_{\max}=\frac{4qa^4}{\pi^5 D}\sum_{m=1,3,5,\cdots}^{\infty}\frac{1}{m^5}\left[1-\frac{\alpha_m\,\mathrm{ch}\,\alpha_m+\mathrm{sh}\,\alpha_m}{\mathrm{ch}\,\alpha_m(\alpha_m\,\mathrm{ch}\,\alpha_m+\mathrm{sh}\,\alpha_m)-\alpha_m\,\mathrm{sh}^2\alpha_m}\right]\sin\frac{m\pi}{2}\qquad(10\text{-}41)$$

此级数收敛很快,取 $m=1$ 即可得较满意的近似解,即

$$w_{\max}=\frac{4qa^4}{\pi^5 D}\left[1-\frac{\alpha_1\,\mathrm{ch}\,\alpha_1+\mathrm{sh}\,\alpha_1}{\mathrm{ch}\,\alpha_1(\alpha_1\,\mathrm{ch}\,\alpha_1+\mathrm{sh}\,\alpha_1)-\alpha_1\,\mathrm{sh}^2\alpha_1}\right]\qquad(10\text{-}42)$$

对于方板,即 $a=b$ 时,则 $\alpha_1=\pi/2$

$$\mathrm{ch}\,\alpha_1=\mathrm{ch}\,\frac{\pi}{2}=2.507,\quad\mathrm{sh}\,\alpha_1=\mathrm{sh}\,\frac{\pi}{2}=2.299$$

将这些值代入式(10-42),得

$$w_{\max}=0.00192\,\frac{qa^4}{D}\qquad(10\text{-}43)$$

10.5　圆板的轴对称弯曲

　　计算圆板弯曲问题时,采用极坐标(r,θ)较为方便。以下我们导出圆板轴对称弯曲的单元体的静力平衡微分方程。轴对称的意思是指板的几何形状,外载荷及边界条件都对称于经过圆心垂直于中面的轴线。因而,位移场、应变场、应力场也都是轴对称的,各分量不随θ变化而只是r的函数。于是,问题可大为简化。

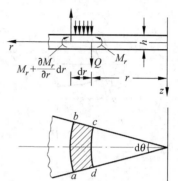

　　考虑圆板的一个微小单元$abcd$(图 10-15)在轴对称条件下的平衡,取坐标系如图所示,则微小单元$abcd$上的力对z轴的力矩方程在略去高次项后为

$$\left(M_x+\frac{\mathrm{d}M_r}{\mathrm{d}r}\right)(r+\mathrm{d}r)\mathrm{d}\theta-M_r\mathrm{d}r\mathrm{d}\theta$$
$$-M_\theta\mathrm{d}r\mathrm{d}\theta+Qr\mathrm{d}\theta\mathrm{d}r=0$$

化简得

图　10-15

$$r\frac{\mathrm{d}M_r}{\mathrm{d}r}+M_r-M_\theta=-Qr \tag{10-44}$$

或

$$(rM_r)'-M_\theta=-\int_0^r qr\mathrm{d}r \tag{10-45}$$

此处$(\ )'=\mathrm{d}(\ )/\mathrm{d}r$,$q$为分布外载荷强度。

　　现在来讨论圆板变形后的挠曲面的曲率。对圆板的挠曲面来说,任一点A的曲率可用径向与周向的曲率来描述。其中径向曲率K_r,实际上就是包含z轴在内的竖直平面与挠曲面的交线s的曲率,图 10-16 给出了过任意点A的s线,nB为A点的法线,且交z轴于B点。

　　设邻近于A有一点A'(图 10-17),其法线为n',设A点的转角为θ,可得

$$\tan\theta=-\frac{\mathrm{d}w}{\mathrm{d}r}$$

在小挠度的情况下,有

$$\tan\theta\approx\theta$$

故

$$\theta=-\frac{\mathrm{d}w}{\mathrm{d}r}$$

曲线s的曲率等于$\dfrac{\mathrm{d}\theta}{\mathrm{d}s}$,此处 $\mathrm{d}s$ 为弧长的微分,在小挠度情况下,曲率K_r为

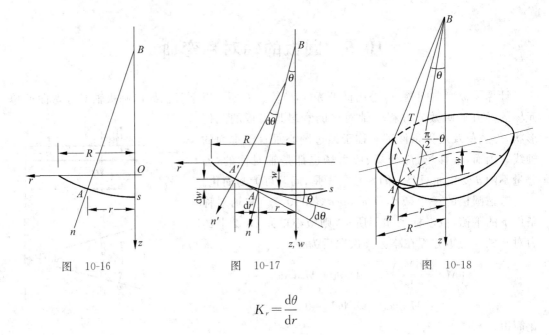

图 10-16   图 10-17   图 10-18

$$K_r = \frac{\mathrm{d}\theta}{\mathrm{d}r}$$

或

$$K_r = -\frac{\mathrm{d}^2 w}{\mathrm{d}r^2} \tag{10-46}$$

过 A 点含有 n，与上述平面正交的平面称为法截面，它与挠曲面的交线 t 的曲率即周向曲率 K_θ。

为了确定曲线 t 的曲率，可分析图 10-18 中给出的法截面 T。由微分几何知道，曲面法截面的曲率为任意截面周线的曲率乘以两平面夹角的余弦[1]。在我们讨论的情况下，已知圆周的曲率为 $\frac{1}{r}$，于是交线 t 的曲率为

$$K_\theta = \frac{1}{r}\cos\left(\frac{\pi}{2}-\theta\right) = \frac{1}{r}\theta$$

即

$$K_\theta = -\frac{1}{r}\frac{\mathrm{d}w}{\mathrm{d}r} \tag{10-47}$$

由于轴对称弯曲，故扭率等于零，K_r，K_θ 便是两个主曲率。也就是说，我们有了**曲率位移关系式**（10-46）和（10-47）。

当圆板受分布轴对称载荷时，即载荷只是 r 的函数 $q(r)$，则问题可大为简化。事实上，

---

① 在微分几何中称为梅尼定理（Meunier's theorem，1776），参看，例如，斯米尔诺夫，《高等数学教程》，第二卷，第五章，第 132 节，高等教育出版社，1958。

式(10-24)可简化为如下形式：

$$D\left(\frac{d^2}{dr^2}+\frac{1}{r}\frac{d}{dr}\right)\left(\frac{d^2w}{dr^2}+\frac{1}{r}\frac{dw}{dr}\right)=q(r) \tag{10-48}$$

这一方程式的解可由齐次解 w_1 和特解 w_2 所组成。故其通解为

$$w=w_1+w_2 \tag{a}$$

其中

$$w_1=C_1\ln r+C_2 r^2\ln r+C_3 r^2+C_4 \tag{b}$$

式中常数 C_1,C_2,C_3,C_4 按边界条件确定，特解 w_2 由载荷分布的具体情况而定。当圆板板面上布满有连续的均布载荷时，即 q 等于常数 q_0，其特解为

$$w_2=Cr^4 \tag{c}$$

将式(c)代入式(10-48)，即可求得

$$C=\frac{q_0}{64D}$$

其通解即为

$$w=C_1\ln r+C_2 r^2\ln r+C_3 r^2+C_4+\frac{q_0 r^4}{64D} \tag{10-49}$$

对于完整的中心并无圆孔削弱的圆板，常数 C_1,C_2 必须为零，否则在板的中心($r=0$)处，挠度和内力将无穷大，这与实际情况不符。常数 C_3 和 C_4 可由边界条件确定。以下研究两种边界情况的解。

(1) 固定边界：半径为 a，周界固定的圆板，其边界条件为

$$(w)_{r=a}=0,\quad \left(\frac{\partial w}{\partial r}\right)_{r=a}=0$$

由式(10-49)可知

$$w=C_3 r^2+C_4+\frac{q_0 r^4}{64D} \tag{d}$$

代入边界条件

$$a^2 C_3+C_4+\frac{q_0 a^4}{64D}=0,\quad 2aC_3+\frac{q_0 a^3}{16D}=0$$

则得

$$C_3=-\frac{q_0 a^2}{32D},\quad C_4=\frac{q_0 a^4}{64D}$$

代入式(d)，得

$$w=\frac{q_0 a^4}{64D}\left(1-\frac{r^2}{a^2}\right)^2 \tag{10-50}$$

在板中心处最大挠度为

$$w_{\max} = \frac{q_0 a^4}{64D}$$

有了挠度表达式，即可求出类似于式(10-16)，式(10-18)等用挠度表示的内力公式，即求出用极坐标表示的弯矩和扭矩的方程。因为在轴对称情况下，直角坐标与极坐标之间有下列关系式：

$$\frac{\partial^2 w}{\partial x^2} = \frac{\partial^2 w}{\partial r^2}, \quad \frac{\partial^2 w}{\partial y^2} = \frac{1}{r}\frac{\partial w}{\partial r}, \quad \frac{\partial^2 w}{\partial x \partial y} = 0$$

所以

$$\left.\begin{aligned}
M_r &= -D\left(\frac{\partial^2 w}{\partial r^2} + \frac{\nu}{r} \cdot \frac{\partial w}{\partial r}\right) \\[2mm]
M_\theta &= -D\left(\frac{1}{r}\frac{\partial w}{\partial r} + \nu \frac{\partial^2 w}{\partial r^2}\right) \\[2mm]
M_{r\theta} &= 0
\end{aligned}\right\} \tag{10-51}$$

在轴对称情况下，剪力 Q 很容易求得，它等于分布在半径为 r 的圆周内的总载荷除以 $2\pi r$。因有

$$2\pi r Q = \int_0^r 2\pi r q \, \mathrm{d}r$$

故

$$Q = \frac{1}{2\pi r}\int_0^r 2\pi r q \, \mathrm{d}r \tag{10-52}$$

当 $q =$ 常数，则

$$Q = \frac{qr}{2} \tag{10-53}$$

当周边固定的圆板受有均布载荷时，弯矩、扭矩、横剪力的表达式即为

$$M_r = \frac{q_0}{16}\big[a^2(1+\nu) - r^2(3+\nu)\big]$$

$$M_\theta = \frac{q_0}{16}\big[a^2(1+\nu) - r^2(1+3\nu)\big]$$

$$M_{r\theta} = 0$$

$$Q = \frac{1}{2}qr$$

最大弯矩在板的中心处，当 $\nu = 0.3$ 时，

$$(M_r)_{\max} = (M_\theta)_{\max} = \frac{1.3}{16}qa^2 = 0.0813q_0 a^2$$

（2）简支边界：边界为简支的圆板受有均布载荷时，则当 $r = a$ 时，

$$w = 0, \quad M_r = -D\left(\frac{\partial^2 w}{\partial r^2} + \frac{\nu}{r}\frac{\partial w}{\partial r}\right) = 0$$

由这两个条件可以确定

$$C_3 = -\frac{(3+\nu)q_0 a^2}{32(1+\nu)D}\nu, \quad C_4 = -\frac{(5+\nu)q_0 a^4}{64(1+\nu)D}$$

并可求得挠度表达式为

$$w = \frac{q_0}{64D}\left[(a^2-r^2)^2 + \frac{4a^2(a^2-r^2)}{1+\nu}\right] \tag{10-54}$$

弯矩的表达式

$$M_r = \frac{q_0}{16}\left[a^2(3+\nu) - r^2(3+\nu)\right]$$

$$M_\theta = \frac{q_0}{16}\left[a^2(3+\nu) - r^2(1+3\nu)\right] \tag{10-55}$$

最大弯矩出现在板的中心处,当 $\nu = 0.3$ 时,

$$(M_r)_{max} = (M_0)_{max} = \frac{3.3}{16}q_0 a^2 = 0.206 q_0 a^2$$

约等于固定边圆板中心弯矩的 2.5 倍。

10.6 用变分法解板的弯曲问题

1. 板的应变能,总势能与总余能

在第 4 章中,式(4-19)给出了弹性体的总应变能,为

$$U = \frac{1}{2}\iiint_V \sigma_{ij}\varepsilon_{ij}\,\mathrm{d}V$$

在板的弯曲问题中,根据基尔霍夫-勒夫假定,已知

$$\sigma_z = \gamma_{yz} = \gamma_{zx} = 0$$

于是,板的应变能为

$$U = \frac{1}{2}\iiint_V (\sigma_x \varepsilon_x + \sigma_y \varepsilon_y + \tau_{xy}\gamma_{xy})\,\mathrm{d}x\mathrm{d}y\mathrm{d}z \tag{10-56}$$

将广义胡克定律代入(10-56),可得

$$U = \frac{E}{2(1-\nu^2)}\iiint_V \left(\varepsilon_x^2 + \varepsilon_y^2 + 2\nu\varepsilon_x \varepsilon_y + \frac{1-\nu}{2}\gamma_{xy}^2\right)\mathrm{d}x\mathrm{d}y\mathrm{d}z \tag{10-57}$$

若板厚为 1,则将式(10-12)~式(10-14)代入式(10-57)得板的应变能为

$$U = \frac{1}{2}\iint_A D\left\{\left(\frac{\partial^2 w}{\partial x^2} + \frac{\partial^2 w}{\partial y^2}\right)^2 + 2(1-\nu)\left[\left(\frac{\partial^2 w}{\partial x \partial y}\right)^2 - \frac{\partial^2 w}{\partial x^2}\frac{\partial^2 w}{\partial y^2}\right]\right\}\mathrm{d}x\mathrm{d}y \tag{10-58}$$

此处 A 为板中面面积。

如只考虑板受横向(即垂直于板面)的外载荷 q 作用,则外力的势能为

$$W = \iint_A qw\,dx\,dy$$

于是板的总势能 E_t 为

$$E_t = \iiint_A U_0(\varepsilon_{ij})\,dV - \iint_{S_T}(p_x u + p_y v + p_z w)\,ds$$

$$= \frac{1}{2}\iint_A D\left\{\left(\frac{\partial^2 w}{\partial x^2} + \frac{\partial^2 w}{\partial y^2}\right)^2 + 2(1-\nu)\right.$$

$$\cdot\left.\left[\left(\frac{\partial^2 w}{\partial x \partial y}\right)^2 - \frac{\partial^2 w}{\partial x^2}\frac{\partial^2 w}{\partial y^2}\right]\right\}dx\,dy - \iint_A qw\,dx\,dy$$

$$- \int_{S_T}[-\overline{Q}_z w + \overline{M}_n w_{,n} + \overline{M}_{ns} w_{,s}]\,dS \tag{10-59}$$

其中,$\overline{Q}_z$,$\overline{M}_n$,$\overline{M}_{ns}$ 分别为边界上的横向剪力,弯矩和扭矩,下标 n,s 分别为边界处的法线与切线方向。$w, w_{,n}(=\partial w/\partial n)$ 及 $w_{,s}(=\partial w/\partial s)$ 显然是相应的广义位移(图 10-19)。

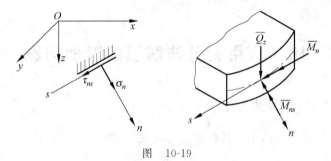

图　10-19

如将广义位移 K_x、K_y、K_{xy} 的表达式(10-20)代入式(10-59),则有

$$E_t = \iint_A\left\{\frac{2}{D}[(K_x + K_y)^2 + 2(1-\nu)(K_x^2 - K_x K_y)] - qw\right\}dx\,dy$$

$$- \int_{S_T}[-\overline{Q}_z w + \overline{M}_n w_{,n} + \overline{M}_{ns} w_{,s}]\,dS \tag{10-60}$$

此即最小势能原理的泛函。

类似地,可得出最小总余能原理的泛函 E_c。实际上,由总余能公式可得

$$E_t' = \iiint_V U_0'(\sigma_{ij})\,dV - \iint_{S_u}(u p_x + v p_y + w p_z)\,dS$$

$$= \frac{1}{2}\iint_A \frac{1}{E}[\sigma_x^2 + \sigma_y^2 - 2(1+\nu)\tau_{xy}^2 - 2\nu\sigma_x\sigma_y]\,dx\,dy$$

$$+ \int_{S_u}[-\overline{Q}_z\overline{w} + M_n\overline{w}_{,n} + M_{ns}\overline{w}_{,s}]\,dS$$

$$= \frac{1}{2} \iint_A \left(\frac{12}{Eh^3} \right) \left[(M_x + M_y)^2 + 2(1+\nu)(M_{xy}^2 - M_x M_y) \right] \mathrm{d}x \mathrm{d}y$$

$$+ \int_{S_u} \left[-Q_z \overline{w} + M_n \overline{w}_{,n} + M_{ns} \overline{w}_{,s} \right] \mathrm{d}S \tag{10-61}$$

我们知道,薄板弯曲问题归结为寻求板的平衡微分方程(10-24)相应边界条件的解。一般来说,问题的精确解往往是难以求得的,因而需要研究各种近似法。基于能量原理的变分法是一种非常有效的方法。以下介绍的里茨法和伽辽金法便是这种求近似解的重要方法。这两种方法的基本思路,都是以选择满足给定边界条件的挠曲函数为基础,尽可能地满足板的平衡微分方程,以求得好的近似解。

2. 里茨法解例

对于板的弯曲问题来说,就是要寻求一个满足几何边界条件,同时使板的总势能或总余能为最小的挠曲函数 $w(x,y)$。

假定板中面的挠曲函数为

$$w(x,y) = \sum_{k=1}^{n} a_k w_k(x,y) \tag{10-62}$$

则有

$$\frac{\partial E_t}{\partial a_k} = 0 \quad (k=1,2,3,\cdots,n) \tag{10-63}$$

我们知道,最小总势能原理等价于平衡方程和应力边界条件,所以在用里茨法解题选择挠曲函数 $w(x,y)$ 时要注意使其满足几何边界条件。

作为例子,考虑一个四边简支的矩形板,边长为 a 和 b,并取挠曲函数为下列三角级数形式:

$$w(x,y) = \sum_{m=1}^{\infty} \sum_{n=1}^{\infty} a_{mn} \sin \frac{m\pi x}{a} \sin \frac{n\pi y}{b} \tag{10-64}$$

显然上式可以满足简支边界条件。将式(10-64)代入式(10-59)可得

$$E_t = \frac{D}{2} \int_0^a \int_0^b \left[\sum_{m=1}^{\infty} \sum_{n=1}^{\infty} a_{mn} \left(\frac{m^2 \pi^2}{a^2} + \frac{n^2 \pi^2}{b^2} \right) \sin \frac{m\pi x}{a} \sin \frac{n\pi y}{b} \right]^2 \mathrm{d}x \mathrm{d}y$$

$$- \int_0^a \int_0^b q \sum_{m=1}^{\infty} \sum_{n=1}^{\infty} a_{mn} \sin \frac{m\pi x}{a} \sin \frac{n\pi y}{b} \mathrm{d}x \mathrm{d}y \tag{10-65}$$

注意到,如 $m \neq m', n \neq n'$,则有

$$\int_0^a \sin \frac{m\pi x}{a} \sin \frac{m'\pi x}{a} \mathrm{d}x = \int_0^b \sin \frac{n\pi y}{b} \sin \frac{n'\pi y}{b} \mathrm{d}y = 0$$

所以积分的计算只需考虑平方项,此外,已知

$$\int_0^a \int_0^b \sin^2 \frac{m\pi x}{a} \sin^2 \frac{n\pi y}{b} \mathrm{d}x \mathrm{d}y = \frac{ab}{4}$$

$$\int_0^a \int_0^b \cos^2 \frac{m\pi x}{a} \cos^2 \frac{n\pi y}{b} \mathrm{d}x\mathrm{d}y = \frac{ab}{4}$$

故式(10-59)中的第二项积分等于零,在式(10-65)中已不包含这一项积分。于是式(10-65)化为

$$E_\mathrm{t} = \frac{\pi^4 abD}{8} \sum_{m=1}^{\infty} \sum_{n=1}^{\infty} a_{mn}^2 \left(\frac{m^2}{a^2} + \frac{n^2}{b^2}\right)^2 - \int_0^a \int_0^b q \sum_{m=1}^{\infty} \sum_{n=1}^{\infty} a_{mn} \sin\frac{m\pi x}{a} \sin\frac{n\pi y}{b} \mathrm{d}x\mathrm{d}y$$

$$(10\text{-}66)$$

此时,式(10-63)为

$$\frac{\partial E_\mathrm{t}}{\partial a_{11}} = 0, \quad \frac{\partial E_\mathrm{t}}{\partial a_{12}} = 0, \quad \cdots, \quad \frac{E_\mathrm{t}}{\partial a_{mn}} = 0, \quad \cdots \tag{10-67}$$

其一般形式为

$$\frac{\pi^4 abD}{4} a_{mn} \left(\frac{m^2}{a^2} + \frac{n^2}{b^2}\right)^2 - \int_0^a \int_0^b q \sin\frac{m\pi x}{a} \sin\frac{n\pi y}{b} \mathrm{d}x\mathrm{d}y = 0 \tag{10-68}$$

这是一组以 $a_{11}, a_{12}, \cdots, a_{mn}$ 为未知量的 $m \times n$ 个线性方程。在某一指定情况下,这些量可以算出。当取 m, n 为无穷大时,则得问题的精确解,当 m, n 为有限数量时,即得近似解。如板在 $x = \xi, y = \eta$ 处受集中力 F 作用,则由式(10-68)得

$$a_{mn} = \frac{4F \sin\dfrac{m\pi\xi}{a} \sin\dfrac{n\pi\eta}{b}}{\pi^4 abD\left(\dfrac{m^2}{a^2} + \dfrac{n^2}{b^2}\right)^2} \tag{10-69}$$

将式(10-69)代入式(10-64)得

$$w = \frac{4F}{\pi^4 abD} \sum_{m=1}^{\infty} \sum_{n=1}^{\infty} \frac{1}{\left(\dfrac{m^2}{a^2} + \dfrac{n^2}{b^2}\right)^2} \sin\frac{m\pi\xi}{a} \times \sin\frac{n\pi\eta}{b} \sin\frac{m\pi x}{a} \sin\frac{m\pi y}{b} \tag{10-70}$$

如载荷作用在板的中点,即 $\xi = \dfrac{a}{2}, \eta = \dfrac{b}{2}$ 则

$$w = \frac{4F}{\pi^4 abD} \sum_{m, n=1, 3\cdots}^{\infty} \left(\frac{m^2}{a^2} + \frac{n^2}{b^2}\right)^{-2} \sin\frac{m\pi x}{a} \sin\frac{m\pi y}{b} \tag{10-71}$$

对于方板 $a = b$,且取级数第一项时,得中点挠度为

$$w_{\max} = 0.0112 \frac{Fa^2}{D} \tag{10-72}$$

此解与精确解相比小 3.5% 。

3. 伽辽金法解例

前面曾经谈到,伽辽金法要求选取一个满足板的位移边界条件和应力边界条件的挠曲

函数 $w(x,y)$，而 $w(x,y)$ 却不一定严格满足板的平衡微分方程。在这个前提下，寻求一个近似地满足平衡微分方程的解。与里茨法所不同的是，可以不必计算板的总势能（或总余能），而直接从微分方程入手，这在第 9 章已经讨论过。

设有四边支承的矩形板，挠曲函数取如下形式：

$$w(x,y) = \sum_{k=1}^{n} a_k \varphi_k \tag{10-73}$$

式中 $\varphi_k = \varphi_k(x,y)$ 应满足全部边界条件。

实际上，如板在平衡状态下有虚位移（挠度）δw，则外载荷的相应的虚功为

$$\delta W = \iint_A q \, \delta w \, \mathrm{d}x \mathrm{d}y$$

由于，$q = D \nabla^2 \nabla^2 w$，故当 w 是微分平衡方程的精确解时，则有

$$\iint_A q \, \delta w \, \mathrm{d}x \mathrm{d}y = \iint_A D \, \nabla^2 \nabla^2 w \, \delta w \, \mathrm{d}x \mathrm{d}y,$$

当取挠曲函数为式（10-73）所示的近似解时，因

$$\delta w = \sum_{k=1}^{n} \varphi_k \delta a_k$$

则可由式（9-43）得下列方程组：

$$\iint_A \left(\nabla^2 \nabla^2 w - \frac{q}{D} \right) \varphi_k \, \mathrm{d}x \mathrm{d}y = 0 \quad (k=1,2,3,\cdots,n) \tag{10-74}$$

将式（10-73）代入式（10-74）对未知系数 $a_k (a_k=1,2,3,\cdots,n)$ 求解，即可得挠曲函数的表达式。

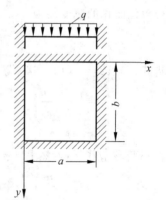

图 10-20

设有四边固定的矩形板（图 10-20），受均布载荷作用，假定板的挠曲函数为下列简单形式：

$$w = a_1 \frac{1}{2} \left(1 - \cos \frac{2\pi x}{a} \right) \times \left(1 - \cos \frac{2\pi y}{b} \right) \tag{a}$$

上述函数（a），满足边界条件。实际上，当 $x=a$ 及 $y=b$ 时，

$$w = \frac{\partial w}{\partial y} = \frac{\partial w}{\partial x} = 0$$

由式（10-74）得

$$\int_0^a \int_0^b (\nabla^2 \nabla^2 w) \varphi_k \, \mathrm{d}x \mathrm{d}y = \int_0^a \int_0^b \frac{q}{D} \varphi_k \, \mathrm{d}x \mathrm{d}y$$

即

$$-\int_0^a \int_0^b a_1 \left[\frac{1}{2} \left(1 - \cos \frac{2\pi y}{b} \right) \left(\frac{2\pi}{a} \right)^4 \cos \frac{2\pi x}{a} + \frac{1}{2} \left(1 - \cos \frac{2\pi y}{a} \right) \left(\frac{2\pi}{b} \right)^4 \cos \frac{2\pi y}{b} \right.$$

$$\left. -\frac{1}{4} \left(\frac{2\pi}{a} \right)^2 \left(\frac{2\pi}{b} \right)^2 \cos \frac{2\pi x}{a} \cos \frac{2\pi y}{b} \right] \times \left(1 - \cos \frac{2\pi x}{a} \right) \left(1 - \cos \frac{2\pi y}{b} \right)$$

$$= \int_0^a \int_0^b \frac{1}{2} \frac{q}{D} \left(1-\cos\frac{2\pi x}{a}\right)\left(1-\cos\frac{2\pi y}{b}\right)\mathrm{d}x\mathrm{d}y$$

由此

$$a_1 = -\frac{q}{D}\left[\frac{1}{2}\left(1-\cos\frac{2\pi y}{b}\right)\left(\frac{2\pi}{a}\right)^4\cos\frac{2\pi x}{a} + \frac{1}{2}\left(1-\cos\frac{2\pi x}{a}\right)\left(\frac{2\pi}{b}\right)^4\cos\frac{2\pi y}{b}\right.$$

$$\left.-\frac{1}{4}\left(\frac{2\pi}{a}\right)^2\left(\frac{2\pi}{b}\right)^2\cos\frac{2\pi x}{a}\cos\frac{2\pi y}{b}\right]^{-1}$$

在板中心,最大挠度为

$$w_{\max} = \frac{qa^2b^2}{8\pi^4 D} = 0.00128\frac{qa^2b^2}{D}$$

以上结果与精确解相比仅小 1.6%。

10.7　板的屈服条件

屈服条件的一般理论在第 4 章已经讨论过。把已有的屈服条件用到板的问题中来,最好改用广义变量来表示。正如前面在讨论板的弯曲问题时所做的那样,所取的广义应力要与广义应变相对应,就是说要使它们的乘积有明确的物理意义,即应为应变比能。实际上,板单位面积的应变能为

$$U_0 = \int_{-h/2}^{h/2} (\sigma_x \varepsilon_x + \sigma_y \varepsilon_y + \tau_{xy}\gamma_{xy})\mathrm{d}z \tag{10-75}$$

将式(10-12)~式(10-14)代入上式,并考虑到 $w=w(x,y)$ 与 z 无关,可得

$$U_0 = \left(-\frac{\partial^2 w}{\partial x^2}\right)\int_{-h/2}^{h/2}\sigma_x z\mathrm{d}z + \left(-\frac{\partial^2 w}{\partial y^2}\right)\int_{-h}^{h}\sigma_y z\mathrm{d}z + \left(-2\frac{\partial^2 w}{\partial x\partial y}\right)\int_{-h/2}^{h/2}\tau_{xy} z\mathrm{d}z$$

$$\tag{10-76}$$

在小变形条件下,显然上式括弧中的量为板弯曲后中面的曲率和扭率

$$-\frac{\partial^2 w}{\partial x^2} = \frac{1}{\rho_x} = K_x, \quad -\frac{\partial^2 w}{\partial y^2} = \frac{1}{\rho_y} = K_x, \quad -2\frac{\partial^2 w}{\partial x\partial y} = \frac{2}{\rho_{xy}} = 2K_{xy} \tag{10-77}$$

于是有

$$U_0 = M_x K_x + M_y K_y + 2M_{xy} K_{xy} \tag{10-78}$$

如采用无量纲的量

$$m_x = \frac{M_x}{M_0}, \quad m_y = \frac{M_y}{M_0}, \quad m_{xy} = \frac{M_{xy}}{M_0},$$

$$k_x = hK_x, \quad k_y = hK_y, \quad k_{xy} = hK_{xy} \tag{10-79}$$

其中 M_0 为塑性极限弯矩

$$M_0 = 2 \int_0^{h/2} \sigma_0 z \mathrm{d}z = \frac{\sigma_0 h^2}{4} \tag{10-80}$$

则得

$$U_0 = \frac{M_0}{h}(m_x k_x + m_y k_y + 2m_{xy}k_{xy})$$

在这种情况下,板的屈服条件应采用广义力 m_x, m_y, m_{xy} 来表示,且应有 $m_x k_x \geqslant 0$, $m_y k_y \geqslant$ $0, \cdots$,而应力场实际上就是 m_x, m_y, m_{xy} 的分布图,应变率场是曲率变化率 $\dot{k}_x, \dot{k}_y, \dot{k}_{xy}$ 的分布图。

这样一来,板的屈服条件可用广义力表示为

$$f(m_x, m_y, m_{xy}) = 1 \tag{10-81}$$

在平面应力状态下,畸变能条件已知为

$$\sigma_x^2 + \sigma_y^2 - \sigma_x \sigma_y + 3\tau_{xy}^2 = \sigma_0^2 \tag{10-82}$$

对应于上式,可知板的屈服条件为

$$m_x^2 + m_y^2 - m_x m_y + 3m_{xy}^2 = 1 \tag{10-83}$$

板的本构关系,由 $\dot{\epsilon}_{ij}^{\,p} = \lambda \dfrac{\partial f}{\partial \sigma_{ij}}$,得出为

$$\left.\begin{aligned} \dot{k}_x &= \lambda(2m_x - m_y) \\ \dot{k}_y &= \lambda(2m_y - m_x) \\ \dot{k}_{xy} &= 6\lambda m_{xy} \end{aligned}\right\} \tag{10-84}$$

同样地,最大切应力屈服条件为

$$\max(|m_1|, |m_2|, |m_1 - m_2|) = 1 \tag{10-85}$$

一般地,板的屈服条件将是一个以 m_x, m_y, m_{xy} 为坐标的广义力空间的曲面,且具有复杂的图形。实际上,通常要做必要的简化。以下给出几种常用的屈服条件。

1. 六边形屈服条件

在轴对称情况下,由于 $m_{r\theta} = 0$,故广义力为 m_r, m_θ,在这种情况下,m_r, m_θ 即第一、第二主弯矩,最大切应力屈服条件为

$$\max(|m_r|, |m_\theta|, |m_r - m_\theta|) = 1 \tag{10-86}$$

式(10-86)表示的图形为一屈服六边形 $ABCDEF$(图10-21),与平面应力状态下在主应力平面内的图形相同。

2. 正方形屈服条件

将上式最大切应力屈服条件进行简化,可得正方形屈服条件,称为詹森(K. W. Johansen)条件,即

$$|m_1| = 1, \quad |m_2| = 1 \tag{10-87}$$

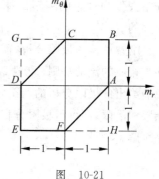

图 10-21

其图形为图 10-21 中的虚线 $BGEH$ 正方形。

这种屈服条件对夹层板和具有上下两层纵向和横向的配筋率相同的钢筋混凝土板（图 10-22），认为板的屈服完全由钢筋的屈服来支配，能给出有一定可靠程度的近似解。

3. 偏心正方形屈服条件

当考虑到钢筋混凝土板正负弯矩的屈服极限不同时，应采用下列屈服条件（图 10-23）：

$$m_1 = m_2 = M_{01} \tag{10-88}$$

$$-m_1 = -m_2 = M_{02}$$

其中，M_{01}，M_{02} 分别为正负弯矩的极限值。

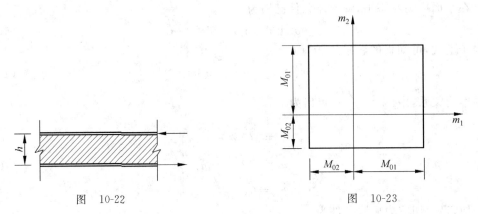

图　10-22　　　　　　　　　　　　图　10-23

10.8　板的塑性极限分析

塑性极限分析，是讨论结构的承载能力。也就是讨论结构在开始发生无限制塑性流动前所能承受的最大极限载荷。对于这一问题的讨论可以将弹塑性结构的弹性变形部分略去作为理想的刚塑性体来对待。实验证明，这种简化对于求其最大承载能力来说是允许的。

刚塑性体的极限分析，需要针对具体的结构，研究以下三个问题：①分析并选定屈服条件与相应的流动法则；②选取静力许可的应力场；③选取机动许可的速度场。在第 9 章中，我们给出的极限分析的两个重要定理，可推广到这里来解决以上三个问题，求得极限载荷的上限和下限，即可得极限分析的完全解。但在目前，只有在极简单的情况下，方可得到这种完全解。

1. 圆板塑性极限分析

现在考虑简支圆板在均布载荷 q 作用下(图 10-24)的承载能力。

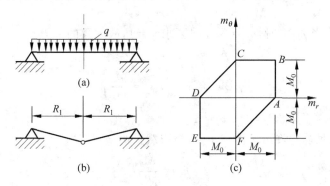

图 10-24

已知板的平衡微分方程为

$$(rM_r)' - M_\theta = -\int_0^r qr\mathrm{d}r = -\frac{qr^2}{2} \tag{10-89}$$

假定板服从六边形屈服条件,则板各点应力状态在 m_r, m_θ 平面内用一点(称为应力点)表示。当应力点在屈服六角形内部时,板处于刚性状态,当应力点达到屈服六边形上时,该点进入塑性状态。以后我们把应力点的轨迹,叫做**应力迹线**。

一般地说,应力迹线要经过试算来确定,先由边界条件及对称条件做大致的估计,然后以所估算的结果求解平衡方程,并检查速度场是否适合,如不能满足速度场的机动许可条件,则应重新修改。在我们的情况下,由于对称,在板心处,有 $M_r = M_\theta$,在简支边界有 $M_r = 0$,显然,板开始屈服是在板的中心。故应力迹线必然由 B 点开始,因为 B 点对应的应力状态是

$$M_r = M_\theta = M_0$$

都是正值,这正是板中心的应力状态。应力迹线将止于 C。于是,可以断定,相应于极限状态的应力点都在 BC 上,即板内的任一点的应力状态都不会在 BC 线以外。今后我们把**结构进入屈服状态时,应力迹线所在的那部分屈服曲线叫做塑性格式**。对于圆板来说,板进入极限状态时,必须遵守塑性格式 BC。如果采用其他塑性格式,则必然产生不协调或发生矛盾。例如,对于 AB,由于曲率变化率(即广义应变率)与屈服曲线的正交性,则必有 $\dot{K}_\theta = 0$,于是 $\mathrm{d}\dot{w}/\mathrm{d}r = 0, \dot{w} = $ 常数,这便与边界条件相矛盾。在对具体结构进行塑性极限分析时,要在屈服条件中选定适宜的塑性格式。

注意到在塑性格式 BC 上,$M_\theta = M_0$,即在全板任一点均有

$$M_\theta = M_0$$

于是平衡微分方程的解为

$$m_r = 1 - p\rho^2$$

其中 $\rho = \dfrac{r}{R_1}$，$p = \dfrac{qR_1^2}{6M_0}$，$m_r = \dfrac{M_r}{M_0}$。

边界条件为：当 $\rho = 1$ 时，$m_r = 0$，于是要求 $p = 1$，故问题的解为

$$m_r = 1 - \rho^2$$

$$m_\theta = 1 \quad \left(m_\theta = \dfrac{M_\theta}{M_0}\right)$$

$$p = 1$$

显然，这一组解满足静力许可条件。于是，极限载荷为 $p = 1$，即

$$q_- = \dfrac{6M_0}{R_1^2}$$

是极限载荷的下限。如能找到与上述解相适应的速度场，并且满足机动许可条件，那么就得到了完全解。

令板的位移速度为 $\dot{w} = \dot{w}(r)$，应变率分量为

$$\dot{\varepsilon}_r = \dot{K}_r z$$

$$\dot{\varepsilon}_\theta = \dot{K}_\theta z$$

此处 $\dot{K}_r, \dot{K}_\theta$ 为曲率的变化率

$$\dot{K}_r = \dfrac{\mathrm{d}^2 \dot{w}}{\mathrm{d}r^2}$$

$$\dot{K}_\theta = -\dfrac{1}{r}\dfrac{\mathrm{d}\dot{w}}{\mathrm{d}r}$$

与最大剪应力条件相关连的**流动法则**对塑性格式 BC 来说，为

$$\dot{K}_r = 0, \quad \dfrac{\mathrm{d}^2 \dot{w}}{\mathrm{d}r^2} = 0 \tag{10-90}$$

这是因为广义应变率矢量垂直于 BC 边，故 $\dot{K}_r = 0$。积分式(10-90)并注意到，当 $r = 1$ 时，$\dot{w} = 0$，可得

$$\dot{w} = \dot{w}_0(1 - r)$$

则式(10-90)满足，此处 $\dot{w}_0$ 为板中心的位移速度。这表示在板中心有一个退化了的塑性铰环，此点坡度不连续，二阶导数为无穷大，这点对应于屈服六边形的尖角 B 点，这种不连续并不破坏边界约束，满足机动许可的条件。故 $p = 1$ 同时也是极限载荷的上限，于是

$$q_- = q_+ = q_0 = \dfrac{6M_0}{R_1^2} \tag{10-91}$$

为问题的完全解。

现在考虑周边固定圆板受均布载荷作用时的情况。

由于对称,板在塑性状态时,其中心的应力点仍位于 B 点(因为 B 点满足 $M_r = M_\theta = M_0$),如仍取 $\dot{w}$ 为 r 的递减函数,则应有 $\dot{K}_\theta = -\dfrac{\mathrm{d}\dot{w}}{\mathrm{d}r} > 0$,于是应力迹线应为 BCD(图 10-24(c))。

考虑到在板的边界上弯矩为负值,则如固定边界上不是塑性铰环的话,就必然是转角和位移速度为零。但是,这时不可能全板都在 BC 上,如限定在 $r = \eta$ 圆内相应于 BC, $r = \eta$ 区域内相应于 CD,则在 CD 区有 $\dot{K}_r = -\dot{K}_\theta$(因为 CD 线对于 $\dot{K}_r$ 和 $\dot{K}_\theta$ 为等倾斜),或

$$\dot{w}'' + \frac{1}{r}\dot{w}' = 0 \tag{10-92}$$

因 $r = R_1$ 时,$\dot{w} = 0$,则微分方程(10-92)即

$$(r\dot{w}')' = 0$$

给出

$$\dot{w} = C_1 \ln \frac{r}{R_1} \quad (r > \eta)$$

即 $\dot{w}$ 与 $\ln(r/R_1)$ 成比例。而在固定边界 $r = R_1$ 处有

$$\dot{w}' \neq 0$$

因而,固定边界必为一塑性铰环且有

$$M_r(R_1) = -M_0$$

以上讨论说明,全板必然分为两个塑性区。其中在 $0 < r < \eta$ 区间,遵守塑性格式 BC,在 $\eta < r < 1$ 区间,遵守塑性格式 CD。相应于塑性格式 C 的 $\eta = r$ 值是需要我们确定的。

在 $0 < r < \eta$ 区间,当用前面定义的无量纲的量表示时,有

$$m_r = 1 - pr^2, \quad m_\theta = 1$$

当 $r = \eta$ 时,相应于 C 点,有

$$m_r(\eta) = 0$$

于是,由上式得出

$$p\eta^2 = 1 \tag{10-93}$$

在 $\eta < r < 1$ 区间,设 $m_\theta - m_r = 1$,且应有 $m_r(1) = -1$。由平衡微分方程积分可得

$$\left.\begin{aligned}
m_r &= \ln r + \frac{3}{2}p(1-r^2) - 1, \quad (\eta < r < 1) \\[2mm]
m_\theta &= \ln r + \frac{3}{2}p(1-r^2)
\end{aligned}\right\} \tag{10-94}$$

上式满足固定边界 $m_r(1)=-1$ 的条件,同时还应满足在 $r=\eta$ 处塑性格式 C 的要求,即应有

$$m_r(\eta)=\ln\eta+\frac{3}{2}p(1-\eta^2)-1=0 \tag{10-95}$$

由式(10-93)、式(10-95)得

$$\eta^2=\frac{1}{p}$$

$$3p-\ln p-5=0 \tag{10-96}$$

解式(10-96)后,可得极限载荷的下限为

$$p_-=1.876$$

可以证明[1],这个解同时也是机动许可的解,因而它是完全解。于是,极限载荷为

$$q_0=\frac{11.256M_0}{R_1^2} \tag{10-97}$$

2. 矩形板的塑性极限分析

在圆板受轴对称载荷作用的情况下,广义力退化为两个主弯矩 M_r,M_θ,这就使问题得到了很大的简化。此外,因屈服条件退化为平面曲线,从而容易求得完全解。对于矩形板,情况要复杂得多,主要是由于主弯矩方向往往难以确定,因而屈服条件至少应在 M_x,M_y,M_z 三维空间中来描述。对于这类问题,很难求得问题的完全解。以下介绍求极限载荷的上限方法与下限方法。

1) 上限方法

在上限方法中,**破裂线理论**是值得重视的。用它对矩形钢筋混凝土板进行塑性极限分析已被工程界广泛采用。破裂线就是塑性铰线。塑性铰线与梁中的塑性铰的概念相同,只不过此时不是一个截面进入塑性状态而形成塑性铰,而是沿一条线形成一个很窄的塑性带。今后我们把因正弯矩达到屈服极限 M_0 而形成的破裂线称为正破裂线,把因负弯矩达到 M_0 而形成的破裂线称为负破裂线。破裂线把一个刚塑性板分成几个不同的刚性区,或者说,各刚性板块由塑性铰线把它们连接在一起,形成一个处于极限状态的破坏机构。这实际上就是假设一个破坏机构,以便应用上限定理来解题。

破裂线理论基于以下基本假定:

(1) 板在行将破坏时,在最大弯矩处形成破裂线(塑性铰线),且可以只用直线线段来描述。

(2) 沿破裂线只有等于常数的弯矩 M_0 作用,扭矩和横剪力均略而不计,即认为沿破裂线没有相对滑动和扭曲。

(3) 破裂线之间板块的弹性变形与板块绕破裂线的刚体转动相比很小,可略去不计。

---

① 见参考文献[15,40,46]。

(4) 在各种可能的破坏机构(即机动许可的速度场)中,总会给出一个较接近实际的破坏机构。

由此可见,构造合适的破裂线是重要的。为了得到最优破坏机构,应考虑到下列形成破坏机构的一般规律:

(1) 由弹性理论算出的最大正弯矩的位置,一般就是正破裂线的起点;

(2) 沿固定边界形成负破裂线;

(3) 板的支承线,一般地就是转动轴线(图 10-25);

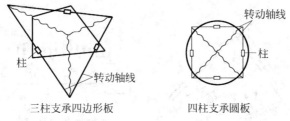

三柱支承四边形板 四柱支承圆板

图 10-25

(4) 破裂线过转动轴的交线(图 10-26)。

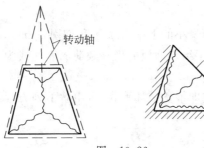

图 10-26

以上是构造破裂线的一些基本规律。可靠的最优破坏机构可由实验得出。

构造了破裂线各破坏机构,便可确定极限载荷的上限。

假定已经有了一个破坏机构,但板在破坏前的瞬时仍处于平衡状态,因而由虚位移原理有

$$W = U$$

此处 W 为外力的总虚功,即

$$W = \sum_n \iint_A P_+ \delta\omega \mathrm{d}A_n \quad (n = 1, 2, \cdots, N) \tag{10-98}$$

其中 N 为被破裂线分成的刚性块数。

U 为板的总虚耗散能

$$U = \sum_n \left(\int_l M_0 \theta \mathrm{d}s \right) \tag{10-99}$$

其中 l 为各破裂线的长度。

为计算方便起见，我们可以把力矩矢量投影到该刚性板块 j 的空间固定转动轴 C 上去（图 10-27），然后乘以相应的该板块的"标准"转角，即板块对轴 C 的转角 $\bar\theta_j$，即

$$U=\sum_{j=1}^{N}\bar\theta_j\overline{M}_{0j}l_j \tag{10-100}$$

此处 $\overline{M}_{0j}$ 为 j 板块的力矩矢量在 C 轴上的投影（图 10-27），l_j 为第 j 块破裂线在固定转动轴 C 上的投影的绝对值之和（图 10-27）。

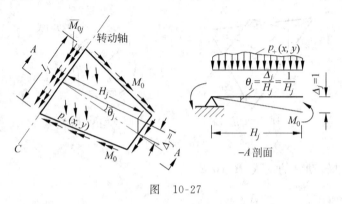

图 10-27

为要求得最优破坏机构，即最小的上限解 p_+，我们引进 $x_1,x_2,x_3,\cdots,x_r$ 变量，它们完全确定了破坏机构的形式。对于给定的板的极限载荷的表达式为

$$p_+=M_0f(x_1,x_2,\cdots,x_r) \tag{10-101}$$

因而极限载荷中最小的一个，或即最优破坏形式，可由解下列方程组求得：

$$\left.\begin{aligned}\frac{\partial p_+}{\partial x_1}&=0\\[4pt]\frac{\partial p_+}{\partial x_2}&=0\\[-2pt]&\ \vdots\\[-2pt]\frac{\partial p_+}{\partial x_r}&=0\end{aligned}\right\} \tag{10-102}$$

例如，设有半边受均布载荷作用的矩形板（图 10-28），图中阴影部分为受载荷作用的部分。试求极限载荷的上限 p_+。

首先构造出如图所示的破坏机构，由此可分块计算外力总虚功，为

$$W_{①}=\frac{p_++b\Delta}{4}\left(b-\frac{2}{3}x_1\right)$$

$$W_{②}=W_{①}$$

$$W_③ = \frac{p_+ + b\Delta}{4} x_1$$

$$W_④ = 0$$

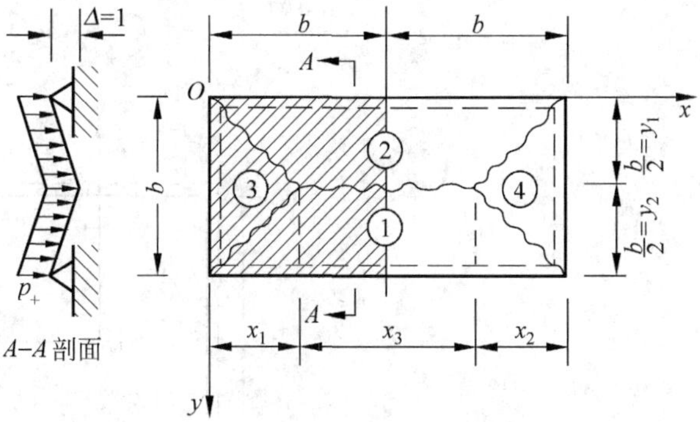

图 10-28

故外力的总虚功为

$$W = \frac{p_+ b\Delta}{2}\left(b - \frac{x_1}{3}\right)$$

板的总虚耗能为

$$U = U_① + U_② + U_③ + U_④ = 4M_0\Delta + 4M_0\Delta + M_0\frac{b}{x_1}\Delta + M_0\frac{b}{x_2}\Delta$$

$$= M_0\Delta\left[8 + b\left(\frac{x_1 + x_2}{x_1 x_2}\right)\right]$$

由 $W = U$ 可得

$$p_+ = \frac{2M_0}{b\left(b - \dfrac{x_1}{3}\right)}\left[8 + b\left(\frac{x_1 + x_2}{x_1 x_2}\right)\right]$$

为求 p_+ 的最小值,我们假定

$$x_1 = 0.3b, \quad x_2 = Kb$$

于是

$$p_+ = \frac{2M_0}{0.9b}\left[8 + \left(\frac{1}{K} + 3.33\right)\right]$$

当 $K = 1, x_2 = b$ 时,上式取最小值。用此结果,并令 $x_1 = K_1 b$,则得

$$p_+ = \frac{6M_0}{b^2}\left[\frac{9K_1 + 1}{K_1(3 - K_1)}\right]$$

可用作图法求 p_+ 的最小值。图 10-29 给出了 K_1 与 $p_+/6M_0 b^2$ 的关系曲线,由图可得

出 p_+ 取最小值时，K_1 的相应值为

$$K_1 \approx 0.45$$

于是，$x_1 = 0.45b$ 时，得最优上限解为

$$p_+ = \frac{26.3M_0}{b^2}$$

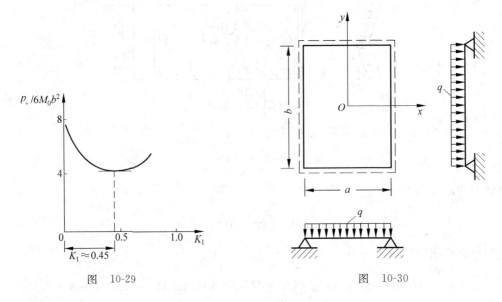

图　10-29　　　　　　　　　　　　图　10-30

2）下限方法

如能找到一个应力场，它能够满足静力许可的全部条件，包括屈服条件，应力边界条件和平衡方程，则相应的载荷即为极限载荷的下限。

对于矩形板来说，由于屈服条件（10-83）是 m_x, m_y, m_{xy} 空间的一个曲面，静力许可的内力场难以确定，所以寻求下限解要困难得多。以下我们进行一些简化，即假定在内力场中，扭矩 $m_{xy} = 0$。

在受均布载荷作用的矩形板（图 10-30）的情况下，我们取下列内力场：

$$\left. \begin{aligned} M_x &= C_1 \left(\frac{a^2}{4} - x^2 \right) \\ M_y &= C_2 \left(\frac{b^2}{4} - y^2 \right) \\ M_{xy} &= 0 \end{aligned} \right\} \tag{a}$$

为了满足平衡方程（10-23），必有

$$C_1 + C_2 = \frac{q}{2} \tag{b}$$

最大弯矩发生在板的中心 $x = 0, y = 0$ 处。在板中心处，M_x 和 M_y 应同时达到塑性极限

弯矩 M_0 值,将 $x=y=0$ 及 $M_x=M_y=M_0$ 代入式(a)得

$$C_1=4M_0/a^2, \quad C_2=4M_0/b^2 \tag{c}$$

由此,将式(c)代入式(b),得极限载荷的下限 q_- 为

$$q_-=8M_0\left(\frac{1}{a^2}+\frac{1}{b^2}\right) \tag{d}$$

由以上讨论看出,为求下限解,重要的是选取适当的静力许可的应力场。在非对称情况下寻求适宜的静力许可的应力场往往是很困难的。为了简化计算,可考虑将屈服条件进行简化求得近似解。

实践上,在具体计算时,对给定问题,可设法求出其下限解及上限解,然后,取二者之平均值作为所要求的结果。

本章复习要点

1. 薄板是指板厚度 δ 与板的最小边长满足下列关系式

$$\left(\frac{1}{80}\sim\frac{1}{100}\right)\leqslant\frac{\delta}{b}\leqslant\left(\frac{1}{5}\sim\frac{1}{8}\right)$$

不然则属于厚板或薄膜。厚板理论要比薄板理论复杂得多,薄板理论因基尔霍夫-勒夫假定得到了很大的简化。

2. 薄板的平衡方程,在直角坐标系中为

$$D\nabla^2\nabla^2w=q$$

其中 $\nabla^2=\dfrac{\partial^2}{\partial x^2}+\dfrac{\partial^2}{\partial y^2}$,而在极坐标 (ρ,φ)(轴对称情况)中为

$$D\left(\frac{\mathrm{d}^2}{\mathrm{d}\rho^2}+\frac{1}{\rho}\frac{\mathrm{d}}{\mathrm{d}\rho}\right)\left(\frac{\mathrm{d}^2w}{\mathrm{d}\rho^2}+\frac{1}{\rho}\frac{\mathrm{d}w}{\mathrm{d}\rho}\right)=q(\rho)$$

3. 板的边界条件的各种类型(见表 10-1)。注意每一个边界条件必须是独立的。独立的边界条件不能多也不能少。

4. 矩形板的经典解法-莱维解是采用下列形式

$$w=\sum_{m=1}^{\infty}Y_m(y)\sin\frac{m\pi x}{a}$$

它是半幅的单傅里叶正弦级数。w 应取 $w=w_1+w_2$,w_1 应满足平衡方程的齐次解,w_2 满足特解,即

$$\nabla^2\nabla^2w_1=0, \quad D\nabla^2\nabla^2w_2=q(x,y)$$

5. 板的屈服条件。

6. 圆板的平衡方程(在轴对称情况)有两种形式:(1)以内力为未知函数表示;(2)以挠

度为未知函数表示。

思　考　题

10-1　薄板理论的基本假定有哪些方面使问题得到简化？为什么？

10-2　板（矩形板）的每个边的边界条件有几个？为什么？

10-3　你能否给出四角点支承的矩形板的边界条件？

10-4　以圆板为例，当用内力作为未知函数求解时，需要哪些方程和条件？

10-5　圆板的米泽斯屈服条件会是什么图形？

10-6　你能否得到圆板或矩形板的完全解？

习　题

10-1　写出应力 $\sigma_x, \sigma_y, \cdots,$ 表示的板的平衡方程。

10-2　证明在极坐标系内，下式成立

$$Q_r = \frac{\partial M_r}{\partial r} + \frac{\partial M_{\theta r}}{r \partial \theta}, \quad Q_\theta = \frac{\partial M_\theta}{r \partial \theta} + \frac{\partial M_{\theta r}}{\partial r}$$

10-3　试用纳维法求图示方板的最大挠度。

答案：$w_{\max} = 0.00203 \dfrac{q_0 a}{D}$

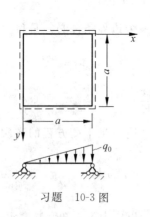

习题　10-3 图

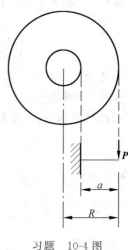

习题　10-4 图

10-4　求图示环板在周边载荷 P 作用下的最大挠度。设 $R/a=1.5,\nu=0.3$,板厚为 h。

答案：$w_{max}=0.209\dfrac{PR^2}{Eh^3}$

10-5　详细推导板的总势能 E_t 的公式。

10-6　试证在薄板问题中,$\delta E_t=0$ 与下式

$$D\nabla^2\nabla^2 w=q$$

及边界条件等价。

10-7　求下列薄板的极限载荷：

（1）受均布载荷作用的方板；

（2）习题 10-4 图所示的环板。

10-8　试求：

（1）矩形板的畸变形屈服条件；

（2）简支矩形受均布载荷作用的极限载荷的上限。

提示：用下列应力场作为静力许可应力场。

$$M_x=C(1-x^2)$$
$$M_y=C(1-y^2)$$
$$M_{xy}=(2C-3\bar{p})xy$$
$$(\bar{p}=pl^2/24M_0)$$

答案：$p_+=20.6M_0/l^2$（l 为边长）

第 11 章
动力学问题

11.1　固体材料动力特性

1. 引言

众所周知,各类工程设施、各种工件、建筑物、构筑物都可能遭受到各种不同类型的动力载荷,有的是周期性的,有的是非周期性的,其中不少可能属于短时强载荷。例如,作用于建筑物上的爆炸压力,海浪、水下爆炸对船舰的冲击,车辆的碰撞,空间尘埃、飞行物对飞行器的撞击;陨石坠落对地面物体的撞击,地震对建筑物的作用,原子弹爆炸产生冲击波的作用,等等。

不同形式的载荷将引起弹塑性系统的不同响应,响应与系统材料性质有密切关系。例如,对于爆炸载荷和撞击载荷都可视为短时强载荷,即作用时间很短,强度或速度很高,输入到系统的能量很大,引起系统的应力和变形均将超出弹性极限,而进入塑性状态。因而,需要研究系统的塑性动力响应、塑性波效应、塑性动力失效等问题。

对于载荷强度不高,撞击速度不快以及一般周期性载荷等,可能只需研究系统的弹性振动的有关问题,例如,需要关注是否会出现振动失稳或共振失效等问题。

与静力学不同,当弹塑性系统受上述某种动载荷作用时,物体运动的惯性不可忽略。对于理想弹性体,当动力载荷的峰值不大于使系统进入塑性状态所需的载荷时,则系统将呈现弹性振动状态。对于弹塑性体,尽管外荷载的峰值远远超过静力极限载荷,但如果载荷的持续时间较短,输入到系统的能量有限,则由塑性变形的吸能效应,系统仍可处于许可的工作状态。

从物理角度看,应力波(或称应变波)就是扰动的传播或能量的传播。实际上若在物体的某一局部受到突加的扰动,则受扰动点将立刻把这种扰动传给与之相邻的质点,也就是说,把扰动质点所挟带的能量传递给它的邻域,依此传开,这种扰动就以波的形式以有限的速度向远处传播,称为波动现象。根据初始扰动的性质和物体材料性质,以及物体结构的形式,波形、波速特征和传播的特点都有很大的不同。

波的传播只是扰动的传递,并没有物质的传动。波只能在介质内部运动,而不可能跑出介质之外。波的传播速度根据介质的性质不同而不同,例如,在弹性介质中传播,波的速度是弹性波速,介质的力学性质不同波速也不同。波速通常记作 c。

波的传播是由于一质点的运动所携带的能量传递给其原处于静止状态的邻点,引起该质点在其平衡位置附近的运动。其运动的速度称为质点运动的速度,通常记作 v。质点速度远小于波速,即 $v \ll c$。

若介质是无界的,扰动将随时间的发展一直传播出去。然而实际的物体总是有界的,当扰动到达边界时,将与边界发生相互作用而产生反射。由于多次的来回反射,使得整个物体呈现出在其平衡位置附近的一种周期性的振荡现象。对弹性体来说,这就是物体的弹性振动。由此可见,振动和波动存在着本质的内在联系。可以看成是同一物理问题在不同条件下的不同结果的表现形式。

对于弹塑性体,且外作用已使物体的某些部分已经超出了弹性极限,则问题的解将出现较复杂的塑性动力响应或弹塑性波传播的复杂情况。

2. 固体材料的动力特性

固体材料受动载荷作用与受静载荷后的反应是不同的。实际上,动载荷与静载荷并没有严格的分界线。可以认为使物体变形的应变率在 $10^{-1}\,\mathrm{s}^{-1}$ 以下为准静态加载;在 $10^{-1}\sim 10\mathrm{s}^{-1}$ 之间为中等应变率状态;在 $10\sim 10^4\,\mathrm{s}^{-1}$ 之间为高应变率状态,实现这种状态的加载使用杆撞击就可以。例如,使用分离式 Hopkinson 压杆装置的高速加载。若要实现更高的应变率(称为超高速加载),则需采用轻气炮或爆炸导致的平板撞击才可以。应变率越高所需加载的速度越高,完成加载的时间越短。例如,若要实现应变率为 $10^2\,\mathrm{s}^{-1}$,则产生 1% 的应变所需加载时间为 $10^{-10}\,\mathrm{s}$。准静态加载时,产生 1% 的应变所需时间 10s 以上。

固体材料在高速载荷作用下呈现出一系列力学特性如图 11-1 所示。

(1) 瞬时应力随应变率的提高而提高;

(2) 屈服极限随应变率的提高而提高;

(3) 对应变历史有记忆功能;

(4) 温度越高屈服极限和瞬时应力越低。

以上前两项称为应变率效应,而后两项则称为应变历史效应和温度效应。

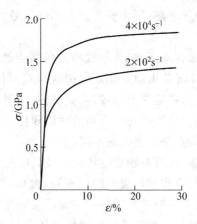

图 11-1　钨合金冲击实验结果,试件直径为 1mm,长为 46mm,实验持续时间为 8μs,达真应变 30％时,其相应的应变率为 $4×10^4 s^{-1}$。(Johnson, J. E.,1953,Proc.,Amer. Soc.,Testing Materials,755)

11.2　弹塑性动态本构理论

1. 过应力理论

动态塑性本构关系的主要特点是在本构关系中应正确反映应变率效应。以一维应力状态为例,动态塑性本构方程一般应写成:

$$\sigma = \varphi(\varepsilon^p, \dot{\varepsilon}^p) \tag{11-1}$$

所谓过应力即材料在动力作用下所引起的瞬时应力与对应于同一应变时的静态应力之差。过应力模型理论认为,塑性应变率只是过应力的函数,与应变大小无关,即

$$\dot{\varepsilon} = \frac{1}{E}\dot{\sigma}\langle F[\sigma - f(\varepsilon)]\rangle \tag{11-2}$$

式中 E 为杨氏模量,$\langle F \rangle$ 定义为

$$\langle F(X) \rangle = \begin{cases} 0, & X \leqslant 0, \\ F(X), & X > 0 \end{cases} \tag{11-3}$$

函数 F 的形式可由简单拉伸的动力实验确定。马尔文(Malvern)[47](1951 年)讨论了这个问题,并给出

$$F = \frac{1}{b}\left[\exp\left(\frac{\sigma - f(\varepsilon)}{a} \right) - 1 \right] \tag{11-4}$$

式中 a、b 为材料常数。于是马尔文本构方程可写成

$$\dot{\varepsilon} = \frac{1}{E}\dot{\sigma} + g(\sigma, \varepsilon) \tag{11-5}$$

$$\dot{\varepsilon}^{p} = g(\sigma,\varepsilon) = \frac{1}{b}\left[\exp\left(\frac{\sigma - f(\varepsilon)}{a}\right) - 1\right] \tag{11-6}$$

$$\sigma = f(\varepsilon) + a\ln(1 + b\dot{\varepsilon}^{p}) \tag{11-7}$$

式(11-6)表明,塑性应变为指数松弛函数,所以马尔文方程可称为指数松弛函数型的本构关系。

式(11-6)的一级近似式为

$$E\dot{\varepsilon} = \dot{\sigma} + c[\sigma - f(\varepsilon)] \tag{11-8}$$

其中 c 为材料常数,取 $c = 10^6 \text{s}^{-1}$(对大部分金属材料都适用)。于是,当应变率为 200s^{-1} 时,动态应力超过静态应力 10%。这一事实曾为哈比卜(Habib)的实验所证实。

对于许多实际问题可采用西蒙兹(Symonds)简化公式

$$\dot{\varepsilon}^{p} = g(\sigma) = D\left(\frac{\sigma}{\sigma_0} - 1\right)^0 \tag{11-9}$$

式中 D,σ 为材料常数。例如,对于钢,$D = 40.4$,$\sigma = 5$;对于铝合金,$D = 6500$,$\sigma = 4$。由于过应力模型认为,塑性应变率只是动态过应力的函数,与应变的大小无关,因此,不同应变率下的动态 $\sigma\text{-}\varepsilon$ 曲线在塑性阶段是相互平行的,如图 11-2 所示。如果应变率是应变的函数,即 $\dot{\varepsilon} = \dot{\varepsilon}(\varepsilon)$,则应力、应变与应变率的关系曲线如图 11-3 所示。

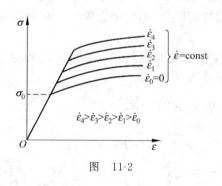

图　11-2

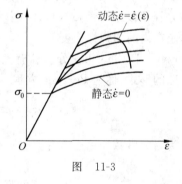

图　11-3

在式(11-6)中,当 $\sigma \to \infty$ 时,$\dot{\varepsilon}^{p} \to \infty$ 这是不合理的。因为,根据位错动力学的观点,位错的传播速度不可能是无限大,它有一个极限值;因此塑性应变率不可能无限大。可见,过应力理论是有缺陷的。

2. 霍恩埃姆泽-普拉格(Hohenemser-Prager)粘塑性理论,波日那(Perzyna)方程

材料的动力特性的一个重要标志是动态瞬时应力随应变率而增高,这与牛顿粘性流体的本构关系有类似之处、牛顿粘性流体的本构方程为

$$\tau = 2\eta\dot{\gamma} \tag{11-10}$$

即剪应力与剪应变率成正比,η 为粘性系统。据此,使人们想到,动态塑性本构关系可借助于粘塑性(宾厄姆,Bingham 体)模型来建立。由此,本构方程为

$$\sigma = \sigma_0 + \mu\dot{\varepsilon} \tag{11-11}$$

式中 σ_0 为常数，μ 为粘性系数。将上式推广到一般应力状态，得到

$$s_{ij} = K_{ij} + 2\eta\dot{e}_{ij} \tag{11-12}$$

式中 s_{ij}，$\dot{e}_{ij}$ 分别为应力偏量与应变率偏量，K_{ij} 为屈服应力线量。上式含有以下假定：即材料在屈服前不产生变形，一旦变形就有粘性效应。且变形是不可恢复的。此后将所有不可恢复的变形（例如塑性变形、粘性变形）总称为非弹性变形，用 $\varepsilon_{ij}^{\mathrm{p}}$ 表示。于是有

$$\varepsilon_{ij} = \varepsilon_{ij}^{\mathrm{e}} + \varepsilon_{ij}^{\mathrm{p}} \tag{11-13}$$

式中 $\varepsilon_{ij}^{\mathrm{e}}$ 为应变的弹性部分，它与应力的关系服从胡克定律，这种材料称为弹性粘塑性材料。1932 年，Hohenemser 和 Prager[38] 给出下列本构方程：

$$2\eta\dot{\varepsilon}_{ij}^{\mathrm{p}} = 2k\langle F\rangle\frac{\partial F}{\partial\sigma_{ij}} \tag{11-14}$$

式中 k 为纯剪时的屈服应力。函数 F 取为

$$F = \frac{\sqrt{J_2}}{k} - 1 \tag{11-15}$$

J_2 为应力偏张量的第二不变量。当 $F=0$ 时，即得到静态米泽斯（Mises）屈服函数。这里采用了静态塑性本构关系中的塑性位势的概念；因此，在形式上与普朗特-罗伊斯（Prandtl-Reuss）方程相似。但是，式（11-14）中考虑了粘性效应，其中已不完全是塑性应变，而是包含粘性效应在内的非弹性应变。

Perzyna 于 1963 年在分析已有实验资料的基础上，将 Hohenmser-Prager 方程推广成更为一般的形式，称为 Perzyna 方程

$$\dot{\varepsilon}_{ij} = \frac{1}{2G}\dot{s}_{ij} + \frac{1-2v}{E}\dot{\sigma}\delta_{ij} + \gamma\langle\Phi(F)\rangle\frac{\partial f}{\partial\sigma_{ij}} \tag{11-16}$$

式中 γ 为材料常数，$\sigma = \frac{1}{3}\sigma_{ii}$ 右侧前两项为弹性应变部分，符号 $\langle\Phi(F)\rangle$ 定义为

$$\langle\Phi(F)\rangle = \begin{cases} 0, & F \leqslant 0 \\ \Phi(F), & F > 0 \end{cases} \tag{11-17}$$

F 的形式取为

$$F(\sigma_{ij}, \varepsilon_{ij}^{\mathrm{p}}, \kappa) = \frac{1}{\kappa}f(\sigma_{ij}, \varepsilon_{ij}^{\mathrm{p}}) - 1 \tag{11-18}$$

静态加载函数一般可写成

$$\varphi(\sigma_{ij}, \varepsilon_{ij}^{\mathrm{p}}, \kappa) = 0$$

将上式写成

$$\varphi(\sigma_{ij}, \varepsilon_{ij}^{\mathrm{p}}, \kappa) = f(\sigma_{ij}, \varepsilon_{ij}^{\mathrm{p}}) - \kappa = 0 \tag{11-19}$$

取

$$\kappa = \kappa(a), \quad a = \int\sigma_{ij}\,\mathrm{d}\varepsilon_{ij}^{\mathrm{p}}$$

Perzyna 称式中的 $f(\sigma_{ij}, \dot{\varepsilon}_{ij}^{p})$ 为动态加载函数。Φ 一般为 F 的非线性单调非负的增函数,其形式则由动力实验曲线(多数用简单拉伸动力实验)确定。

Prezyna 本构方程具有以下特点:

(1) 塑性应变率是动态和静态加载函数差的函数,所以它具有过应力模型的性质。

(2) 动态加载曲面是静态加载面按塑性应变率张量的第二不变量 $\dot{I}_2$ 的均匀扩大,所以动态加载曲面是外凸的。当塑性应变率为零时,两者重合。

(3) 同时考虑了应变率效应和强化效应(与应变史有关);前者反映在动态加载面的扩大比例中,后者反映在静态加载函数中。

(4) Perzyna 本构方程具有塑性位势理论的性质,因此,非弹性应变率张量正交于动态加载曲面。位势函数即屈服函数。

(5) 设材料是等向强化,并采用 Mises 条件,即取 $f(\sigma_{ij}) = \sqrt{J_2}$,于是,函数 Φ 可由一维动力实验曲线($\sigma\text{-}\dot{\varepsilon}$)来确定。这表明 Perzyna 本构关系假定 $\sqrt{\dot{I}_2} - \sqrt{J_2}$ 是单一的,与应力状态无关。[10]

11.3　动力学原理及其应用

1. 哈密顿(Hamilton)原理与广义 Hamilton 原理

设 V 为物体的体积,$\xi_i(t)$ 为描述其在 t 时刻的运动, 于是系统的动能为

$$E_k = \frac{1}{2} \int_V \rho_0 \, \dot{u}_i \, \dot{u}_i \mathrm{d}V$$

其总势能为

$$E_p = \int_V (U - F_{bi} \, u_i) \mathrm{d}V_i - \int_{S_\sigma} \bar{p}_i \, \dot{u}_i \mathrm{d}S$$

其中 $U = U(u_i)$ 是物体的应变能。$L = E_k - E_t$ 是拉格朗日函数,令

$$J = \int_{t_0}^{t_1} L \mathrm{d}t \tag{11-20}$$

J 称为 Hamilton 作用量。于是,对于保守系,Hamilton 原理可陈述如下:在两个瞬时 t_0 和 t_1 之间,描述物体真实运动的广义位移 $\xi_i(t)$ 使得 Hamilton 作用量取驻值,即

$$\delta J = \delta \int_{t_0}^{t_1} L \mathrm{d}t = 0 \tag{11-21}$$

或者说,在同一时间间隔内(例如从 t_0 到 t_1),物体可经历不同的、与真实运动相邻近的可能运动,由初始位置 $\xi_i(t_0)$ 运动到最终位置 $\xi_i(t_1)$,其中真实的运动使 Hamilton 作用量取驻值。这就是经典的 Hamilton 原理,它只适用于保守系统。

　　弹塑性物体是非保守系统,不能直接应用 Hamilton 原理,应作如下的修改:

$$\delta J' = \delta \int_{t_0}^{t_1} L \mathrm{d}t - \int_{t_0}^{t_1} \delta D \mathrm{d}t = 0 \tag{11-22}$$

式中 D 为物体的塑性功率,它是单位时间内物体的塑性耗散能,所以称为耗散能函数。设用 $\overline{D}$ 表示塑性耗散比能,则有

$$D = \int_V \overline{D} \mathrm{d}V \tag{11-23}$$

塑性耗散比能是塑性应变率 $\dot{\varepsilon}_{ij}$(对刚塑性体,$\dot{\varepsilon}_{ij} = \dot{\varepsilon}_{ij}^{\mathrm{p}}$)的单值函数,其一般表达式可写为

$$\overline{D} = Q_j \dot{q}_j, \quad j = 1, 2, \cdots, n \tag{11-24}$$

此处 Q_j 是广义应力,如梁的弯矩、板的弯矩和扭矩等;$\dot{q}_j$ 为与广义应力对应的广义(塑性)应变率,例如曲率变率、扭率变率等。n 为描述应力状态的参量(广义应力)个数。于是式(11-23)可写成

$$D = \int_V Q_j \dot{q}_j \mathrm{d}V \tag{11-25}$$

式中 $\mathrm{d}V$ 为广义体元,它可以是线元(例如梁元)、面元(例如板元、壳元)或体元(材料单元体)。

　　对于不同的问题,$\overline{D}$ 具有不同的表达式。例如,对于服从 Mises 屈服条件的三维问题,

$$\overline{D} = \tau_0 H \tag{11-26}$$

式中,τ_0 为材料的剪切屈服极限,H 为剪应变率强度,

$$H = \sqrt{\frac{2}{3}} \sqrt{(\dot{\varepsilon}_1 - \dot{\varepsilon}_2)^2 + (\dot{\varepsilon}_2 - \dot{\varepsilon}_3)^2 + (\dot{\varepsilon}_3 - \dot{\varepsilon}_1)^2} \tag{11-27}$$

　　对于服从特雷斯卡(Tresca)屈服条件的三维问题

$$\overline{D} = \sigma_0 \mid \dot{\varepsilon}_i \mid_{\max} = \frac{1}{2} \sigma_0 (\mid \dot{\varepsilon}_1 \mid + \mid \dot{\varepsilon}_2 \mid + \mid \dot{\varepsilon}_3 \mid) \tag{11-28}$$

式中 $\mid \dot{\varepsilon}_i \mid_{\max}$ 为主应变率中的最大绝对值。

　　对于弯曲的薄板(Mises 条件),有

$$\overline{D} = \frac{2}{\sqrt{3}} M_0 \left(\dot{K}_x^2 + \dot{K}_x \dot{K}_y + \dot{K}_y^2 + \frac{1}{4} \dot{K}_{xy}^2 \right)^{1/2} \tag{11-29}$$

式中 M_0 为薄板的极限弯矩,$\dot{K}_x$、$\dot{K}_y$、$\dot{K}_{xy}$ 分别为曲率变率和扭率变率。如果薄板内出现了塑性铰线,则每单位铰线长度上的塑性功率为

$$\left. \begin{aligned} \overline{D} &= \frac{2}{\sqrt{3}} M_0 \mid [\dot{\theta}] \mid, \quad \text{(Mises 条件)} \\ \overline{D} &= M_0 \mid [\dot{\theta}] \mid, \quad\quad \text{(Tresca 条件)} \end{aligned} \right\} \tag{11-30}$$

式中 $\mid [\dot{\theta}] \mid$ 为沿塑性铰线板的角速度间断量的绝对值,这时

$$D = \int_{l_{\mathrm{m}}} \overline{D} \mathrm{d}l_{\mathrm{m}} = \frac{2}{\sqrt{3}} M_0 \int_{l_{\mathrm{m}}} \mid [\dot{\theta}] \mid \mathrm{d}l_{\mathrm{m}} \quad \text{(Mises 条件)} \tag{11-31}$$

或

$$D = \int_{l_m} \overline{D} \mathrm{d}l_m = M_0 \int_{l_m} |\, [\dot{\theta}]\, |\ \mathrm{d}l_m \quad \text{(Tresca 条件)} \tag{11-32}$$

如果板是不等厚的,则在式(11-31)及式(11-32)中,M_0 不是常数,应放到积分号之内。l_m 为塑性铰线的长度。

式(11-22)称为修正的 Hamilton 原理,这个原理表明:在同一时间间隔内,在由系统的初始位置到达最终位置的所有与真实运动相邻近的可能运动中,真实运动使泛函 J' 取驻值,即

$$\delta J' = 0 \tag{11-33}$$

此处

$$J' = \int_{t_0}^{t_1} (E_K - E_t)\mathrm{d}t - \int_{t_0}^{t_1} D\mathrm{d}t \tag{11-34}$$

由上述讨论可知,在 Hamilton 型的变分原理中,没有计及问题的初始条件(例如 $t = 0$ 时的速度场 $\dot{u}_i(x,0) = \dot{u}_i^0(x)$),它只是在待求未知量的所有可能分布(例如运动可能的速度场)中寻求其真实的分布或其近似分布。因此,在这里,只涉及一个初始时刻和以后时刻所共同的速度场或位移场的模式(试函数),而未考虑给定的初始速度场或初始位移场。因此,哈密顿型的变分原理未能描述初值-边值问题的全部特征。这是一个不足的地方,它可由居尔廷(Gurtin)型的变分原理加以弥补。

例 11-1 设有理想刚塑性悬臂梁,跨长为 l,自由端有质量 G_0,在 G_0 上受初速度 V_0 的作用,如图 11-4 所示。试求其运动终止时刻 t_f 和自由端的最终残余变形 w_{0f}。

解 如第 4 章所述,此梁的运动分为两相。第一相为从 $t = 0$ 到 $t = t_l$,t_l 为塑性铰到达固定端的时刻。第二相为从 t_l 到 t_f。

假定速度场为

$$\dot{w} = w_0 \left(1 - \frac{x}{\xi}\right) \tag{a}$$

则由方程(2-16),有

$$\delta \left[\int_0^{t_f} \frac{1}{2} G_0\, \dot{w}_0^2 \mathrm{d}t + \int_0^{t_f} \int_0^l \frac{1}{2} m\, \dot{w}^2 \mathrm{d}x \mathrm{d}t\right] = \int_0^{t_f} f M_0 \delta\theta \mathrm{d}t \tag{b}$$

假定位移场为

$$w = w_0 \left(1 - \frac{x}{l}\right) \tag{c}$$

其中

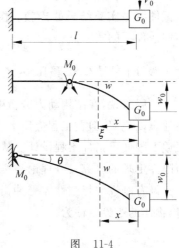

图 11-4

$$w_0(t) = \frac{C_1}{2}(t - t_f)^2 + C_2 \tag{d}$$

包含两个待定常数。$w_0(t)$ 的表达式应当选择最简便的形式,同时要满足在 t_f 时刻运动停止的条件,即应有

$$\dot{w}_0(t_f) = 0 \tag{e}$$

由于有 $\dot{w}_0(0) = V_0$,$w_0(0) = 0$,故可得

$$\left. \begin{aligned} t_f &= -\frac{V_0}{C_1} \\ C_2 &= -\frac{C_1}{2}t_f^2 \end{aligned} \right\} \tag{f}$$

将式(c)~式(f)代入式(b),对 C_1 取一次变分后,即可求出 C_1,于是可得

$$t_f = \frac{V_0 l \left(G_0 + \frac{1}{3}ml\right)}{M_0} \tag{g}$$

$$w_{0f} = \frac{V_0^2 l \left(G_0 + \frac{1}{3}\right)ml}{2M_0} \tag{h}$$

这一结果与动力分析方法所得结果以及实验结果均相一致。图 11-5 是按式(h)的计算结果(图中曲线)与帕克斯(Parkes)1955 年[48]用软钢试件所做实验结果的比较。图中给出了四种不同条件下的实验点。

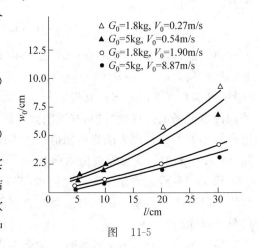

图 11-5

2. 刚塑性体位移限界定理

一般来说,在结构动力分析中,由于屈服面和本构关系的复杂性而带来的数学上的困难往往难以克服,但在工程应用上,有时只需寻求结构在冲击载荷作用下的最大残余变形的上限或下限便可指导工程设计。从另一方面看,限界定理可以给出动力分析正确性的校验,因而限界定理的研究具有理论与实用的意义。

设有刚性理想塑性体受冲击载荷作用,即当 $t=0$ 时,物体获得初速度 $\dot{u}_i^0(\boldsymbol{x})$,在 $t > 0$ 时,物体的边界条件为

$$\left. \begin{aligned} \hat{T}_i(\boldsymbol{x}, t) &= 0, \quad (\text{在 } S_T \text{ 上}) \\ \hat{u}_i(\boldsymbol{x}, t) &= 0, \quad (\text{在 } S_u \text{ 上}) \end{aligned} \right\} \tag{11-35}$$

此处 $S = S_T \cup S_u$,$S_T \cap S_u = 0$。如果不考虑体积力,物体在运动过程中便没有外力做功。其初始动能为

$$K_0 = \frac{1}{2} \int_V \rho \, \dot{u}_i^0 \, \dot{u}_i^0 \, \mathrm{d}V \tag{11-36}$$

在上述条件下,马丁(Martin)1964 年证明了下列两个具有实用价值的定理。

定理 11-1 在冲击载荷作用下,刚塑性体的运动持续时间 t_f 满足下列不等式

$$t_f \geqslant \int_V \rho \, \dot{u}_i^0 \, \dot{u}_i^* \, \mathrm{d}V / D(\dot{\varepsilon}_{ij}^*) \overset{\text{def}}{=\!=} t_f^* \tag{11-37}$$

式中 $\dot{u}_i^*$ 为任一与时间无关的、运动可能的、连续的速度场,$D(\dot{\varepsilon}_{ij}^*)$ 为对应于 $\dot{u}_i^*$ 的塑性耗散能,即

$$D(\dot{\varepsilon}_{ij}^*) = \int_V \sigma_{ij}^* \, \dot{\varepsilon}_{ij}^* \, \mathrm{d}V > 0 \tag{11-38}$$

式中 σ_{ij}^* 为与 $\dot{\varepsilon}_{ij}^*$ 关联的、满足流动法则的应力场,但不一定是动力许可应力场。

证明 根据不等式(11-38),有

$$\sigma_{ij}^* \, \dot{\varepsilon}_{ij}^* \geqslant \sigma_{ij} \, \dot{\varepsilon}_{ij}^*$$

此处 σ_{ij} 为真实应力场。将上式两侧在体积 V 内积分,并应用虚速度原理及式(11-35)、式(11-38),可得

$$\int_V \sigma_{ij}^* \, \dot{\varepsilon}_{ij}^* \, \mathrm{d}V = D(\dot{\varepsilon}_{ij}^*) \geqslant - \int_V \rho \, \ddot{u}_i \, \dot{u}_i^* \, \mathrm{d}V \tag{11-39}$$

因为 $\dot{u}_i^*$ 与时间无关,在小变形情况下,有

$$\int_V \rho \, \ddot{u}_i \, \dot{u}_i^* \, \mathrm{d}V = \frac{\mathrm{d}}{\mathrm{d}t} \int_V \rho \, \dot{u}_i \, \dot{u}_i^* \, \mathrm{d}V$$

将上式代入式(11-39),得到

$$D(\dot{\varepsilon}_{ij}^*) \geqslant \frac{\mathrm{d}}{\mathrm{d}t} \int_V \rho \, \dot{u}_i \, \dot{u}_i^* \, \mathrm{d}V$$

令上式两侧在 $t=0$ 及 $t=t_f$ 时段内积分,因为 $D(\dot{\varepsilon}_{ij}^*)$ 与时间无关,所以可得

$$t_f \geqslant \frac{1}{D(\dot{\varepsilon}_{ij}^*)} \left(- \int_V \rho \, \dot{u}_i \, \dot{u}_i^* \, \mathrm{d}V \right) \Big|_0^{t_f}$$

已知 $t=0$ 时,$\dot{u}_i = \dot{u}_i^0$,$t=t_f$ 时,$\dot{u}_i = 0$(运动停止);所以由上式可得式(11-37)。证毕。

这个定理表明

$$t_f^* = \int_V \rho \, \dot{u}_i^0 \, \dot{u}_i^* \, \mathrm{d}V / D(\dot{\varepsilon}_{ij}^*)$$

是物体运动持续时间 t_f 的下限。只要 $\dot{u}_i$ 在 V 内是连续的(不必连续可微),则式(11-37)中的积分总是可以逐段计算的。

如果体积力不等于零,但不因时间而变化,则式(11-37)应改为

$$D(\dot{\varepsilon}_{ij}^*) = \int_V \sigma_{ij}^* \varepsilon_{ij}^* \, \mathrm{d}V > 0 \tag{11-40}$$

定理 11-2　在冲击载荷作用下，刚塑性体表面的最大位移 $u_i(t_f) = u_i^f$ 满足下列不等式：

$$\int_S T_i^0 u_i^f \mathrm{d}S \leqslant \int_V \frac{1}{2} \rho \dot{u}_i^0 \dot{u}_i^0 \mathrm{d}V = K_0 \tag{11-41}$$

式中 $T_i^0 = \sigma_{ij}^0 n_j$ 为与时间无关的、与静力容许应力场相平衡的面力，称为安全载荷。此处仍然假定速度场是连续的。

证明　根据下列不等式有

$$\sigma_{ij} \dot{\varepsilon}_{ij} \geqslant \sigma_{ij}^0 \dot{\varepsilon}_{ij}$$

此处 σ_{ij}、$\dot{\varepsilon}_{ij}$ 为真实解。在体积 V 内积分上式两侧，并利用虚速度原理，虚功率原理及式(11-36)，可得下列不等式：

$$-\int_V \rho \ddot{u}_i \dot{u}_i \mathrm{d}V \geqslant \int_S T_i^0 \dot{u}_i \mathrm{d}S \tag{11-42}$$

类似于前面所述，有

$$\int_V \rho \ddot{u}_i \dot{u}_i \mathrm{d}V = \frac{\mathrm{d}}{\mathrm{d}t} \int_V \frac{1}{2} \rho \dot{u}_i \dot{u}_i \mathrm{d}V = \frac{\mathrm{d}}{\mathrm{d}t}(K)$$

因为 T_i^0 与时间无关，所以有

$$\int_S T_i^0 \dot{u}_i \mathrm{d}S = \frac{\mathrm{d}}{\mathrm{d}t} \int_S T_i^0 u_i \mathrm{d}S$$

将以上两式代入式(3-8)，得到不等式

$$-\frac{\mathrm{d}K}{\mathrm{d}t} \geqslant \frac{\mathrm{d}}{\mathrm{d}t} \int_S T_i^0 u_i \mathrm{d}S$$

在 $t=0$ 与 $t=t_f$ 时段内积分上式两侧，并注意到 $t=0$ 时，$u_i = 0$，$K = K_0$；$t=t_f$ 时，$u_i = u_i^f$，$K=0$。可得

$$K_0 \geqslant \int_S T_i^0 u_i^f \mathrm{d}S$$

于是式(11-41)得证。定理 11-2 给出了受冲击载荷作用的刚塑性体运动停止时表面位移（最大位移）的某种上限不等式。

为了计算物体表面指定点处在指定方向上最大位移的上限，可在该点处沿指定方向施加一个集中载荷 R，则由式(11-41)可得 R 方向的最大位移的上限为

$$\delta_f \leqslant \frac{K_0}{R_\mathrm{s}} \leqslant \frac{K_0}{R^0} \tag{11-43}$$

其中 R^0 为安全载荷，R_s 为静态极限载荷，根据静态极限分析的下限定理，$R_\mathrm{s} \geqslant R^0$。

例 11-2　设有受均布冲击载荷作用的梁(图 11-6(a))，跨长为 $2l$，单位长度的质量为 m。当 $t=0$ 时，梁获得初速 v_0，试求梁运动的持续时间 t_f 的下限及梁跨中点最大挠度的上限。

解 取运动可能速度场如图 11-6(b)所示,即

$$\dot{u}_i^* = \dot{w}^* = x\dot{\theta}, \quad 0 \leqslant x \leqslant l$$

于是

$$D(\dot{w}^*) = 2M_0\dot{\theta}$$

$$\int_V \rho\, \dot{u}_i^0\, \dot{u}_i^* \,\mathrm{d}V = 2\int_0^l mv_0 x\dot{\theta}\,\mathrm{d}x = mv_0 l^2\dot{\theta} \tag{a}$$

根据定理 11-1,有

$$t_f \leqslant \int_V \rho\, \dot{u}_i^0\, \dot{u}_i^* \,\mathrm{d}V / D(\dot{u}_i^*) = mv_0 l^2\dot{\theta}/(2M_0\dot{\theta}) = \frac{1}{2}mv_0 l^2/M_0 \tag{b}$$

所得结果实际上是精确解。

现在,在梁跨中点加一个集中力 R,显然,静态极限载荷为

$$R_\mathrm{s} = 2M_0/l$$

于是,由定理 11-2 可得

$$\delta_f \leqslant \frac{K_0}{R_\mathrm{s}} = (2mlv_0^2/2)/(2M_0/l) = ml^2 v_0^2/(2M_0) \tag{c}$$

真实解 $\delta_f = ml^2 v_0^2/(3M_0)$,所以上式为真实解的一个上限。

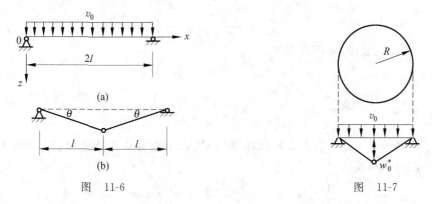

图 11-6

图 11-7

例 11-3 设有受均布冲击载荷作用的圆板(图 11-7),当 $t=0$ 时,$\dot{w}=v_0$。试求 t_f 的下限及板中心最大挠度的上限。

解 取运动可能速度场如图 11-7 所示,即

$$\dot{w}^* = \left(1 - \frac{r}{R}\right)\dot{w}_0^*$$

其中 $\dot{w}_0^*$ 为板中心的速度,于是

$$D(\dot{w}^*) = \int_0^R M_0(\dot{K}_r^* + \dot{K}_\theta^*)2\pi r\,\mathrm{d}r = 2\pi M_0\dot{w}_0^*$$

$$\int_V \rho\, \dot{u}_i^0 u_i^* \,\mathrm{d}V = \int_0^R mv_0\dot{w}^* 2\pi r\,\mathrm{d}r = \frac{\pi}{3}mv_0 R^2\dot{w}_0^*$$

式中 m 为板中面单位面积上的质量。根据定理 11-1,得

$$t_f \leqslant m v_0 R^2 / (6 M_0)$$

在圆板中心加一集中力 R，已知 $R_S = 2\pi M_0$，此处 R_S 为引起板进入塑性极限状态的静载荷。于是根据定理 11-2，有

$$\delta_f \leqslant K_0 / R_S = (m\pi R^2 v_0^2 / 2) / (2\pi M_0) = m R^2 v_0^2 / (4 M_0)$$

1970 年，Morales 和 Neville[49] 提出了一个刚塑性体在冲击载荷作用下表面最终位移 u_i^f 的最大值 $(u_i^f)_{\max}$ 的下限。

定理 11-3　在冲击载荷作用下，刚塑性体表面上最大位移 $(u_i^f)_{\max}$ 有一个下限，即

$$(u_i^f)_{\max} \geqslant t_f^* \left[\int_V \rho \, \dot{u}_i^0 \, \widetilde{\dot{u}}_i^* \, \mathrm{d}V - \int_0^{t_f^*} D(\dot{u}_i^*) \, \mathrm{d}t \right] \Big/ \left(\int_V \rho \, \widetilde{\dot{u}}_i^2 \, \mathrm{d}V \right) \tag{11-44}$$

式中

$$\dot{u}_i^* = \widetilde{\dot{u}}_i^* \langle (t_f^* - t) / t_f^* \rangle \tag{11-45}$$

$\widetilde{\dot{u}}_i^*$ 为与时间无关的一个运动模式，它是 $\boldsymbol{x}$ 的连续函数；其中

$$\left\langle \frac{t_f^* - t}{t_f^*} \right\rangle = \begin{cases} t_f^* - t / t_f^*, & t < t_f^* \\ 0, & t \geqslant t_f^* \end{cases} \tag{11-46}$$

t_f^* 为定理 11-1 中所给出的 t_f 的一个下限，即 $t_f \geqslant t_f^*$。于是有

$$\left. \begin{aligned} \dot{u}_i^* &= \widetilde{\dot{u}}_i^*, & t = 0 \\ \dot{u}_i^* &= 0, & t = t_f^* \end{aligned} \right\} \tag{11-47}$$

证明　德鲁克公设，即根据不等式：

$$\sigma_{ij}^* \, \dot{\varepsilon}_{ij}^* \geqslant \sigma_{ij} \, \dot{\varepsilon}_{ij}^* \tag{11-48}$$

式中

$$\dot{\varepsilon}_{ij}^* = \frac{1}{2} (\dot{u}_{i,j}^* + \dot{u}_{i,j}^*),$$

σ_{ij}^* 为与 $\dot{\varepsilon}_{ij}^*$ 关联的应力场。将上式两侧在体积 V 内积分，并应用虚速度原理及速度场应满足的几何方程，则可得到

$$\int_V \sigma_{ij}^* \, \dot{\varepsilon}_{ij}^* \, \mathrm{d}V = D(\dot{u}_i^*) \geqslant - \int_V \rho \, \ddot{u}_i \, \dot{u}_i^* \, \mathrm{d}V \tag{a}$$

再将上式在时段 $0 \sim t_f$ 内积分，得到

$$\int_0^{t_f} D(\dot{u}_i^*) \geqslant - \int_V \mathrm{d}V \int_0^{t_f} \rho \, \ddot{u}_i \, \dot{u}_i^* \, \mathrm{d}t \tag{b}$$

注意到 $t > t_f^*$ 时，$\dot{u}_i^* = 0$，$D(\dot{u}_i^*) = 0$，所以上式可写成

$$\int_0^{t_f^*} D(\dot{u}_i^*) \, \mathrm{d}t \geqslant - \int_V \mathrm{d}V \int_0^{t_f^*} \rho \, \ddot{u}_i \, \dot{u}_i^* \, \mathrm{d}t \tag{c}$$

将上式右侧对时间的积分连续进行分部积分，并注意到

当 $t = 0$ 时，$u_i = 0$，$\dot{u}_i = \dot{u}_i^0$，$\dot{u}_i^* = \widetilde{\dot{u}}_i^*$

当 $t = t_f^*$ 时，$\dot{u}_i = 0$，$u_i = u_i^{f*} \leqslant u_i^f$

可得

$$\int_0^{t_f^*} \rho\, \ddot{u}_i\, \dot{u}_i^*\, \mathrm{d}t = -\rho\, \dot{u}_i^0\, \tilde{u}_i^* - \rho\, \ddot{u}_i^*\, u_i^{f*} - \int_0^{t_f^*} \rho u_i\, \ddot{u}_i^*\, \mathrm{d}t \tag{d}$$

根据式(11-47),当 $t \leqslant t_f^*$ 时,

$$\left.\begin{array}{l} \ddot{u}_i^* = -\tilde{u}_i^* / t_f^* \\[2mm] \dddot{u}_i^* = 0 \end{array}\right\} \tag{e}$$

将式(d)和式(e)代入式(c),得到

$$\int_0^{t_f^*} D(\dot{u}_i^*)\, \mathrm{d}t \geqslant \int_V \left(\rho\, \dot{u}_i^0\, \tilde{u}_i^* - \frac{\rho\, \tilde{u}_i^*\, u_i^{f*}}{t_f^*} \right) \mathrm{d}V$$

或者

$$\frac{1}{t_f^*} \int_V \rho\, \tilde{u}_i^*\, u_i^{f*}\, \mathrm{d}V \geqslant \int_V \rho\, \dot{u}_i^0\, \tilde{u}_i^*\, \mathrm{d}V - \int_0^{t_f^*} D(\dot{u}_i^*)\, \mathrm{d}V \tag{f}$$

分别取运动模式为 $\tilde{u}_1^* \neq 0, \tilde{u}_2^* = \tilde{u}_3^* = 0, \tilde{u}_2^* \neq 0, \tilde{u}_3^* = \tilde{u}_1^* = 0, \tilde{u}_3^* \neq 0, \tilde{u}_1^* = \tilde{u}_2^* = 0$,可得

$$\int_V \rho\, \tilde{u}_1^*\, u_1^{f*}\, \mathrm{d}V \geqslant t_f^* \left[\int_V \rho\, \dot{u}_1\, \tilde{u}^*\, \mathrm{d}V - \int_0^{t_f^*} D(\dot{u}_1^*)\, \mathrm{d}V \right] \tag{g}$$

利用中值定理,有

$$\int_V \rho\, \tilde{u}_i^*\, u_1^f\, \mathrm{d}V \leqslant (u_1^{f*})_{\max} \int_V \rho\, \tilde{u}_1^*\, \mathrm{d}V \leqslant (u_1^f)_{\max} \int_V \rho\, \tilde{u}_1^*\, \mathrm{d}V$$

将上式代入式(g),得到 $(u_1^f)_{\max}$ 的下限

$$(u_1^f)_{\max} \geqslant t_f^* \left[\int_V \rho\, \dot{u}_1^0\, \tilde{u}_1^*\, \mathrm{d}V - \int_0^{t_f^*} D(\dot{u}_1^*)\, \mathrm{d}t \right] \Big/ \int_V \rho\, \tilde{u}_i^*\, \mathrm{d}V$$

类似地可以得到 $(u_2^f)_{\max}$ 及 $(u_3^f)_{\max}$ 的下限。将它们写成一般形式即得式(11-44)。于是定理 11-3 得证。

例 11-4 试求弹塑性中梁中点挠度的下限。

解 因梁在运动终止时,最大挠度发生在跨的中点,所以可以用定理 11-3 求其下限。设运动模式仍如图 11-6(b)所示,则

$$\int_0^{t_f^*} D(\dot{w}^*)\, \mathrm{d}t = 2M_0\, \dot{\theta} \int_0^{t_f^*} \frac{t_f^* - t}{t_f^*}\, \mathrm{d}t = \frac{1}{2}(t_f^*)(2M_0\, \dot{\theta})$$

$$\int_V \rho\, \dot{u}_i^0\, \tilde{u}_i^*\, \mathrm{d}V = 2 \int_0^l mv_0 x\, \dot{\theta}\, \mathrm{d}x = mv_0\, \dot{\theta} l^2$$

$$\int_V \rho\, \tilde{u}_i^*\, \mathrm{d}V = 2 \int_0^l mx\, \dot{\theta}\, \mathrm{d}x = m\dot{\theta} l^2$$

由例 11-2 中的(b)式取 $t_f^* = mv_0 l^2 / (2M_0)$。于是,根据定理 11-3,有

$$\delta_f \geqslant \frac{mv_0 l^2}{2M_0} \left[mv_0\, \dot{\theta} l^2 - \left(\frac{m\dot{\theta} l^2}{2M_0} \right) M_0\, \dot{\theta} \right] \Big/ (m\dot{\theta} l^2) = mv_0 l^2 / (4M_0)$$

结合例 11-2 中的式(c)可知

$$\frac{mv_0^2 l^2}{2M_0} \geqslant \delta_f \geqslant \frac{mv_0^2 l^2}{4M_0}$$

平均值为

$$\frac{3}{8}\frac{mv_0^2 l^2}{M_0}$$

精确解为

$$\frac{1}{3}\frac{mv_0^2 l^2}{M_0}$$

例 11-5   试求图 11-7 中圆板中心最大挠度的下限。

解   设运动模式为

$$\dot{w}^* = \dot{w}_0\left(1-\frac{r}{R}\right)\left\langle\frac{t_f^*-t}{t_f^*}\right\rangle \tag{a}$$

于是

$$\int_V \rho\, \dot{u}_i^0\, \tilde{u}_i^*\, \mathrm{d}V = \int_0^R m2\pi r\mathrm{d}r v_0\left(1-\frac{r}{R}\right)\dot{w}_0 = \frac{1}{3}\pi mR^2 v_0\,\dot{w}_0$$

$$\int_0^{t_f^*} D(\dot{u}_i^*)\,\mathrm{d}t = 2\pi M_0\dot{w}_0\int_0^{t_f^*}\left(\frac{t_f^*-t}{t_f^*}\right)\mathrm{d}t = \frac{1}{2}t_f^* 2\pi M_0\,\dot{w}_0$$

$$\int_V \rho\, \tilde{u}_i^*\, \mathrm{d}V = \int_0^R m2\pi r\mathrm{d}r\left(1-\frac{r}{R}\right)\dot{w}_0 = \frac{1}{3}\pi mR^2\,\dot{w}_0$$

$$t_f^* = mv_0 R^2/(6M_0)$$

于是,由定理 11-3 可得

$$\delta_f \geqslant \frac{mv_0 R^2}{6M_0}\left[\frac{1}{3}\pi mR^2 v_0\dot{w}_0 - \frac{mv_0 R^2}{12M_0}2\pi M_0\dot{w}_0\right]\div\left(\frac{1}{3}\pi mR^2\dot{w}_0\right) = \frac{mR^2 v_0^2}{12M_0}$$

结合以上的结果,得

$$\frac{mR^2 v_0^2}{4M_0} \geqslant \delta_f \geqslant \frac{mR^2 v_0^2}{12M_0}$$

平均值为 $mR^2 v_0^2/(6M_0)$,精确解为 $mR^2 v_0^2/(8M_0)$[10]。

11.4   弹 塑 性 波

1. 弹性波——行波与驻波

(1) 行波

若细杆的轴线方向为 x,令位移函数为 $u(x,t)$,则在一维情况下,波动力学方程为

$$\sigma_{ij,j} + F_i = \rho_0\ddot{u}_i \tag{11-49}$$

在不计体力时,对理想弹性体

$$\frac{\mathrm{d}\sigma}{\mathrm{d}\varepsilon} = c = \text{const.}$$

上式可简化为

$$\ddot{u} = \frac{1}{\rho_0}\frac{\partial \sigma}{\partial x} = \frac{1}{\rho_0}\frac{\mathrm{d}\sigma}{\mathrm{d}\varepsilon}\frac{\partial \varepsilon}{\partial x} = cu_{xx}, \quad c = \sqrt{\frac{E}{\rho_0}} \tag{11-50}$$

通解可写为

$$u(x,t) = f(x - ct) + g(x + ct) \tag{11-51}$$

f 和 g 是任意函数,当 f, g 为余弦函数时,有

$$u(x,t) = a\cos(kx - ct + \psi_1) + b\cos(kx + ct + \psi_2) \tag{11-52}$$

或写成复数形为

$$u(x,t) = A\exp[\mathrm{i}(kx - ct)] + B\exp[\mathrm{i}(kx + ct)] \tag{11-53}$$

当我们研究一维长细杆(即不计边界的无限长的杆)时,用式(11-51)比较方便,因为杆是无界的,初始条件给定的已知函数是在区间 $(-\infty, +\infty)$ 上的。若能使向左和向右传播的波各自独立,互不相干,将有很大的方便。为此,引进新的自变量:

$$\xi = x - ct, \quad \eta = x + ct, \tag{11-54}$$

变量 ξ 称为右行波 f 的相,同样 η 称为左行波 g 的相。

由此可得

$$x = \frac{1}{2}(\eta + \xi), \quad t = \frac{1}{2c}(\eta - \xi) \tag{11-55}$$

运算后可得

$$\frac{\partial}{\partial \eta}\left(\frac{\partial u}{\partial \xi}\right) = 0 \tag{11-56}$$

可见 $\partial u/\partial \xi$ 不依赖于 η。

代入初始条件

$$u(x,t)\mid_{t=0} = \varphi(x), \quad -\infty < x < \infty$$
$$\dot{u}(x,t)\mid_{t=0} = \psi(x), \quad -\infty < x < \infty \tag{11-57}$$

则可得

$$u = f(\xi) + g(\eta) \tag{11-58}$$

通过代入初始条件,积分,运算后得

$$f(x) = \frac{1}{2}\varphi(x) - \frac{1}{2c}\int_0^x \psi(z)\mathrm{d}z; \quad g(x) = \frac{1}{2}\varphi(x) + \frac{1}{2c}\int_0^x \psi(z)\mathrm{d}z \tag{11-59}$$

和

$$u = \frac{1}{2}[\varphi(x - ct) + \varphi(x + ct)] + \frac{1}{2c}\int_{x-ct}^{x+ct}\psi(\zeta)\mathrm{d}\zeta \tag{11-60}$$

这是所谓行波解。其物理意义是:第一项表示由初位移激发的向右传播的行波,其 $t=0$ 时的波形为 $\varphi(x)$,波速为 c。第二项表示由初速度激发的行波则在 $t=0$ 时 x 处的初速度为 $\psi(x)$,在 t 时刻,它们将向左右对称地扩展到 $[x-ct, x+ct]$ 的范围,波速仍为 c。

由

$$v = \frac{\partial u}{\partial t} = c[-f'(x - ct)] \tag{11-61}$$

得

$$\sigma = \rho_0 c v \tag{11-62}$$

现在考虑给 f 和 g 某种特殊的值，即令

$$f(x - ct) = a\sin(kx - \omega t), \quad ck = \omega,$$
$$g(x + ct) = 0 \tag{11-63}$$

其中 ω 和 k 均为常数。于是有

$$u = a\sin(kx - \omega t) \tag{11-64}$$

上式表示振幅为 a，波速为 c 的一种周期性行波，$k = \omega/c$ 为波数，或写成 $k = 2\pi/\lambda$，其中 $\lambda = 2\pi c/\omega = Tc$ 是波长，T 是波的周期。对于正弦波，它满足下列初始条件：

$$u(x, 0) = a\sin(kx), \quad u_t(x, 0) = -\omega a\cos(kx) \tag{11-65}$$

这是方程(11-59)的一个解。

（2）驻波——杆的振动

对于有界杆，即有两端支承的杆，则除初始条件外还须满足边界条件，例如对于两端固定的杆，边界条件为

$$u\mid_{x=0} = 0, \quad u\mid_{x=l} = 0 \tag{11-66}$$

这时，上述通解(11-60)自然也应该适用，但由公式(11-59)确定函数 f 和 g 时遇到了困难，即函数 f 和 g 以及函数 $\varphi(x)$ 和 $\psi(x)$ 此时应确定在区间 $(0, l)$ 上，而式(11-51)中的变量 $(x \pm ct)$ 则可能位于该区间之外。因而最好改用其他方法求解。

对于有限长的杆，我们所得到的波是由杆的两端经过多次快速地往复反射而形成的，它表现为一种驻波，或称为杆的振动。用分离变量法，或傅里叶法便容易得到问题的解。有关弹性振动问题，可参看文献[11]。

2. 特 征 线 法

以下给出线性弹性波在细杆中的传播的特征线法。为此，把运动方程(11-50)作因式分解得

$$\left(\frac{\partial}{\partial t} + c\frac{\partial}{\partial x}\right)\left(\frac{\partial}{\partial t} - c\frac{\partial}{\partial x}\right)u = 0 \tag{11-67}$$

若重新引入 x, t 的函数：

$$v = \frac{\partial u}{\partial t}, \quad \varepsilon = \frac{\partial u}{\partial x} \tag{11-68}$$

$$\frac{\partial v}{\partial t} = c^2\frac{\partial \varepsilon}{\partial x} \tag{11-69}$$

通过改变(11-67)的微分顺序，得

$$\left(\frac{\partial}{\partial t} + c\frac{\partial}{\partial x}\right)(\varepsilon - v) = 0$$

$$\left(\frac{\partial}{\partial t} - c\frac{\partial}{\partial x}\right)(\varepsilon + v) = 0 \tag{11-70}$$

这两个方程表明：$\varepsilon \pm v$ 各自在沿着下列直线（称为特征线）其值是不变的：

$$\mathrm{d}x/\mathrm{d}t = \pm c, \quad \mathrm{d}x = \pm c\mathrm{d}t \tag{11-71}$$

类似地，有

$$\mathrm{d}v = \pm c\mathrm{d}\varepsilon \tag{11-72}$$

式(11-71)和式(11-72)为沿特征线的相容条件，对于理想弹性杆，特征线为直线，即 $c =$ const.；若 $c = c(\varepsilon)$，令

$$\phi(\varepsilon) = \int_0^\varepsilon c(\varepsilon)\mathrm{d}\varepsilon \tag{11-73}$$

则

$$v \pm \phi(\varepsilon) = \begin{cases} \alpha \\ \beta \end{cases} \tag{11-74}$$

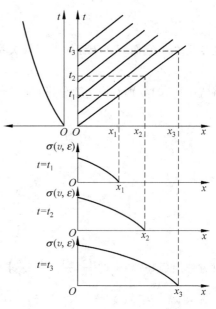

图 11-8　杆中弹性波在不同时刻的应力状态

上式中的 α, β 在同一特征线上为常数，故常称为 Riemann 不变量。沿特征线应变 ε、应力 σ 和质点速度 v 都是常数。

称 $\mathrm{d}t/\mathrm{d}x = 1/c$ 为正向特征线，$\mathrm{d}t/\mathrm{d}x = -1/c$ 为负向特征线。对于线弹性杆 $c =$ const，特征线是一组平行线（图 11-8）。

3. 弹塑性加载波

当杆端外载荷足够大，使得应力超过了屈服应力（即 $\sigma > \sigma_s$），或冲击速度超过了临界速度 $v_0 = \sigma_0 c_0/E$ 时，波的传播速度 $c = c(\varepsilon)$ 或 $c = c(\sigma)$ 不再等于常数，而将随应变（或应力）的变化而变化。当 σ-ε 曲线满足 $\mathrm{d}\sigma/\mathrm{d}\varepsilon > 0$ 及 $\mathrm{d}^2\sigma/\mathrm{d}^2\varepsilon < 0$ 时（图 11-9(a)），较大的应变将以较小的速度传播。这样，在波的传播过程中，就将出现一种波前逐渐"疏散化"的现象（图 11-9(b)）。本节将讨论这种情况下的波的传播问题。

在不发生卸载的情况下，弹塑性加载过程和非线性弹性过程是一致的。在这种情况下，运动方程和连续性方程

$$\left.\begin{aligned} \frac{\partial v}{\partial t} &= c^2\frac{\partial \varepsilon}{\partial x} \\ \frac{\partial \varepsilon}{\partial t} &= \frac{\partial v}{\partial x} \end{aligned}\right\} \tag{11-75}$$

属于一阶拟线性偏微的方程组。这一方程组的特点的系数 c 只是 ε 和 v 的函数，而与 x, t 无关。这类方程组称为可约方程组，可以用变换变量的办法使方程线性化。为此，引入两个独

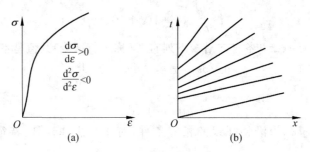

图 11-9 波的疏散化现象

立变量 ξ,η,它们与 x,t 有如下函数关系

$$x = x(\xi,\eta), \quad t = t(\xi,\eta) \tag{11-76}$$

将式(11-50)分别对 x,t 微分,得到

$$
\left.
\begin{aligned}
1 &= \frac{\partial x}{\partial \xi}\frac{\partial \xi}{\partial x} + \frac{\partial x}{\partial \eta}\frac{\partial \eta}{\partial x} \\
0 &= \frac{\partial t}{\partial \xi}\frac{\partial \xi}{\partial x} + \frac{\partial t}{\partial \eta}\frac{\partial \eta}{\partial x} \\
0 &= \frac{\partial x}{\partial \xi}\frac{\partial \xi}{\partial t} + \frac{\partial x}{\partial \eta}\frac{\partial \eta}{\partial t} \\
1 &= \frac{\partial t}{\partial \xi}\frac{\partial \xi}{\partial t} + \frac{\partial t}{\partial \eta}\frac{\partial \eta}{\partial t}
\end{aligned}
\right\} \tag{11-77}
$$

对方程组(11-77)中的 $\dfrac{\partial \xi}{\partial x},\dfrac{\partial \eta}{\partial x},\dfrac{\partial \xi}{\partial t},\dfrac{\partial \eta}{\partial t}$ 求解,可得

$$
\left.
\begin{aligned}
\frac{\partial \xi}{\partial x} &= \frac{1}{J}\frac{\partial t}{\partial \eta}, \quad \frac{\partial \eta}{\partial x} = -\frac{1}{J}\frac{\partial t}{\partial \xi} \\
\frac{\partial \xi}{\partial t} &= -\frac{1}{J}\frac{\partial x}{\partial \eta}, \quad \frac{\partial \eta}{\partial t} = \frac{1}{J}\frac{\partial x}{\partial \xi}
\end{aligned}
\right\} \tag{11-78}
$$

其中 J 为雅可比行列式

$$J = \frac{D(x,t)}{D(\xi,\eta)} = \frac{\partial x}{\partial \xi}\frac{\partial t}{\partial \eta} - \frac{\partial t}{\partial \xi}\frac{\partial x}{\partial \eta} \tag{11-79}$$

若令

$$j = \frac{1}{J} = \frac{D(\xi,\eta)}{D(x,t)} = \frac{\partial \xi}{\partial t}\frac{\partial \eta}{\partial x} - \frac{\partial \xi}{\partial x}\frac{\partial \eta}{\partial t} \tag{11-80}$$

则式(11-77)可以求出

$$
\left.
\begin{aligned}
\frac{\partial x}{\partial \xi} &= -\frac{1}{j}\frac{\partial \eta}{\partial t}, \quad \frac{\partial x}{\partial \eta} = \frac{1}{j}\frac{\partial \xi}{\partial t} \\
\frac{\partial t}{\partial \xi} &= \frac{1}{j}\frac{\partial \eta}{\partial x}, \quad \frac{\partial t}{\partial \eta} = -\frac{1}{j}\frac{\partial \xi}{\partial x}
\end{aligned}
\right\} \tag{11-81}
$$

式(11-79)和式(11-80)表明,当 $J\neq0,j\neq0$ 时,ξ,η 也可以是 x,t 的函数,即 x,t 和 ξ,η 互为

单值可逆的函数。同时 ξ,η 彼此独立,因此可令

$$v = \frac{1}{2}(\xi + \eta), \quad \varphi(\varepsilon) = \frac{1}{2}(\eta - \xi) \tag{11-82}$$

注意到

$$\frac{\partial \varphi(\varepsilon)}{\partial x} = \frac{\mathrm{d}\varphi}{\mathrm{d}\varepsilon}\frac{\partial \varepsilon}{\partial x} = c\frac{\partial \varepsilon}{\partial x} = \frac{1}{2}\left(\frac{\partial \eta}{\partial x} - \frac{\partial \xi}{\partial x}\right) \tag{11-83}$$

于是有

$$\frac{\partial \varepsilon}{\partial x} = \frac{1}{2c}\left(\frac{\partial \eta}{\partial x} - \frac{\partial \xi}{\partial x}\right) \tag{11-84}$$

$$\frac{\partial \varphi(\varepsilon)}{\partial t} = \frac{\mathrm{d}\varphi}{\mathrm{d}\varepsilon}\frac{\partial \varepsilon}{\partial t} = c\frac{\partial \varepsilon}{\partial t} = \frac{1}{2}\left(\frac{\partial \eta}{\partial t} - \frac{\partial \xi}{\partial t}\right) \tag{11-85}$$

于是有

$$\frac{\partial \varepsilon}{\partial t} = \frac{1}{2c}\left(\frac{\partial \eta}{\partial t} - \frac{\partial \xi}{\partial t}\right) \tag{11-86}$$

$$\frac{\partial v}{\partial x} = \frac{1}{2}\left(\frac{\partial \eta}{\partial x} + \frac{\partial \xi}{\partial x}\right)$$
$$\frac{\partial v}{\partial t} = \frac{1}{2}\left(\frac{\partial \eta}{\partial t} + \frac{\partial \xi}{\partial t}\right) \tag{11-87}$$

将以上结果代入式(11-75)可得

$$\left.\begin{array}{l} \dfrac{\partial \xi}{\partial t} + c\dfrac{\partial \xi}{\partial x} = 0 \\[3mm] \dfrac{\partial \eta}{\partial t} - c\dfrac{\partial \eta}{\partial x} = 0 \end{array}\right\} \tag{11-88}$$

由此,在 $J \neq 0$ 的情况下,将式(11-78)代入式(11-88)后,可得下列线性微分方程组:

$$\left.\begin{array}{l} \dfrac{\partial x}{\partial \eta} - c\dfrac{\partial t}{\partial \eta} = 0 \\[3mm] \dfrac{\partial x}{\partial \xi} - c\dfrac{\partial t}{\partial \xi} = 0 \end{array}\right\} \tag{11-89}$$

容易理解,方程组(11-89)并不等价于基本方程组(11-88),因为在进行以上变量变换时规定 $J \neq 0, j \neq 0$,这就损失了对应于 $J = 0$ 或 $j = 0$ 的解。事实证明,这些解往往是很重要的,因此,必须把这些解找出来。为此,可将式(11-88)代入 $j = 0$ 的表达式,得

$$j = -2c\frac{\partial \xi}{\partial x}\frac{\partial \eta}{\partial x} = \frac{2}{c}\frac{\partial \xi}{\partial t}\frac{\partial \eta}{\partial t} = 0 \tag{11-90}$$

式(11-90)的解可以有如下三种情况:

(1) $\xi = \xi_0, \eta = \eta_0$;

(2) $\eta = \eta_0$;

(3) $\xi = \xi_0$。

此处 ξ_0, η_0 均为常数。上列三种情况对应的解在下面加以说明。

根据特征线上的相容条件

$$v \mp \varphi(\varepsilon) = \begin{cases} \xi \\ \eta \end{cases} \tag{11-91}$$

可知,上述第一种情况对应于 $v = \text{const.}$,$\varepsilon = \text{const.}$,即应变与质点速度都不变化的恒定状态,常见的静止区就是这种情况。

第二种情况,已知 $\eta = \eta_0$,此时,将式(11-91)中的两式相减,得

$$\xi = \eta_0 - 2\varphi(\varepsilon) \tag{11-92}$$

将式(11-92)和 $\eta = \eta_0$ 代入式(11-88),显然式(11-88)的第二式恒能满足,而由式(11-88)的第一式得出

$$\frac{\partial \varepsilon}{\partial t} + c\frac{\partial \varepsilon}{\partial x} = 0 \tag{11-93}$$

式(11-93)为一阶拟线性偏微分方程,其特征线方程为

$$\frac{\mathrm{d}t}{1} = \frac{\mathrm{d}x}{c} = \frac{\mathrm{d}\varepsilon}{D} \tag{11-94}$$

上式表明 $\mathrm{d}x = c\mathrm{d}t$,$\mathrm{d}\varepsilon = 0$,其积分为

$$x - ct = c_1, \quad \varepsilon = c_2 \tag{11-95}$$

其中 c_1,c_2 为任意常数。这就是说,在这种情况下,特征线为直线族。沿特征线应变 ε、应力 σ 和质点速度 v 都是常数。

第三种情况 $\xi = \xi_0 = \text{const.}$。可进行与第二种情况相类似的讨论,并具有与 $\eta = \eta_0$ 相似的结论。

对应于 $\xi = \xi_0$ 或 $\eta = \eta_0$ 的解称为简单波。在 Oxt 平面内,简单波区总是与静止区相邻。其直特征线的方程一般可写成

$$x = c(\varepsilon(t))(t - t^*) \tag{11-96}$$

其中 t^* 是在 Oxt 平面上,直线(11-96)与 Ot 轴的交点。

对于特殊情况,当 t^* 可从上式中消去,而式(11-96)化为

$$x = c(\varepsilon)t \tag{11-97}$$

时,则正向特征线将都通过坐标原点 O(图 11-10)。这种简单波种称为中心简单波或 Riemann 波。

以上讨论了 $j \equiv 0$ 时的解。其余 $j \neq 0$ 时的解则可由方程组(11-89)的积分求得。

下面研究弹塑性加载波在半无限长细杆中的传播。设杆的材料服从图 11-11 所示的应力-应变关系,且不计应变率效应。假定杆在初始时刻处于静止状态,在 $0 \leqslant t \leqslant t_2$ 时间内杆端有单调增长的外载荷(压力)$p(t)$(单位面积上的压力)(图 11-12)。在 $t > t_2$ 时刻 $p(t) = p_0$,且

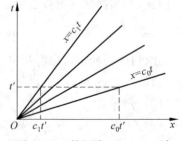

图 11-10 特征线,Riemann 波

$p_0 > \sigma_0$。

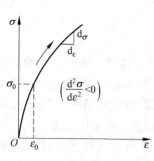

图 11-11 应力-应变关系

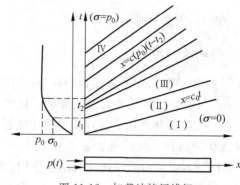

图 11-12 加载波特征线解

根据以上的讨论,可知问题的解为

(1) Ⅰ区为未扰动区,其中 $\sigma = \varepsilon = v = 0$;

(2) Ⅱ区为弹性波区,波速为 c_0,其中应力(以压应力为正)为

$$\sigma = p\left(t - \frac{x}{c_0}\right) \tag{11-98}$$

Ⅱ区边界的两根特征线为

$$x = c_0 t, \quad x = c_0(t - t_1) \tag{11-99}$$

(3) Ⅲ区为黎曼波区,波速由 c_0 逐渐减小。其中应力处于塑性状态。已知应力、质点速度及应变沿正特征线均为常数,即沿特征线 $x = c(\sigma)t + \text{const.}$,$\sigma = \text{const.}$,$\varepsilon = \text{const.}$,$v = \text{const.}$,其值可照前述方法,不难由杆端截面,即 Ot 上的值确定。

(4) Ⅳ区为塑性变形区。波速 $c(p_0)$。其中应力也是由边力界条件确定,即

$$\sigma = p_0$$

其他力学量可根据特征线上的相容条件(11-92),并按已知的应力应曲线来计算。实际上,任意负向特征线都要经过未扰动区,故有

$$\eta = 0, \quad v = -\varphi(\varepsilon) \tag{11-100}$$

由此得出,沿特征线有

$$v = \text{const.}$$

$$\varphi(\varepsilon) = \int_0^\varepsilon \left(\frac{1}{\rho}\frac{d\varepsilon}{d\varepsilon}\right)^{\frac{1}{2}} d\varepsilon = \text{const.} \tag{11-101}$$

或将 $\varphi(\varepsilon)$ 写成 $\varphi(\sigma)$

$$\varphi(\sigma) = \int_0^\sigma \left(\frac{1}{\rho}\frac{d\varepsilon}{d\sigma}\right)^{\frac{1}{2}} d\varepsilon = \text{const.} \tag{11-102}$$

而 $v = -\varphi(\sigma)$ 的关系曲线如图 11-13 所示。图中 σ_0 即屈服应力.任意时刻 t 在 x 截面的应变为

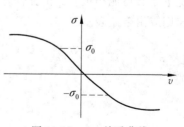

图 11-13 v-σ 关系曲线

$$\varepsilon = \varepsilon_B\left[t - \frac{x}{c(\varepsilon)}\right] \tag{11-103}$$

此处 ε_B 在杆端的某一时刻的应变。

4．卸载波的概念

应当指出,在加载波传播过程中,有时会出现杆内应力发生卸载的情况。这种情况大致有两种:一种是由于杆端外力发生卸载。这时,因卸载发生的扰动,它将以弹性波速传播。而卸载以前已有的塑性加载波以较慢的波速正在向远处传播,这就形成了一幅弹性扰动追赶塑性扰动的图像。当弹性卸载扰动达到与塑性加载波相遇,此时其应力、应变分别为 $\sigma_m(x)$ 和 $\varepsilon_m(x)$,由于与卸载扰动的相互作用,该截面将发生卸载。这种卸载常称为追赶卸载。另一种卸载波发生在有限长的杆中,例如,若从远方自由端反射回来的卸载扰动与尚未达到自由端的塑性加载波在 x 截面迎面相遇,此时 x 截面的应力与应变虽为 $\sigma_m(x)$、$\varepsilon_m(x)$,由于二者的相互作用,该截面也将卸载。通常把这种卸载称为迎面卸载。这样,由于不同的截面在不同时刻、不同的最大应力情况下卸载,因而在 Oxt 平面必然存在一条曲线 $t = f(x)$,在曲线的一侧为塑性区,另一侧为弹性区。图 11-14 给出细杆一端受纵向冲击压缩作用的例子。若在 $t = t_0$ 时刻杆端发生卸载,则 Oxt 平面的特征把平面分为Ⅰ～Ⅳ四个不同的区域。显然Ⅰ为未扰动区,Ⅱ为弹性加载区,Ⅲ为塑性加载区,Ⅳ为弹性卸载区。而 $t = f(x)$ 实际上是表示加载与卸载区边界传播规律的曲线。由于它具有波的性质,所以文献中通常称为卸载波。

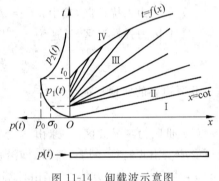

图 11-14　卸载波示意图

卸载波首先由 Lahematulin H A 所研究。Shapiro G S 等给出了图解解析法,Skobeev H M 证明了卸载波的存在与唯一性及其他特性[10]。

确定卸载波的方法有图解解析法、级数法等,下面讨论常用的特征线法。

卸载扰动本身的传播速度与弹性波速 c_0 相同,而卸载波,即加载与卸载边界的传播速度 c_u 却与 c_0 迥然不同。卸载扰动与卸载波是完全不同的两个概念。c_0 和 c_u 只有在特殊情况下才有可能相重合。由弹性卸载的假定必然导致卸载扰动的传播速度为 c_0,而卸载波波速则应由下式表示:

$$c_u = \left(\frac{dx}{dt}\right)_{t = f(x)} \tag{11-104a}$$

或

$$\frac{1}{c_u} = \frac{df}{dx} \tag{11-104b}$$

现以图 11-14 所示的情况为例,讨论卸载波问题的解。

Ⅰ区为未扰动区,其中任一点皆有

$$\sigma = \varepsilon = v = 0$$

Ⅱ区为弹性加载区。如前所述,在此区域内,运动方程为

$$\frac{\partial^2 u}{\partial t^2} = c_0^2 \frac{\partial^2 u}{\partial t^2}, \quad c_0^2 = \frac{E}{\rho}$$

其解为

$$u = f(x - c_0 t) + \psi(x + c_0 t), \tag{11-105}$$

f 和 ψ 为由初始条件和边界条件确定的任意函数。在 Oxt 平面内,特征线为两族平行直线

$$x - c_0 t = \text{const.}, \quad x + c_0 t = \text{const.}$$

在图 11-14 的情况下,只有右行波传播,即有

$$u = f(x - c_0 t) \tag{11-106}$$

当杆端受突加恒载作用时,$x=0$,则可得

$$\frac{\partial u}{\partial x} = f'(-c_0 t) = \varepsilon^* = \frac{\sigma^*}{E} \tag{11-107}$$

由此,有

$$u = \varepsilon^* (x - c_0 t) + \text{const.} \tag{11-108}$$

上式中 $\varepsilon^* (x - c_0 t)$ 表示 ε^* 是变量 $(x - c_0 t)$ 的函数,而不是 ε^* 和 $(x - c_0 t)$ 的乘积(下同)。

如前所述,在弹性前驱波波前通过前质点未受扰动,当波前通过后,质点速度为一定值。$-\varepsilon^* c_0$,且质点运动方向与波的传播方向相反。同时,应力、应变也均沿特征线保持常数。例如任意截面上的应力为

$$\sigma(x, t) = - p\left(t - \frac{x}{c_0}\right) \tag{11-109}$$

此处 p 为杆端单位面积上的应力。

Ⅲ区为塑性加载区。在此区内运动方程和连续条件为

$$\left.\begin{array}{l} \rho \dfrac{\partial v}{\partial t} = \dfrac{\partial \sigma}{\partial x} \\[2mm] \dfrac{\partial v}{\partial x} = \dfrac{1}{\rho c^2(\sigma)} \dfrac{\partial \sigma}{\partial t} \end{array}\right\}, \quad \frac{\mathrm{d}|\varepsilon|}{\mathrm{d}t} \geqslant 0 \tag{11-110}$$

如前所述,此区为中心简单波区(Riemann 波区),特征线方程为

$$x = c(\sigma)(t - t_0) \tag{11-111}$$

质点速度为

$$v = -\frac{1}{\rho} \int_0^\sigma \frac{\mathrm{d}\sigma_1}{c(\sigma_1)} = -\int_0^\varepsilon c(\varepsilon_1) \mathrm{d}\varepsilon_1 \tag{11-112}$$

Ⅳ区为卸载区,在此区内有

$$\left.\begin{aligned}\frac{\partial v}{\partial t} &= c_0^2 \frac{\partial \varepsilon}{\partial x} + \frac{1}{\rho}\frac{\mathrm{d}\sigma_{\mathrm{m}}(x)}{\mathrm{d}x} - c_0^2 \frac{\mathrm{d}\varepsilon_{\mathrm{m}}(x)}{\mathrm{d}x} \\ \frac{\partial v}{\partial x} &= \frac{\partial \varepsilon}{\partial t}\end{aligned}\right\}, \quad \frac{\mathrm{d}\,|\,\varepsilon\,|}{\mathrm{d}t} < 0 \tag{11-113}$$

此时，塑性加载区与弹性区的边界，即卸载波线 $t = f(x)$ 及 $\varepsilon_{\mathrm{m}}(x)$ 均为未知。这要在同时求解方程(11-110)和(11-113)，并使其满足下列边界条件：

$$\sigma(0,t) = \begin{cases} -p_1(t), p_1(t) > 0, \dfrac{\mathrm{d}p_1}{\mathrm{d}t} \geqslant 0, & 0 \leqslant t \leqslant t_0 \\[2mm] -p_2(t), p_2(t) > 0, \dfrac{\mathrm{d}p_2}{\mathrm{d}t} \geqslant 0, & t \geqslant t_0 \end{cases} \tag{11-114}$$

及 v、σ 和 ε 在卸载波上的连续条件以后方能得到。

在卸载波 $t = f(x) = \dfrac{x}{c(\varepsilon_{\mathrm{m}}(x))}$ 上应变 ε 和质点速度 v 应满足

$$\left.\begin{aligned}\varepsilon &= \frac{\partial u}{\partial x} = \varepsilon_{\mathrm{m}}(x) \\ v &= \frac{\partial u}{\partial t} = v_{\mathrm{m}}(x) = -\int_0^{\varepsilon_{\mathrm{m}}(x)} c(\varepsilon)\,\mathrm{d}\varepsilon\end{aligned}\right\} \tag{11-115}$$

其中 $\varepsilon_{\mathrm{m}}(t)$ 和 $v_{\mathrm{m}}(x)$ 可利用Ⅲ区的解来求，即在Ⅲ区中令 $t = f(x)$，便可求出。于是就需要根据条件(11-115)和条件(11-114)来求解方程(11-113)。为此，将(11-113)改写为

$$\frac{\partial^2 u}{\partial t^2} - c_0^2 \frac{\partial^2 u}{\partial x^2} = F(x) \tag{11-116}$$

其中

$$F(x) = \frac{1}{\rho}\frac{c\sigma_{\mathrm{m}}(x)}{\mathrm{d}x} - c_0^2 \frac{\mathrm{d}\varepsilon_{\mathrm{m}}(x)}{\mathrm{d}x} \tag{11-117}$$

式(11-116)的一般解为

$$u(x,t) = \Phi_1(c_0 t - x) + \Phi_2(c_0 t + x) - \frac{1}{c_0^2}\int_0^x \mathrm{d}\xi \int_0^\xi F(\xi)\,\mathrm{d}\xi \tag{11-118}$$

将式(11-117)代入式(11-118)，得

$$u(x,t) = \Phi_1(c_0 t - x) + \Phi_2(c_0 t + x) - \frac{1}{E}\int_0^x [\sigma_{\mathrm{m}}(\xi) - E\varepsilon_{\mathrm{m}}(\xi)]\,\mathrm{d}\xi \tag{11-119}$$

考虑到条件(11-115)，边界条件(11-114)以及利用 $\sigma\text{-}\varepsilon$ 图 $\varepsilon(0,t)$ 可由 $\sigma(0,t)$ 单值地确定，则可唯一地确定函数 Φ_1、Φ_2 和 $\varepsilon_{\mathrm{m}}(x)$，而相应的函数 $\sigma_{\mathrm{m}}(x)$ 则可由 $\sigma = \sigma(\varepsilon)$ 求出。

卸载波的存在得到证明，并得出卸载波波速的下列限界：

$$\frac{1}{c[\varepsilon_{\mathrm{m}}(x)]} \geqslant \frac{\mathrm{d}f}{\mathrm{d}x} \geqslant \frac{1}{c_0} \tag{11-120}$$

例 11-6　设有半无限长细杆，杆端受突加递减载荷作用(图 11-15)

$$\sigma(0,t) = -p(t), p(t) > 0, \quad \frac{\mathrm{d}p}{\mathrm{d}t} \leqslant 0, \quad t \geqslant 0 \tag{a}$$

或

$$\varepsilon(0,t)=e(t),e(t)<0,\frac{\mathrm{d}e}{\mathrm{d}t}\geqslant 0,\quad t\geqslant 0 \qquad (\mathrm{b})$$

解　在此情况下,卸载波的起点为 xOt 平面上的 $(0,0)$ 点,如图 11-15 所示。此时, xOt 平面分为三个区域:Ⅰ为未扰动区,Ⅱ为塑性加载区,Ⅲ为卸载区。

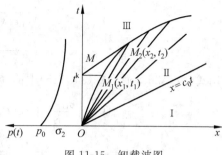

图 11-15　卸载波图

欲求问题的解,可将式(b)代入式(11-119),得

$$-\Phi_1'(c_0 t)+\Phi_2'(c_0 t)-\frac{\sigma_{\mathrm{m}}(0)}{E}+\varepsilon_{\mathrm{m}}(0)=\ell(t) \qquad (11\text{-}121)$$

由此有

$$\Phi_2'(c_0 t+x)=\Phi_1'(c_0 t+x)+\frac{\sigma_{\mathrm{m}}(0)}{E}-\varepsilon_{\mathrm{m}}(0)+e\left(\frac{x}{c_0}+t\right) \qquad (11\text{-}122)$$

考虑到在卸载波 $t=f(x)$ 上的初始条件,把式(11-115)代入式(11-119),有

$$\left.\begin{aligned}\Phi_2'[c_0 f(x)-x]+\Phi_2'[c_0 f(x)+x]&=\frac{v_{\mathrm{m}}(x)}{c_0}\\[4pt]-\Phi_1'[c_0 f(x)-x]+\Phi_2'[c_0 f(x)+x]-\frac{\sigma_{\mathrm{m}}(x)}{E}&=0\end{aligned}\right\} \qquad (11\text{-}123)$$

因为 $f(x)=\dfrac{x}{c(\varepsilon_{\mathrm{m}})}$, $\sigma_{\mathrm{m}}(x)=\sigma[\varepsilon_{\mathrm{m}}(x)]$,利用式(11-122)消去 Φ_2' ,由式(11-123)得

$$\Phi_1'\left[x\left(1+\frac{1}{a}\right)\right]+\Phi_1'\left[x\left(1-\frac{1}{a}\right)\right]=-\int_0^{\varepsilon_{\mathrm{m}}}a'\mathrm{d}\varepsilon-\frac{\sigma_{\mathrm{m}}(0)}{E}+\varepsilon_{\mathrm{m}}(0)-e\left[\frac{x}{a_0}\left(\frac{1}{a}+1\right)\right]$$
$$(11\text{-}124\mathrm{a})$$

$$\Phi_1'\left[x+\left(1+\frac{1}{a}\right)\right]-\Phi_1'\left[x\left(\frac{1}{a}\right)-1\right]=\frac{\sigma_{\mathrm{m}}[\varepsilon_{\mathrm{m}}(x)]}{E}+\varepsilon_{\mathrm{m}}(0)-\frac{\sigma_{\mathrm{m}}(0)}{E}-e\left[\frac{x}{a_0}\left(\frac{1}{a}+1\right)\right]$$
$$(11\text{-}124\mathrm{b})$$

其中, $a=c(\varepsilon_{\mathrm{m}})/c_0$, $a'=c(\varepsilon)/c_0$,可得

$$\Phi_1'\left[x\left(1+\frac{1}{a}\right)\right]=\varepsilon_{\mathrm{m}}(0)-\frac{\sigma_{\mathrm{m}}(0)}{E}-e\left[\frac{x}{c_0}\left(1+\frac{1}{q}\right)\right]+\frac{1}{2}\left[\frac{\sigma_{\mathrm{m}}(\varepsilon_{\mathrm{m}})}{E}-\int_0^{\varepsilon_0}a'\mathrm{d}\varepsilon\right]$$
$$(11\text{-}125)$$

$$\Phi_1'\left[x\left(\frac{1}{a}-1\right)\right]=-\frac{1}{2}\left[\frac{\sigma_{\mathrm{m}}(\varepsilon_{\mathrm{m}})}{E}+\int_0^{\varepsilon_0}a'\mathrm{d}\varepsilon\right]$$

根据上述方程组(11-125),便可进行具体计算。为此,在 Ot 轴上任一点 M 引正负两条弹性特征线,交卸载波 $t=f(x)$ 上两点,即 $M_1(x_1,t_1)$ 和 $M_2(x_2,t_2)$ 。从弹性特征线 MM_1 、 MM_2 和加载区的特征线 OM_1 、 OM_2 可得以下关系:

$$x_1 \left(\frac{c_0}{c[\varepsilon_m(x_1)]} + 1 \right) = c_0 t^* \Big\}$$

$$x_2 \left(\frac{c_0}{c[\varepsilon_m(x_2)]} - 1 \right) = c_0 t^* \Big\} \tag{11-126}$$

利用式(11-126),消去式(11-125)中的 Φ_1',就得到关于 $\varepsilon_m(x)$ 的方程:

$$\varepsilon_m(0) - \frac{\sigma_m(0)}{E} - e(t^*) + \frac{1}{2} \int_0^{\varepsilon_0[x_1(t^*)]} \frac{c(\varepsilon)}{c_0} \left(\frac{c(\varepsilon)}{c_0} - 1 \right) d\varepsilon$$

$$+ \frac{1}{2} \int_0^{\varepsilon_0[x_2(t^*)]} \frac{c(\varepsilon)}{c_0} \left(\frac{c(\varepsilon)}{c_0} + 1 \right) d\varepsilon = 0 \tag{11-127}$$

若已测得残余变形 $\varepsilon_K(x)$ 的分布,其与 $\varepsilon_m(x)$ 的关系为

$$\varepsilon_K(x) = \varepsilon_m(x) - \frac{\sigma_m(x)}{E}$$

则当已知动态应力应变曲线 $\sigma = \sigma(\varepsilon)$ 后,即可由式(11-127)确定杆端的变形规律。

思　考　题

11-1　弹性波速与塑性波速的区别是什么? 为什么?

11-2　为什么在 x-t 平面上弹性和塑性区特征线都是直线?

11-3　塑性动态本构关系的特点有哪些?

习　　题

11-1　试求扭转波在圆柱杆中传播的波速。

11-2　弹塑性加载波与卸载波有什么主要区别?

附录 I
下标记号法与求和约定

I.1 下标记号法

本书广泛地采用下标记号法,对于含有 3 个独立量的集,通常用一个下标符号表示。例如,对于一点的坐标记作 x_i,x_i 表示 (x_1,x_2,x_3) 这 3 个量,亦即 (x,y,z);一点的位移的 3 个分量记作 u_i,u_i 就表示 (u_1,u_2,u_3) 或 (u,v,w),这就是说,下标 i 取值为 $1,2,3$(写作 $i=1,2,3$)。

在给出声明之后,i 自然也可取值为 $1,2,\cdots,n$。

类似地,对于 9 个量的集,可用两个下标。因为每一个下标可取三个值。如 a_{ij} 就表示 a_{11},a_{12},a_{13},a_{21},a_{22},a_{23},a_{31},a_{32},a_{33} 这 9 个量。而含有 27 个量的集,可用 3 个下标表示,如 a_{ijk},含有 81 个量的集可用 4 个下标表示,如 a_{ijkl},等等。

应力分量 σ_x,σ_y,$\cdots$,τ_{zx} 和应变分量 ε_x,ε_y,$\cdots$,γ_{zx},各有 9 个量(独立量各有 6 个),采用下标记号法,就可记作 σ_{ij} 和 ε_{ij},其中 $\sigma_{11}=\sigma_x$,$\sigma_{22}=\sigma_y$,$\sigma_{31}=\sigma_{zx}=\tau_{zx}$。类似地可写出 ε_{ij} 的各分量。

在谈到应力状态、应变状态时,就以其一般分量形式 σ_{ij},ε_{ij} 来表示。

I.2 求和约定

我们约定:当在每一项中,有一个下标出现两次时,则对此下标从 1 到 3 求和。并限定在每一项中不能有同一下标出现三次和三次以上,这叫作求和约定。例如

$$a_i b_i = \sum_{i=1}^{3} a_i b_i = a_1 b_1 + a_2 b_2 + a_3 b_3 \tag{I-1}$$

$$a_{ii} = a_{11} + a_{22} + a_{33} \tag{I-2}$$

$$a_{ij} b_j = \sum_{j=1}^{3} a_{ij} b_j = a_{i1} b_1 + a_{i2} b_2 + a_{i3} b_3 \tag{I-3}$$

$$a_{ij} b_i c_j = \sum_{i=1}^{3} \sum_{j=1}^{3} a_{ij} b_i c_j = a_{11} b_1 c_1 + a_{12} b_1 c_2 + a_{13} b_1 c_3 + a_{21} b_2 c_1 + a_{22} b_2 c_2$$
$$+ a_{23} b_2 c_3 + a_{31} b_3 c_1 + a_{32} b_3 c_2 + a_{33} b_3 c_3 \tag{I-4}$$

$$a_{ii}^2 = a_{11}^2 + a_{22}^2 + a_{33}^2 \tag{I-5}$$

$$(\sigma_{ii})^2 = (\sigma_{11} + \sigma_{22} + \sigma_{33})^2 \tag{I-6}$$

$$\sigma_{ij} \varepsilon_{ij} = \sigma_{11} \varepsilon_{11} + \sigma_{22} \varepsilon_{22} + \sigma_{33} \varepsilon_{33} + 2(\sigma_{23} \varepsilon_{23} + \sigma_{31} \varepsilon_{31} + \sigma_{12} \varepsilon_{12})$$

这一求和规律也适用于含有导数的项,例如

$$a_{i,i} = \frac{\partial a_i}{\partial x_i} = \frac{\partial a_1}{\partial x_1} + \frac{\partial a_2}{\partial x_2} + \frac{\partial a_3}{\partial x_3} \tag{I-7}$$

$$\sigma_{ij,j} = \frac{\partial \sigma_{ij}}{\partial x_j} = \frac{\partial \sigma_{i1}}{\partial x_1} + \frac{\partial \sigma_{i2}}{\partial x_2} + \frac{\partial \sigma_{i3}}{\partial x_3} \tag{I-8}$$

应当注意求和约定是指对重复下标求和。在式(I-7)中是对 i 求和,而在式(I-8)则对 j 求和,i 在此式中没有重复,如指明 $i,j=1,2,3$,则式(I-8)有 $i=1,2,3$ 这样三个相同形式的表达式。而下列情况则为

$$\sigma_{i,jj} = \frac{\partial^2 \sigma_i}{\partial x_j \partial x_j} = \frac{\partial^2 \sigma_i}{\partial x_1^2} + \frac{\partial^2 \sigma_i}{\partial x_2^2} + \frac{\partial^2 \sigma_i}{\partial x_3^2} \tag{I-9}$$

对于同一项内不重复出现的下标(或肩标)叫做自由标号。用自由标号表示一般项,它可取 1,2,3 中的任一值。在同一方程式中,各项的自由标号应相同,并表示该方程式对自由标号的值都成立。例如

$$x_i = c_{ij} y_j \quad (i,j=1,2,3) \tag{I-10}$$

表示以下三个方程式成立:

$$\left. \begin{array}{l} x_1 = c_{11} y_1 + c_{12} y_2 + c_{13} y_3 \\ x_2 = c_{21} y_1 + c_{22} y_2 + c_{23} y_3 \\ x_3 = c_{31} y_1 + c_{32} y_2 + c_{33} y_3 \end{array} \right\} \tag{I-11}$$

附录 Ⅱ
特征线理论简介

Ⅱ.1　一阶偏微分方程的特征线理论

如果一个偏微分方程对所有的未知函数及其导数来说都是线性的,那么,我们就把它叫做线性偏微分方程,如只对未知函数所有最高阶导数来说是线性的,就把它叫做拟线性偏微分方程。一阶拟线性偏微分方程的一般形式为

$$P(x,y,z)\frac{\partial z}{\partial x}+Q(x,y,z)\frac{\partial z}{\partial y}=R(x,y,z) \tag{Ⅱ-1}$$

当 P,Q 都与 z 无关,而 R 是 z 的线性函数时,方程(Ⅱ-1)就是线性的。如

$$u(x,y,z)=C \tag{Ⅱ-2}$$

是式(Ⅱ-1)的积分,即 z 是 x,y 的函数,且满足式(Ⅱ-1),则由偏微分可得

$$\frac{\partial u}{\partial x}+\frac{\partial u}{\partial z}\frac{\partial z}{\partial x}=0,\quad \frac{\partial u}{\partial y}+\frac{\partial u}{\partial z}\frac{\partial z}{\partial y}=0 \tag{Ⅱ-3}$$

此处,在求偏微商 $\frac{\partial u}{\partial x}$, $\frac{\partial u}{\partial y}$ 和 $\frac{\partial u}{\partial z}$ 时, x,y 和 z 认为是独立的。于是,在 $\frac{\partial u}{\partial z}\neq 0$ 的条件下,可以写成

$$\frac{\partial z}{\partial x}=-\frac{\frac{\partial u}{\partial x}}{\frac{\partial u}{\partial z}},\quad \frac{\partial z}{\partial y}=-\frac{\frac{\partial u}{\partial y}}{\frac{\partial u}{\partial z}} \tag{Ⅱ-4}$$

将式（Ⅱ-4）代入式（Ⅱ-1）后，得

$$P \frac{\partial u}{\partial x} + Q \frac{\partial u}{\partial y} + R \frac{\partial u}{\partial z} = 0 \tag{Ⅱ-5}$$

方程（Ⅱ-5）可写为

$$(P\boldsymbol{i} + Q\boldsymbol{j} + R\boldsymbol{k}) \cdot \nabla u = 0 \tag{Ⅱ-6}$$

因 ∇u 是曲面 $u = C$ 的法向矢量，故方程（Ⅱ-6）就表示矢量 $\boldsymbol{v} = P\boldsymbol{i} + Q\boldsymbol{j} + R\boldsymbol{k}$ 在曲面任一点上都与曲面的法线垂直，这就是说，在任意点上，该矢量 $\boldsymbol{v}$ 都在切平面内，与积分曲面在该点的切线方向相重合。由此可见，如在三维空间某区域内有一个质点，由初始给定位置移动使其在任一点方向都与矢量 $\boldsymbol{v}$ 在该点的方向一致，则在质点运动过程中就画了一条空间迹线，这种曲线就叫做特征线。由以上讨论可知，由特征线构成的曲面就是微分方程的积分曲面。

如 $\boldsymbol{r}$ 为一特征线上一点的位置矢量，s 为曲面上曲线的弧长，则曲线上该点的单位切向矢量为

$$\frac{\mathrm{d}\boldsymbol{r}}{\mathrm{d}s} = \frac{\mathrm{d}x}{\mathrm{d}s} \boldsymbol{i} + \frac{\mathrm{d}y}{\mathrm{d}s} \boldsymbol{j} + \frac{\mathrm{d}z}{\mathrm{d}s} \boldsymbol{k} \tag{Ⅱ-7}$$

由于此矢量与矢量 $\boldsymbol{v}$ 有相同的方向，故有

$$P = \mu \frac{\mathrm{d}x}{\mathrm{d}s}, \quad Q = \mu \frac{\mathrm{d}y}{\mathrm{d}s}, \quad R = \mu \frac{\mathrm{d}z}{\mathrm{d}s} \tag{Ⅱ-8}$$

其中 μ 可以是 x, y, z 的函数，以上关系可改写为

$$\frac{\mathrm{d}x}{P} = \frac{\mathrm{d}y}{Q} = \frac{\mathrm{d}z}{R} \tag{Ⅱ-9}$$

式（Ⅱ-9）等价于两个常微分方程。这两个方程的解可写为

$$u_1(x, y, z) = c_1, \quad u_2(x, y, z) = c_2 \tag{Ⅱ-10}$$

其中，c_1, c_2 为独立的常数。方程（Ⅱ-10）为方程（Ⅱ-5）的两族积分曲面。第一族的一个曲面与第二族的一个曲面相交的曲线即特征线，而特征线在任一点的方向比为 P, Q, R，如 P，Q 或 R 等于零，相应地应取 $\mathrm{d}x, \mathrm{d}y$ 或 $\mathrm{d}z$ 等于零。

Ⅱ.2   一阶偏微分方程组的特征线理论

设有下列一阶偏微分方程组：

$$\left.\begin{array}{l} P_1 \dfrac{\partial u}{\partial x} + Q_1 \dfrac{\partial u}{\partial y} + R_1 \dfrac{\partial v}{\partial x} + S_1 \dfrac{\partial v}{\partial y} = T_1 \\[3mm] P_2 \dfrac{\partial u}{\partial x} + Q_2 \dfrac{\partial u}{\partial y} + R_2 \dfrac{\partial v}{\partial x} + S_2 \dfrac{\partial v}{\partial y} = T_2 \end{array}\right\} \tag{Ⅱ-11}$$

其中系数 $P_1,Q_1,\cdots,P_2,\cdots,T_2$ 为 x,y,u,v 的已知函数。

假定沿 xy 平面内的某些曲线 $x=x(s),y=y(s)$ 给定 u,v

$$u=u(s),\quad v=v(s)$$

如把我们的讨论放在四维空间 x,y,u,v 内,则方程 $x=x(s),y=y(s),u=u(s),v=v(s)$ 就表示该空间中的某一曲线 L。微分方程的解 $u=u(s),v=v(s)$ 构成了某一积分曲面。因为沿 L 曲线 u,v 为已知,故有

$$\left.\begin{aligned}\frac{\mathrm{d}u}{\mathrm{d}s}&=\frac{\partial u}{\partial x}\frac{\mathrm{d}x}{\mathrm{d}s}+\frac{\partial u}{\partial y}\frac{\mathrm{d}y}{\mathrm{d}s}\\[2mm]\frac{\mathrm{d}v}{\mathrm{d}s}&=\frac{\partial v}{\partial x}\frac{\mathrm{d}x}{\mathrm{d}s}+\frac{\partial v}{\partial y}\frac{\mathrm{d}y}{\mathrm{d}s}\end{aligned}\right\}\qquad(\text{Ⅱ-12})$$

在塑性力学中常碰到齐次方程组,即 $T_1=T_2=0$ 的情况,且 $P_1,P_2,\cdots,S_2$ 只是 u,v 的函数。如在式(Ⅱ-11)中 $Q_1=P_2=T_1=T_2=0$,及 $R_1=-S_2=\cos2v,S_1=R_2=\sin2v,P_1=Q_2=1$,则得

$$\left.\begin{aligned}\frac{\partial u}{\partial x}+\frac{\partial v}{\partial x}\cos2v+\frac{\partial v}{\partial y}\sin2v&=0\\[2mm]\frac{\partial u}{\partial y}+\frac{\partial v}{\partial x}\sin2v+\frac{\partial v}{\partial y}\cos2v&=0\end{aligned}\right\}\qquad(\text{Ⅱ-13})$$

于是,由式(Ⅱ-12)和式(Ⅱ-13)可得关于 $\dfrac{\partial u}{\partial x},\dfrac{\partial u}{\partial y},\dfrac{\partial v}{\partial x}$ 和 $\dfrac{\partial v}{\partial y}$ 的四个线性方程组

$$\left.\begin{aligned}\frac{\partial u}{\partial x}+\frac{\partial v}{\partial x}\cos2v+\frac{\partial v}{\partial y}\sin2v&=0\\[2mm]\frac{\partial u}{\partial y}+\frac{\partial v}{\partial x}\sin2v+\frac{\partial v}{\partial y}\cos2v&=0\\[2mm]\frac{\partial u}{\partial x}\frac{\mathrm{d}x}{\mathrm{d}s}+\frac{\partial u}{\partial y}\frac{\mathrm{d}y}{\mathrm{d}s}&=\frac{\mathrm{d}u}{\mathrm{d}s}\\[2mm]\frac{\partial v}{\partial x}\frac{\mathrm{d}x}{\mathrm{d}s}+\frac{\partial v}{\partial y}\frac{\mathrm{d}y}{\mathrm{d}s}&=\frac{\mathrm{d}v}{\mathrm{d}s}\end{aligned}\right\}\qquad(\text{Ⅱ-14})$$

显然有

$$\frac{\partial u}{\partial x}=\frac{\Delta_1}{\Delta},\quad\frac{\partial u}{\partial y}=\frac{\Delta_2}{\Delta},$$

$$\frac{\partial v}{\partial x}=\frac{\Delta_3}{\Delta},\quad\frac{\partial v}{\partial y}=\frac{\Delta_4}{\Delta},$$

其中

$$\Delta = \begin{vmatrix} 1 & 0 & \cos 2v & \sin 2v \\ 0 & 1 & \sin 2v & -\cos 2v \\ \dfrac{dx}{ds} & \dfrac{dy}{ds} & 0 & 0 \\ 0 & 0 & \dfrac{dx}{ds} & \dfrac{dy}{ds} \end{vmatrix} = 0 \tag{Ⅱ-15}$$

$$\Delta_1 = \begin{vmatrix} 0 & 0 & \cos 2v & \sin 2v \\ 0 & 1 & \sin 2v & -\cos 2v \\ \dfrac{du}{ds} & \dfrac{dy}{ds} & 0 & 0 \\ \dfrac{dv}{ds} & 0 & \dfrac{dx}{ds} & \dfrac{dy}{ds} \end{vmatrix}$$

类似地可写出 $\Delta_2,\Delta_3,\Delta_4$。

我们知道,如 $\Delta=0$,则方程组无解,除非 $\Delta_1,\Delta_2,\Delta_3,\Delta_4$ 也同时等于零。此时,方程组有无穷多个解。如

$$\Delta = 0$$

则将上式展开后得

$$\left(\frac{dy}{ds}\right)^2 \sin 2v + 2\left(\frac{dx}{ds}\right)\left(\frac{dy}{ds}\right)\cos 2v - \left(\frac{dx}{ds}\right)^2 \sin 2v = 0 \tag{Ⅱ-16}$$

方程(Ⅱ-16)确定了两组曲线,沿这些曲线,$\dfrac{\partial u}{\partial x},\dfrac{\partial u}{\partial y},\dfrac{\partial v}{\partial x},\dfrac{\partial v}{\partial y}$ 诸值不能唯一确定,这时跨过该曲线时,导数可能不连续,即已知曲线一侧的导数,但没有其他给定条件,另一侧的导数仍难确定。具有这种特性的曲线,即特征线。$\Delta=0$,即方程组(Ⅱ-13)的特征方程。

由其展开式(Ⅱ-16)可知,这是 $\dfrac{dy}{ds}$ 的一个二次代数方程,根据二次方程根的三种不同情况可判别偏微分方程组的类型。

当式(Ⅱ-16)有两不相等的实根时,在 xy 平面内有两条实特征线族,沿这些线族的偏导数不能唯一确定,所给微分方程称为双曲线型。当式(Ⅱ-16)有两相等实根时,就只有一族实特征线,则所给方程称为抛物线型。当式(Ⅱ-16)有两复数根时,则不存在实特征线,所给方程称为椭圆形。

在我们的情况下,显然式(Ⅱ-13)为双曲线型。由式(Ⅱ-16)得 $\dfrac{dy}{ds}$ 的两个实根为

$$\left.\begin{aligned} \frac{dy}{ds} &= \frac{dx}{ds}\tan v \\ \frac{dy}{ds} &= -\frac{dx}{ds}\cot v \end{aligned}\right\} \tag{Ⅱ-17}$$

显然,这是 xy 平面内相互正交的两族曲线

$$\frac{\mathrm{d}y}{\mathrm{d}x}=\tan v, \qquad \frac{\mathrm{d}y}{\mathrm{d}x}=-\cot v \qquad (\text{Ⅱ-18})$$

沿以上任一曲线,方程(Ⅱ-14)没有唯一的解,特别地,这一方程组不能对 $\dfrac{\mathrm{d}u}{\mathrm{d}x}$ 求解,因而无解存在,如上所述,除非下列行列式成立:

$$\begin{vmatrix} 0 & 0 & \cos 2v & \sin 2v \\ 0 & 1 & \sin 2v & -\cos 2v \\ \dfrac{\mathrm{d}u}{\mathrm{d}s} & \dfrac{\mathrm{d}y}{\mathrm{d}s} & 0 & 0 \\ \dfrac{\mathrm{d}v}{\mathrm{d}s} & 0 & \dfrac{\mathrm{d}x}{\mathrm{d}s} & \dfrac{\mathrm{d}y}{\mathrm{d}s} \end{vmatrix}=0 \qquad (\text{Ⅱ-19})$$

即除非下式成立:

$$\frac{\mathrm{d}v}{\mathrm{d}s}=\frac{\mathrm{d}u}{\mathrm{d}s}\left(\cos 2v-\frac{\dfrac{\mathrm{d}x}{\mathrm{d}s}}{\dfrac{\mathrm{d}y}{\mathrm{d}s}}\sin 2v\right)$$

这样,我们得沿曲线

$$\frac{\mathrm{d}y}{\mathrm{d}s}=\frac{\mathrm{d}x}{\mathrm{d}s}\tan v$$

要求有

$$\frac{\mathrm{d}u}{\mathrm{d}s}=-\frac{\mathrm{d}v}{\mathrm{d}s}$$

$$\frac{\mathrm{d}y}{\mathrm{d}x}=\tan v, \qquad u+v=\text{const.} \qquad (\text{Ⅱ-20a})$$

同理有 $\qquad\qquad \dfrac{\mathrm{d}y}{\mathrm{d}x}=-\cot v, \qquad u-v=\text{const.} \qquad (\text{Ⅱ-20b})$

如式(Ⅱ-20)的两式之一满足的话,$\dfrac{\partial u}{\partial x}$ 可取任意值,并容易证明方程(Ⅱ-14)中的前三个方程式可确定 $\dfrac{\partial u}{\partial y}$,$\dfrac{\partial v}{\partial x}$ 和 $\dfrac{\partial v}{\partial y}$(用 $\dfrac{\partial u}{\partial x}$,$\dfrac{\mathrm{d}u}{\mathrm{d}s}$,$\dfrac{\mathrm{d}v}{\mathrm{d}s}$ 表示之)。这就是说,在此情况下,对应于 L 上同样的 u 和 v 的指定值有无穷多的解存在。xy 平面上的曲线(Ⅱ-20)实际上即微分方程组的特征线。

如在式(Ⅱ-13)中引进新的变量,问题将为之简化。实际上,如令

$$\xi = u + v, \quad \eta = u - v \tag{Ⅱ-21}$$

则有

$$u = \frac{1}{2}(\xi + \eta), \quad v = \frac{1}{2}(\xi - \eta) \tag{Ⅱ-22}$$

代入式（Ⅱ-13）得

$$\left.\begin{array}{l}\left(\dfrac{\partial \xi}{\partial x} + \dfrac{\partial \eta}{\partial x}\right) + \left(\dfrac{\partial \xi}{\partial x} - \dfrac{\partial \eta}{\partial x}\right)\cos 2v + \left(\dfrac{\partial \xi}{\partial y} - \dfrac{\partial \eta}{\partial y}\right)\sin 2v = 0 \\[3mm] \left(\dfrac{\partial \xi}{\partial y} + \dfrac{\partial \eta}{\partial y}\right) + \left(\dfrac{\partial \xi}{\partial x} - \dfrac{\partial \eta}{\partial x}\right)\sin 2v - \left(\dfrac{\partial \xi}{\partial y} - \dfrac{\partial \eta}{\partial y}\right)\cos 2v = 0\end{array}\right\} \tag{Ⅱ-23}$$

或即

$$\left.\begin{array}{l}\left(\dfrac{\partial \eta}{\partial x} - \dfrac{\partial \eta}{\partial y}\cot v\right) + \cot^2 v\left(\dfrac{\partial \xi}{\partial x} + \dfrac{\partial \xi}{\partial y}\tan v\right) = 0 \\[3mm] \left(\dfrac{\partial \eta}{\partial x} - \dfrac{\partial \eta}{\partial y}\cot v\right) + \left(\dfrac{\partial \xi}{\partial x} + \dfrac{\partial \xi}{\partial y}\tan v\right) = 0\end{array}\right\} \tag{Ⅱ-24}$$

式（Ⅱ-23）给出下列简单关系式：

$$\left.\begin{array}{l}\dfrac{\partial \xi}{\partial x} + \dfrac{\partial \xi}{\partial y}\tan v = 0 \\[3mm] \dfrac{\partial \eta}{\partial x} - \dfrac{\partial \eta}{\partial y}\cot v = 0\end{array}\right\} \tag{Ⅱ-25}$$

上式经简单变换后，便得到第 7 章给出的特征线方程。特征线就是滑移线。因而，在给定线段情况下构造滑移线场与在给定边界条件下解方程组（Ⅱ-13）是等价的。

外国人名译名对照表

Airy G B	艾里	Lamé,G	拉梅
Bauschinger J.	鲍辛格	Laplace, P. G.	拉普拉斯
Beltrami, E.	贝尔特拉米	Love, A. E. H.	勒夫
Bingham	宾厄姆	Lévy, M.	莱维
Boussinesq, T. V.	布西内斯克	Malvern, L. E.	马尔文
Castigliano, A	卡斯蒂利安诺	Michell, J. H.	米歇尔
Cauchy, A. -L.	柯西	Nadai A.	纳达依
Dirichlet,	狄利克雷	Navier, C. L.	纳维
Drucker D. C.	德鲁克	Parke E. W.	帕克思
d'Alembert, J. le R.	达朗贝尔	Perzyna I. V.	波日那
Euler, L.	欧拉	Piosson, S. D.	泊松
Fourier, J. B. J.	傅里叶	Prager W.	普拉格
Galerkin, B. G.	伽辽金	Prandtl, L.	普朗特
Geiringer H.	盖林格	Riemann, G. F. B.	黎曼
Habib	哈比卜	Ritz, W.	里茨
Hamilton,W. R.	哈密顿	Rukov A. M.	儒可夫
Hencky H.	亨基	Saint-Venant, A.	圣维南
Hertz, H. R.	赫兹	J. C. B. de	
Hill R.	希尔	Schmidt R.	施密特
Hohenemser	霍恩埃姆泽	Symonds	西蒙兹
Hooke, R.	胡克	Timoshenko, S. P.	铁木辛柯
Il'yushin A. A.	伊留申	Trasca H.	特雷斯卡
Kirchhoff, G. R.	基尔霍夫	von Mises R.	米泽斯
Lagrange, J. L.	拉格朗日	Young, T.	杨
Lahematulin,H. A	拉赫马杜林		

索　引

参 考 文 献

[1] 铁木辛柯,古地尔. 弹性理论[M]. 徐芝纶,译. 北京:高等教育出版社,1990.

[2] 徐芝纶. 弹性力学(上、下册)[M]. 北京:人民教育出版社,1979.

[3] 钱伟长,叶开源. 弹性力学[M]. 北京:科学出版社,1956.

[4] 王仁,黄文彬,黄筑平. 塑性力学引论(修订版)[M]. 北京:北京大学出版社,1992.

[5] 王仁,熊祝华,黄文彬. 塑性力学基础[M]. 北京:科学出版社,1998.

[6] 杜庆华,余寿文,姚振汉. 弹性理论[M]. 北京:科学出版社,1986.

[7] 王启德. 应用弹性理论[M]. 林砚田,等,译. 北京:机械工业出版社,1966.

[8] 陆明万,罗学富. 弹性理论基础[M]. 北京:清华大学出版社,1990.

[9] 杨绪灿,金建三. 弹性力学[M]. 北京:高等教育出版社,1987.

[10] 杨桂通. 塑性动力学[M]. 3版. 北京:高等教育出版社,2012.

[11] 杨桂通,张善元. 弹性动力学[M]. 北京:中国铁道出版社,1988.

[12] 吴家龙. 弹性力学(新版)[M]. 上海:同济大学出版社,1993.

[13] 徐秉业,黄炎,刘信声,等. 弹塑性力学及其应用[M]. 北京:机械工业出版社,1984.

[14] 徐秉业. 塑性力学[M]. 北京:高等教育出版社,1989.

[15] 徐秉业,刘信声. 结构的塑性极限分析[M]. 北京:中国建筑工业出版社,1985.

[16] 程昌钧. 弹性力学[M]. 兰州:兰州大学出版社,1995.

[17] 徐秉业. 弹性与塑性力学——例题和习题[M]. 2版. 北京:机械工业出版社,1991.

[18] 徐秉业,刘信声. 应用弹塑性力学[M]. 北京:清华大学出版社,1995.

[19] 武际可,王敏中. 弹性力学引论(修订版)[M]. 北京:北京大学出版社,2001.

[20] 武际可. 力学史[M]. 重庆:重庆出版社,2000.

[21] 钟伟芳,皮道华. 高等弹性力学[M]. 武汉:华中理工大学出版社,1993.

[22] 张行. 高等弹性理[M]. 北京:北京航空航天大学出版社,1994.

[23] 钱伟长. 变分法及有限元[M]. 北京:科学出版社,1980.

[24] 胡海昌. 弹性力学的变分原理及其应用[M]. 北京:科学出版社,1981.

[25] 余同希. 塑性力学[M]. 北京:高等教育出版社,1989.

[26] 黄文彬,曾国平. 弹塑性力学难题分析[M]. 北京:高等教育出版社,1992.

[27] Rabotnov U N. Mechanics of Deformable Solid Bodies (Russian edition)[M]. Moscow:Science Press,1979.

[28] Saada A S. Elasticity Theory and Applications[M]. London:Pergamon Press,Inc. ,1974.

[29] Samule V E. Fundamental Theory of Elasticity and Plasticity (Russain edition)[M]. Moscow:Higher Education Press,1982.

[30] Nikiforoff L V. A Course of Theory of Elasticity and Plasticity (Russian edition)[M]. Moscow:

Higher Education Press,1959.

[31] Love A E H. A Treatise on the Mathematical Theory of Elasticity[M]. 4th ed. New York: Dover Publications,Inc. ,1944.

[32] Sokolinkoff I S. Mathmatical Theory of Elasticity[M]. 2nd ed. New York: McGraw-Hill Book Company,1956.

[33] Chakrabarty J. Theory of Plasticity[M]. New York: McGraw-Hill,1987.

[34] Hill R. Mathematical Theory of Plasticity[M]. London: Oxford University Press,1950.

[35] Il'yushin A A. Plasticity[M]. Moscow: Gostekhizdat, 1948 (in Russian).

[36] Klyushnikov V D. Mathematical Theory of Plasticity[M]. Moscow: Moscow University Press, 1979 (in Russian).

[37] Kachanov L M. Foundations of the Theory of Plasticity[M]. Amsterdam,London: North-Holland Publ. Co. , 1971.

[38] Prager W. An Introduction to Plasticity[M]. London: Addison-Wesley Publishing Company,1959.

[39] Lubliner J. Plasticity Theory[M]. New York: Macmillan Publishing Pub. Co. ,1990.

[40] Prager W,Hodge P G. Theory of Perfect Plastic Solid[M]. New York: John-wiley & sons,1951.

[41] Chen W F,Han D J. Plasticity for Structural Engineers[M]. New York: Springer-Verlag,1988.

[42] Martin J B. Plasticity: Fundamentals and General Results[M]. Cambridge, Massachusetts: MIT Press, 1975.

[43] Kolarov D. et al. Mechanics of Plasticity (in Russian)[M]. Moscow: Mir Press,1979.

[44] Arkulis G I,Dorogobed V G. Theory of Plasticity (in Russian)[M]. Moscow: Metal,Pub. House,1987.

[45] Doghri I. Mechanics of Deformable Solids[M]. New York: Springer,2000.

[46] Save M A,Massonnet C E. Plastic Analysis and Design of Plates, Shells and Disks[M]. Amsterdam, London: North-Holland Pub. Company,1972.

[47] Malvern L E. The propagation of the longitutinal waves of plasticdeformation in bar of material exhibition a strain rate effect[J], J. Appl. Mech. , 1951, 13:203.

[48] Parkes E W. The permanent deformation of a cantilever struck transversely at its tip[J]. Proc. Poy. Soc, Londen, A 228: 462-476(1955).

[49] Morales W J. Neville G E Jr. Lower bounds on deformations of dynamically loaded rigid-plastic continua[J], AIAA J, 1970, 8(11): 2043-2046.

第1版后记

这本"引论"完稿以后,颇有言犹未尽之感。现对有兴趣的读者补充几句话。

本书的全部内容,显然都是建立在牛顿力学的基础上。牛顿力学的诞生与完善经历了漫长的发展历程。谈到牛顿力学就会想到伽利略对牛顿力学的重要贡献。牛顿(1642—1727)于 300 多年前(1687)发表了《自然哲学的数学原理》这一伟大著作,完成了牛顿力学科学体系的建立。以后,又过了 100 年,拉格朗日(1736—1813)做了出色的工作。他接受了欧拉变分法的概念和理论,建立了分析力学,降低了解题的难度,使得牛顿力学有了新的解题方法和严格的数学表述,可称为拉格朗日力学。又过了半个多世纪,哈密顿(1805—1865)进一步发展了牛顿力学,形成了影响广泛的、具有崭新面貌的哈密顿力学。牛顿、拉格朗日和哈密顿这三位伟大的天才科学家,经过了 300 多年完成了经典力学的完美体系,至今仍是光彩夺目,应用广泛。

弹塑性力学完整科学体系的形成也已经有了上百年的历史,有不少著名的经典著作。例如,勒夫(A. E. H. Love, 1863—1940)著《数学弹性理论》(A Treatise on the Mathematical Theory of Elasticity),其第一版于 1892 年问世,第四版为 1927 年,后被译成各种文字,人们视之为不朽经典名著。又如铁木辛柯(Stephen P. Timoshenko, 1878—1972)著《弹性理论》(Theory of Elasticity,俄文版,卷一,1914 年,卷二,1916 年)和以后的各种版本(英文、中文等),以及他的一系列专著(如弹性振动理论、板壳理论、材料力学、弹性稳定理论等),世界各国用它培养了一代又一代的工程师和研究人员。读了这本"引论"之后,对有兴趣的读者,建议进一步阅读一些名著,可以大开眼界。塑性力学的著名著作要比弹性力学晚得多,伊留申(1948)、希尔(1950)和纳达依(1950)的著作就算是最早的佳作(见书末所列参考文献和插图)。关于弹塑性力学的专著,近年来,国内外都出版了很多种好书,可供读者选读。

作　者

2003 年 4 月